U0138369

小野二郎的世界

壽司之神終極手藝與精神

里見真三 著
丸山洋平 攝影

小野二郎名言錄

・你必須愛上自己的工作。

・很難說它是好吃的。

・就算人生重來，也想開壽司店。

・事物好壞都是一樣的，但你自己能分得清楚，用舌頭就行了。

・我想知道是否還有些什麼……職人並不止於此。

・隨著年齡增長，手的水份會消失，所以很容易將米粒黏在手上。

・因為老化的影響，我開始力不從心。

・我的夢想是工作、倒下，然後死去。

- 即使到了85歲，我現在也不想放棄工作。
- 一直說那不行、這不行？那麼一輩子都做不成正經事。
- 這是一份好工作，一份值得驕傲的工作。
- 被前輩和師父訓斥時才學到東西，那就跟學徒一樣。
- 我並不覺得一切都是好的。
- 當你正活躍時，無論是半步、一步，還是兩步，我認為你都必須不斷地前進、前進。
- 盡量好吃、好吃、好吃。
- 大約三年前，我告訴年輕人，所有的材料都會在五年內產生變化。我覺得現在正逐漸成為現實。
- 一旦你決定投身一項職業，你就必須全身心地投入到這份工作中。
- 我將我的生命全押在磨練自身的技能上。

- 工作的自我提升永無止境。
- 全神貫注於自己的工作，目標指向更上一層樓。我個人覺得，現在不應該停止腳步，而該更加鞭策自己往上爬才是。
- 總有適合自己的工作。如果你說這合適、這不合適，那就沒有合適的工作了。

第二章

壽司之王的黑鮪魚握壽司

97

次郎壽司記事 3

黑鮪魚握壽司

139

第五章 醋飯講義 233

次郎壽司記事 5
醋飯講義 243

前言——邀您進入小野二郎的世界

本書鉅細靡遺地收錄了當代第一的壽司職人小野二郎一整年間供應的所有菜單，包括握壽司、下酒菜以及小缽配菜等等，是終極版的「江戶前壽司技術指南」。瞄一下「數寄屋橋次郎」特有的原木食材盒，一看就知道裡面盡是日本近海的當令漁獲。在寒冬時節，白肉魚之王是比目魚；夏天則是小鱸魚（指鱸魚長約三十至六十公分的幼魚）和真鰈。章魚腳在冬天最是夠味，關東地區的鮑魚產季是夏天。蝦蛄雖然一年到頭在市場都買得到，但在春天帶有蝦卵的蝦蛄最是美味——。這是一本十分有用的工具書，是可以幫助您「認識當令食材的食曆」。

而且，小野二郎不僅僅讓大家知道自身華麗細膩的技藝所在，也將名店美味的秘密毫不保留地完全公開。

醃漬黑鮪、酢醃小肌（指十公分左右的小鰶魚）、蒸鮑魚、煮穴子（星鰻）、滷章魚、煮車蝦（即臺灣的斑節蝦）、燉煮文蛤、醃漬蝦蛄、青蝦蝦鬆、玉子燒、甚至是醋飯的煮法、鰹魚的燻法、沙丁魚鮮度可以保存至晚間的訣竅、鮭魚子適當的解凍方法、瓠瓜條的選擇方法、海苔的烘焙方法或是生薑片的鹹淡調味——。不用說，這些全都是壽司店家從不外傳的秘方，我之所以打著「終極」的名號，原因就在這兒。

小野二郎的握壽司外形端正優美，尾端微微撇向左側，呈現出躍動感的小肌，和醋飯搭得天衣無縫、柔軟鮮嫩的蒸鮑魚，顏色暗紅證明才撈上岸的新鮮沙丁魚。用麥桿煙燻、香氣撲鼻的初鰹；近海黑鮪油脂肥美、誘人食慾的霜降大腹和蛇腹肉（鮪魚腹部像蛇皮條紋一樣一稜一稜的地方，位在腹部的底端，這個部位脂肪豐腴，有明顯的筋肉）。還有每天早上用紀州備長炭烘焙，顏色豔麗、香氣濃郁的海苔捲。讓讀者每翻一頁，都是一次視覺上的饗宴。

以鮪魚為例，有了一條完整鮪魚的橫切面照片，就可以清楚知道赤身（鮪魚紅肉的部份）、中腹、蛇腹肉的鮪魚大腹以及霜降等等是在哪個部位，一目瞭然。不是我自誇，這些寶貴的記錄不僅對相關的從業人員有幫助，對於壽司師傅或是愛吃壽司的人也都非常實用。將價格昂貴的近海黑鮪從中剖開，這是不曾有過的嘗試。

在文章的一開始我寫道「當代第一的壽司職人──小野二郎」，這絕非言過其實。因為他不僅具備一流廚師必要的非凡「嗅覺」、「味覺」以及「味蕾記憶」，更有超乎常人的「執著」、「要求完美」以及「堅持」。

小野為了追求味道的極致不辭辛苦，所以他的握壽司與日俱進。比方說原本一天早、晚處理兩次的水煮車蝦，後來改良成客人點了之後才開始用火加熱、放涼至微溫，然後再捏成壽司。而且他堅持一定要用東京灣捕撈的野生蝦。「車蝦在肌膚溫度的狀態最能展現美味，香氣最濃」、「東京灣的野生車蝦水煮過後呈現的紅白色澤是任何產地都無法比擬的」，這是經過多次錯誤嘗試才得到的結論。不單僅是車蝦，他捏壽司的技巧也同樣日益精進，所以我每次造訪他店裡，都像在發掘「美味」的新大陸。

這種不屈不饒的求知慾到底是怎麼來的呢？

年少時期在濱松當廚師的他立志要成為壽司師傅，於是在二十六歲那年的春天，他進入江戶前壽司名店「與志乃」（東京・京橋）當學徒。在這樣的年紀重新出發是有點嫌晚。他每天跟在被譽為大師的「與志乃」上任當家──吉野末吉（已故）身邊，觀察模仿、拼命學習。不論是海苔的烘焙方法還是穴子的調味，他都是以當時記下的手法為基礎，發展出屬於自己的特色。三年後他聽從師傅的命令前往大阪，受僱成為一家壽司店的當家，那時他才接觸到真正產於明石的章魚。三十三歲那年回到東京後，他開始展現完美主義者的一面。如何能讓關東地區出產的章魚煮出像明石章魚一樣的味道和香氣呢？他不斷嘗試，從錯誤中汲取經驗。於是後來他找到了答案：「章魚在接近人體溫度時香味最濃」、「不能依江戶前的傳統作法用甜辣的醬汁調味，要用粗鹽」。

- 不捏鯛魚壽司。
- 昂貴稀有的星鰈並不是白肉魚中的極品。
- 不管盈虧，一定要用新子（小肌的幼魚，五公分以下的小鰶魚）做握壽司，這是壽司師傅的堅持。
- 如果沒有處於肌膚溫度的醋飯，就捏不出好吃的壽司。
- 吃握壽司是沒有次序的規定。
- 一捏好就要立刻送入口中。

這本《壽司之神》就像是一代大師的心路歷程。

立下青雲之志的少年郎在戰後滿目瘡痍的東京，在黑暗混沌的年代中奮鬥求生，這一路走來已經經歷了半個世紀。

大正十四年（一九二五年）出生的小野二郎創立了江戶前握壽司的一代名店。老早就年過七十的他今天仍站在壽司檯前捏著壽司，就連已經交由店內小師傅負責的醋醃小肌或醋飯，他也依然時時留心，注意口味變化，這種費盡苦心致力精進壽司美味的日子還會這樣一直持續下去的。

第一章 四季時令的壽司配料

店面就位在地下鐵丸之內線銀座車站附近的大樓地下室。

推開拉門進來就看到垂吊的燈籠和伊豆的石蹲（用石頭製成的洗臉盆）。

吧台位子有十席，桌位有十三席，店面出人意外地小而整潔。
客人一旦坐定後，就從後頭送來裝著食材的原木木盒，放在常溫的壽司檯上。

春天的握壽司

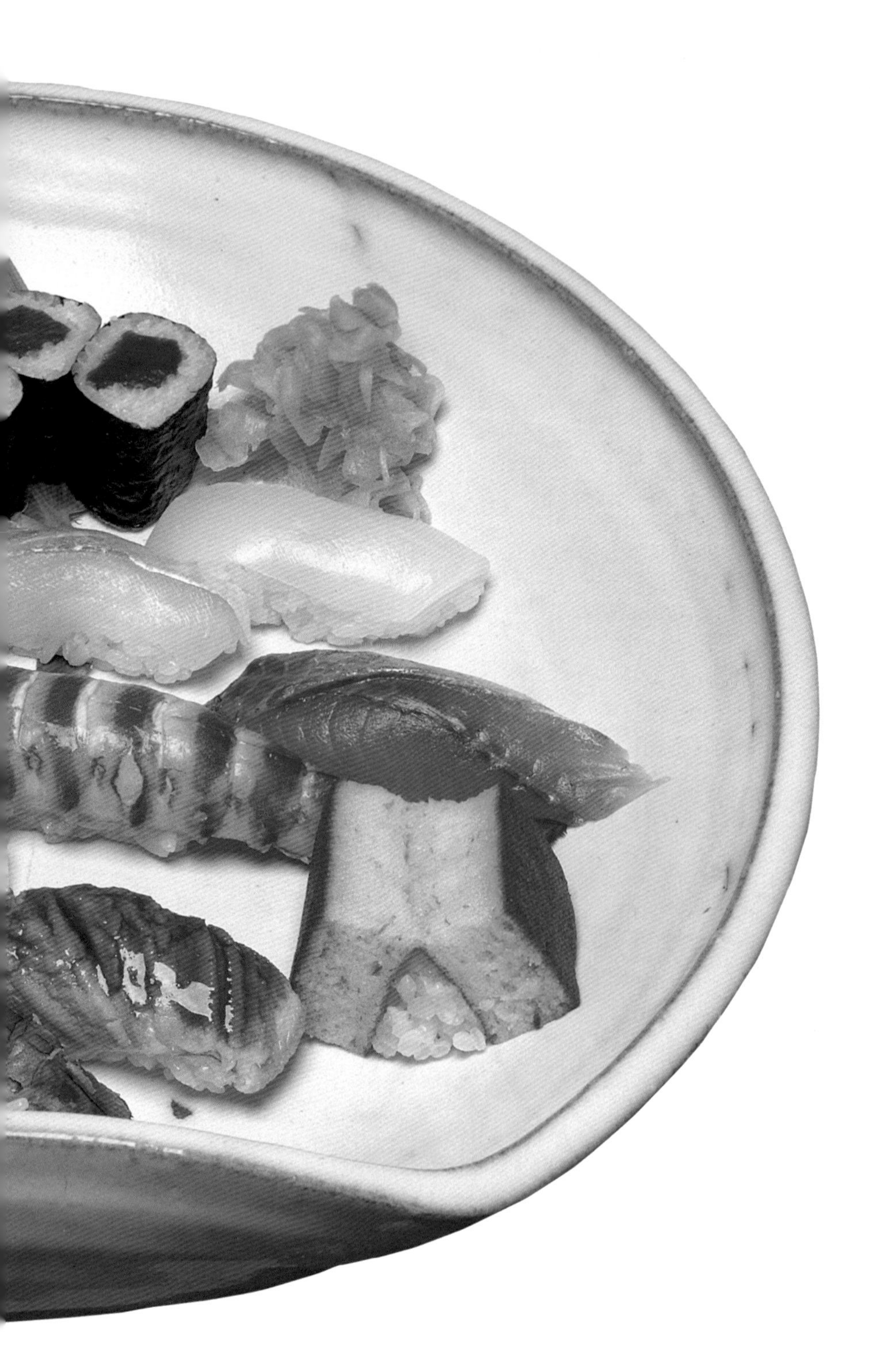

※ 產地是指漁獲卸貨的所在地，若市售商品的原產地標明為北海道或九州等地區，則依照商品的產地標示。（請對照第 41 頁的「四季壽司配料產地分佈圖」）

〔春〕綜合拼盤

前排從左側開始依序是：
鳥蛤（渥美）、**蝦蛄**（小柴）、
星鰻（野島）、**玉子燒**（奥久慈）
第二排：**赤貝**（閖上）、**小鰶魚**（佐賀）、
斑節蝦（橫須賀）、**竹筴魚**（富津）
第三排：**鮪魚中腹**（能登）、**小鱸魚**（常磐）、
軟絲（九州）
第四排：**鐵火捲**（能登）
裝盛的器皿：萩燒

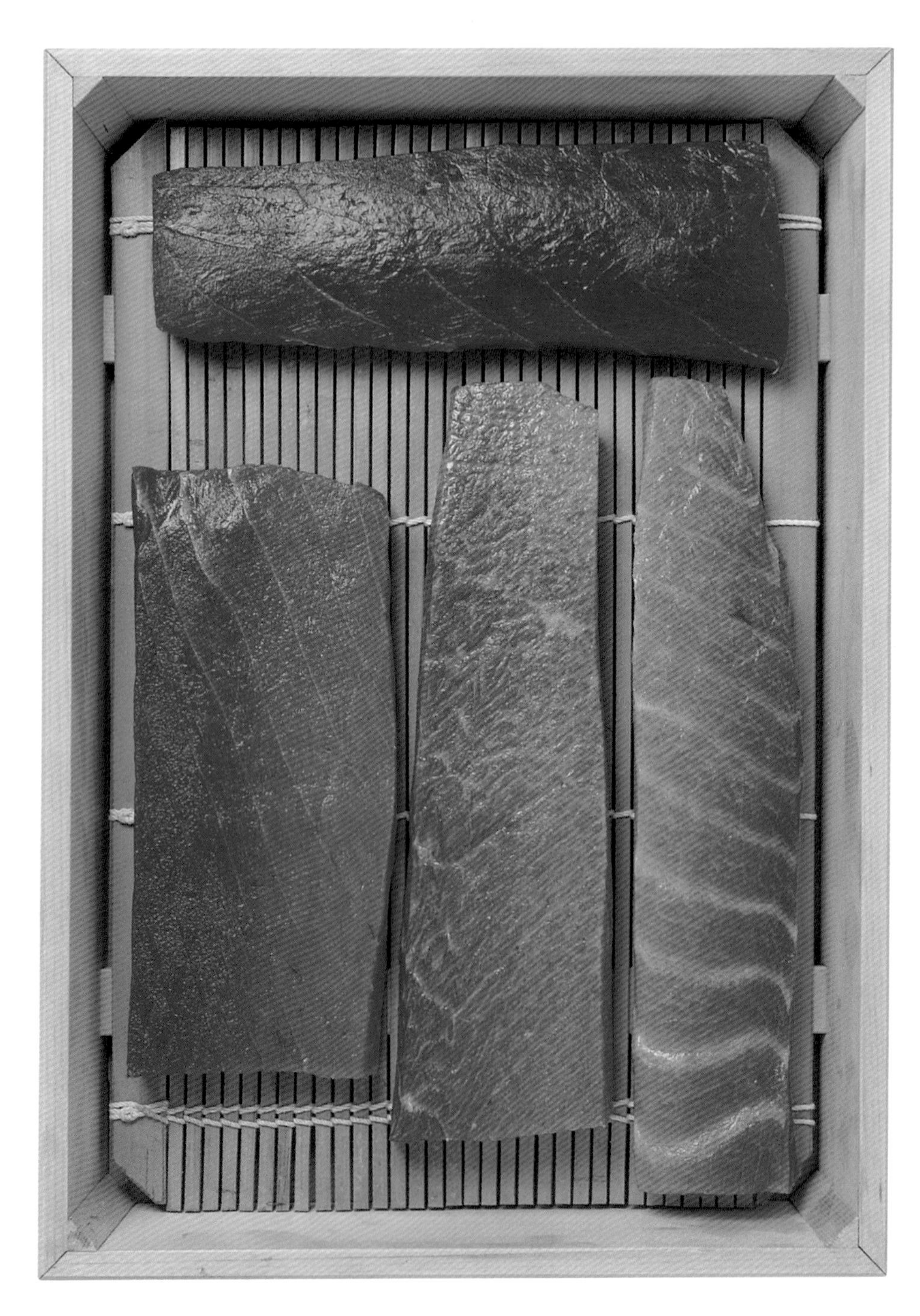

鮪魚（對馬群島出產）

從木盒的前方的左側開始，依序是**中腹**、**大腹**（霜降）、**大腹**（蛇腹肉）、上方是**赤身**

〔春〕壹號木盒

從下方開始依序是**鰹魚**（房州勝浦）、**沙丁魚**（長井）、**竹筴魚**（富津）、**蝦蛄**（小柴）、**小肌**（九州）、**車蝦**（東京灣）

〔春〕貳號木盒

下方是**小鰤魚**（三崎），上方左側開始依序是**軟絲**（長崎）、**真鰈**（常磐）、**小鱸魚**（常磐）

〔春〕參號木盒

從左側開始依序是**赤貝**（閖上）、**赤貝唇**（閖上），第二排：**生鮑魚**（岩和田）、**烏蛤**（伊勢），第三排：**小貝柱**（北海道）、**象拔蚌**（渥美）

穴子盒

（野島・東京灣）

小肌（九州）、**軟絲**（長崎）、**鮪魚中腹**（三陸）

小肌（九州）、**赤貝**（閖上）、**軟絲**（長崎）

鮪魚中腹（三陸）、**真鰈**（常磐）

〔春〕三款綜合生魚片

〔春〕下酒小菜（蠶豆）

若有客人點酒，就會附送與季節相應的「綠」

夏天的握壽司

〔夏〕綜合拼盤

從前排左邊起：**鱸魚**（常磐）、**穴子**（野島）、**玉子燒**（奧久慈）
第二排：**島鰺**（房州勝山）、**車蝦**（東京灣）、**生鮑魚**（岩和田）、**小墨魚**（出水）、**真鰈**（常磐）
第三排：**黃瓜捲**、**赤貝**（伊勢）、**新子**（有明海）
器皿 • 青磁方皿

〔夏〕壹號木盒

由左下起：**小墨魚腳**（出水）、**車蝦**（東京灣）

由左上起：**沙丁魚**（銚子）、**新子一尾一貫的大小和兩尾一貫的大小**（有明海）、**竹筴魚**（房州・東京灣）

〔夏〕貳號木盒

下方：**小墨魚**（出水）

由左上起：**鱸魚**（常磐）、**真鰈**（常磐）、**島鰺**（房州勝浦）

〔夏〕叁號木盒

下方：**海膽**（北海道）
第二排：**生鮑魚**（岩和田）、**小貝柱**（北海道）
第三排：**赤貝**（九州）、**赤貝唇**（九州）

蒸鮑魚（岩和田）

〔夏〕下酒小菜（毛豆）

〔夏〕綜合生魚片

前排：**新子**（有明海）、**小墨魚**（九州）

後排：**島鯵**（房州勝山）

並列在壽司檯上的原木食材盒

從前排開始：沾手用的醋、山葵小缽、醬汁、調味醬油

組合式菜碟（生薑、山葵、小黃瓜、茗荷、青紫蘇葉等等）

櫃台一隅的陳列架上排放了名家燒製的器皿

三月到九月期間在入口處擺飾的鮮花。從鮮花的擺設也可以自然感受到季節的變化。

秋季握壽司

〔秋〕綜合拼盤

從左前方起:**穴子**(野島)、**文蛤**(伊勢)、
玉子燒(奧久慈)
第二排:**鯖魚**(福岡)、**小肌**(渥美)、**水針魚**(富津)、
赤貝(閖上)
第三排:**小比目魚**(常磐)、**大腹**(大間)、
小紅鮒(35cm以下的紅鮒幼魚。房州)
最後一排:**蝦鬆捲**
器皿・天龍燒

〔秋〕壹號木盒

從下方起：**車蝦**（富津）、**水針魚**（富津）
從左上角起：**小肌**（山口）、**沙丁魚**（富津）、**鯖魚**（福岡）

〔秋〕貳號木盒

從下方起：**章魚**（佐島）、**墨魚**（伊勢）、**小紅鮒**（房州）、**小比目魚的鰭邊肉**（青森）、**小比目魚**（青森）

〔秋〕叁號木盒

從左下方開始：**赤貝**（閖上）、**赤貝唇**（閖上）
第二排：**象拔蚌**（渥美）、**文蛤**（伊勢）
第三排：**小貝柱**（北海道）、**鮭魚卵**（三陸）

到了十月店裡換季，照明也調得稍明亮些。依照預約的人數安排席位、配置筷子，拉開幾張椅子。

〔秋〕綜合生魚片

從左側起：**章魚**（佐島）、**鯖魚**（福岡）、**小紅鮪**（房州）

〔秋〕下酒小菜

入秋時分是青銀杏，不久之後就開始使用黃色銀杏。

冬季握壽司

從左前方起：**赤貝**（閖上）、**穴子**（野島）、**海膽**（北海道）、**玉子燒**（奧久慈）
第二排：**小肌**（九州）、**墨魚**（長崎）、**小鰤魚**（館山）、**鯖魚**（銚子）
第三排：**鮪魚大腹**（佐渡）、**鮪魚赤身**（佐渡）、**比目魚**（青森）
後排：**瓠瓜捲**

〔冬〕綜合拼盤

器皿 · 天龍燒

〔冬〕壹號木盒

從下方起：**車蝦**（富津）、**水針魚**（大洗）
從左上方起：**一尾一貫大小的小肌以及半尾一貫大小的小肌**（佐賀）、**鯖魚**（銚子）

〔冬〕貳號木盒

從左側起：**比目魚**（青森）、**比目魚的鰭肉**（青森）、
小鰤魚的背部（左側）**和腹部**（館山）

〔冬〕叁號木盒

從下方起：**章魚**（佐島）、**生鮭魚卵**（三陸）、**海膽**（北海道）、**文蛤**（伊勢）

〔冬〕肆號木盒

從下方起：**山葵**（三年生 ・ 天城）、**小貝柱**（北海道）、**墨魚**（銚子）
從左上方起：**象拔蚌**（渥美）、**赤貝**（閖上）、**赤貝唇**（閖上）

〔冬〕綜合生魚片和下酒菜

從左側起：**赤貝**（閖上）、**赤貝唇**（閖上）、**小鰤魚**（館山）、**水針魚**（大洗）
前方的是**菜花拌山葵**。

四季壽司配料產地分佈圖

※ 此為本書中提及的「數寄屋橋次郎」使用的壽司配料產地地圖。

※ 關於握壽司的時節，請參照壽司配料食曆。

東京灣一帶地圖

次郎壽司記事 1

春夏時節的壽司配料

出場的海鮮

小肌、新子、沙丁魚、竹筴魚、真鰈、小鱸魚、鱸魚、島鰺、小鰤魚、小墨魚、軟絲、鳥蛤、鮑魚、穴子、蝦蛄、鰹魚

新生的鰹魚和回游鰹魚的口感，
就像新芽和楓葉、櫻花和菊花的差別
所以秋天是不做鰹魚握壽司的。

東京梅花還在零星綻放之際，壽司店用來盛裝食材的木盒裡早已春意盎然。正覺得鳥蛤吃起來益發厚實軟Q，期待已久的初鰹已開始登場。蝦蛄、竹筴魚、真鰈和鮑魚的季節也是腳步將近。接著，當新子和小墨魚出現時，就是盛夏來臨了。在這樣的季節，「數寄屋橋次郎」的當家小野二郎會怎麼處理這些當令的漁獲呢？

亮皮魚類／小肌、新子

「握壽司的天王」讓喉嚨發出聲音

「握壽司的天王」是小肌（指十公分左右的小鰶魚）。當一口吃下時，我的喉嚨會發出咕地一聲，這就是證據，我這麼一說大家都笑了，但咀嚼後吞下的那一刻是真的有聲音。尤其是壽司上面的小肌和壽司下面的醋飯口味搭配得天衣無縫的時候。

然後，「啊！人間美味！」這種感覺會不停地湧現出來。

當然，我們店裡的其他壽司也很好吃。不過話雖如此，它們都不曾讓喉嚨發出聲音來，所以沒有那麼真實的感受。小肌是握壽司材料裡最便宜的魚。但如果處理得當，它就是會讓喉嚨發出聲音的「握壽司天王」。

所謂處理得當，就是依照每條鰶魚質地的不同，斟酌調整灑鹽的份量和醋醃的程度，尤其是新子（指五公分以下的鰶魚幼魚）更是失之毫釐，差之千里。每條魚的脂肪有多有少、身形的厚薄也不相同、大小也有差異，如果全都放在同一個鍋子裡用醋醃漬同樣的時間，絕對捏不出會讓喉嚨發出聲音的握壽司。正因為是小尾的新子，所以醃漬時間必須依照大小和質地的微妙差異一尾一尾地斟酌，連一兩秒鐘都要計較，這樣全部的新子才會是同樣的味道。

這一點我對店裡的所有小輩都一而再、再而三地囉唆再囉唆，因為這是無論如何都要努力做到的事。

如果他們無法做出同樣味道，試味道時連自己這關都過不了的話，我這個捏壽司的人會很困擾。因為這些配料一旦讓我經手之後，就要立刻送進客人嘴裡了，我已經來不及做什麼補救了。

說到這裡，我想起之前去九州旅行時，曾在路過的壽司店裡吃過一貫小肌握壽司。一吞下後，不知是魚腥味還是醃得不好，反正就是難吃得要命。正當我和同伴竊竊私語：「到底是做了什麼，才能做出這種亂七八糟的味道啊？」的時候，師傅大概誤以為我們是在稱讚吧？他開始得意地說明這是用多少鹽，以及必須在醋裡醃漬多久。

那位老師傅自己一定沒試吃。因為沒有邊試味道邊調整，所以才會做出這麼難吃的小肌。不是自己親手料理也無妨，叫年輕師傅做的也沒關係。但做好的成品自己一定要嚐嚐看，如果味道開始走樣了，就一定要調回來才行。

「我做的東西不會錯。」

這種態度才是大錯特錯，凡事皆是如此。長年累月的差距，就是一開始的分毫誤差，導致一路越變越大、越差越多而來的。

壽司師父在完成之後說：「做好了！」

然後送往客人面前：「請用！」

卻一點都沒有查覺自己端出的東西味道走樣了，

「我沒問題，是客人的舌頭有問題。」

這種態度是不對的。我常常這麼告訴我店裡的年輕伙伴們。

今天早上也發生了類似的事。醋醃新子看起來味道不太到味，試了之後果然如我所料。這樣的醋醃新子和醋飯根本就不搭，所以我對年輕伙伴們說：「鹽的部份再加強一下。」然而調整了幾次還是無法過關。於是就不斷地「再試一次」、「再試一次」，在試味道試了好多次之後，中午要捏成壽司的份量已經都不夠用了。這樣的事經常發生。

「產季才剛開始的新子，嚐起來味道怎樣？」

常常有客人這麼問道，這時如果壽司店老闆沒試過味道，捏壽司時沒有「絕對好吃！」的把握，對客人不就太失禮了嗎？因為我們不是白白捏的，我們是按照每一貫多少錢來收費的。

所以我才會每天都試好幾次食材的味道。

尤其是小肌，我早上試一次，中午試一次，傍晚試一次，連醃著準備明天要用的，我都在打烊後試吃一下。就是因為這樣一試再試，試到自己滿意為止，所以才不會有機會被客人抱怨「難吃」。

說到平常非正餐時段捏給客人解饞的小肌，我們店裡的真是好吃到不行。正因為如此，有些客人都會點小肌當做下酒的小菜。

「捏得真是好啊！」他們會不由得脫口而出。

壽司裡有鮪魚、烏賊、赤貝和白肉魚等等的魚生，不管怎麼切、怎麼捏，味道都差不到哪邊去。但是我們店裡為了搭配醋飯特別調味的小肌捏成握壽司絕對好吃。

因為我們在決定味道時不僅會注意小肌與醋飯的調味是否協調之外，現做的壽司在端給客人之前會用刷毛在配料上塗一層調味醬油（註），我們連那一層醬油的味道也都考慮在內。所以，我們店裡的小肌和我們店裡的醋飯搭在一起捏成壽司，再塗上我們店裡的調味醬油，當一口吃下時：

「啊！真好吃啊！」客人往往會不假思索地脫口而出。

（註）調味醬油是指在醬油中加入包括酒和其它材料的店家獨門配方，調製而成的醬油。這種用刷毛沾附調味醬油塗在壽司配料上再端給客人食用的作法，是江戶前一派的作法。另外「數寄屋橋次郎」的調味醬油配方，請參考第二〇四頁。

以前東京的壽司店只要一到春暖花開的季節，亮皮魚的種類就會由小肌換成小竹筴魚。二次大戰後，原在濱松小餐館工作的我，在二十六歲那年進入京橋的「與志乃」當老學徒，當時是昭和二十六年，情況也依然如此。

不知從何時開始，後來連夏季都要準備小肌了。

這全是因為客人希望一年四季都能吃到美味的小肌。而且他們誤以為原本不是產季的夏天也能吃到好吃的小肌。因為有需求就有供給，所以壽司店才不得不卯足全力，想辦法讓一年四季都有美味的小肌上桌。

在我開始當學徒的那時，每當小竹筴魚的產季來臨，東京近海的小肌都已經長成成魚（十五公分以上）了，所以才輪到小竹筴魚。這個時候東京壽司店使用的小肌可能是千葉出產的吧？東京使用的小肌產地最北就以千葉為限，從沒聽過有在使用茨城的小肌。

在市場販售的新子雖說也不是在地的，但最遠也不過以愛知縣的渥美半島為限，而且當時那裡的新子產季比起現在要晚了許多。

當時若要從九州運來東京，必須耗費許多時日，就算用冰塊也無法保鮮。因為要在渥美當地篩揀出一定程度大小的新子再運來東京，所以做成壽司送到客人面前最早也要到八月初才行。

最近七月中旬就吃得到新子了，應該是舞阪港（位於靜岡）出產的。有時候新子小到必須用四條才能捏成一貫壽司，像這麼小的幼魚在以前因為處理麻煩，一定是在漁港就丟掉的。因為千里迢迢運到築地時，幼魚的肚子都消掉了，不能用了。

不過現在是汽車滿街跑的時代，從昭和四十五年左右開始有了日漸普及、保冰效果超棒的保麗龍盒。而且產季剛開始的新子僅僅一盒就能賣到超乎想像的高價，所以就算只有一公斤也會運送。如果拿近年價格一直上漲的沙丁魚相比，不知要賣多少盒的沙丁魚才能賺得到與一盒新子同樣的錢。

新子出現得越來越早就是這個原因。

附帶一提，在平成八年七月十二日出售的第一批新子就賣得了史上最貴的價錢，一公斤要價六萬元。新子一條原價就大約六百日圓，這樣的大小大約是兩尾捏成一貫，如果是兩貫握壽司，價格就是一尾的價格乘以四。當然，這還沒有算到它比一貫一尾的小肌還要麻煩十倍的處理工序。

每當在店裡遇到對新子的宣傳廣告喋喋不休、講個不停的客人，我們在談笑間也會不經意地聊到新子的採購成本。

「這真的是今年的第一批，如果按進價來計算的話，一貫要二千四百日圓。而且這還只是壽司上的配料而已哦。」當然，我不會這樣照實說。

「那…你先別捏了。」

如果照實說了，可能就掃了客人的興了。

哎呀，我不是在討人情哦，這是真話。不論新子或小肌一直都是同樣的定價——一貫五百日圓。超過這個價客人大概就無法接受了吧？小肌握壽司最貴就是這樣了。

「都虧本了，幹嘛還要捏呢？」常常有人會這麼問。因為這是身為壽司師傅的堅持。是賺了還是賠了？在這個時候根本就管不了這些。因為今年的小肌就始於這一天的新子。

「好傢伙！如何？這是今年的新子！」

我是抱著這股幹勁在捏壽司的。

不過，說到新子的價錢，在平成七年的那時也是貴，一連兩年都是一公斤六萬日圓上下。不過在平成九年時，第一批新子的價格就掉到一公斤三萬五千日圓了，所以那時捏新子的壽司店不是也多起來嗎？即便價格降了，貴的東西依舊昂貴，但至少不用那麼意氣用事地大虧特虧了，算是鬆口氣了。

雖然剛才說到「一年到頭都有小肌」，但如同大家都知道的，小肌的產季是在初秋到冬天時節。明明如此，但好吃的小肌卻一年四季都買得到，這是為什麼呢？

這真的是很不可思議的事。日本是一個狹長形的島國，也許會有「這裡正是產季」、「那裡的產季還沒到」的情況，但是魚的產卵季節應該差不多在同一時期才對。因為小肌沒有在北海道八月產卵，在九州卻三月產卵的道理。

而且，我心目中日本第一的三河（愛知縣）小肌，如果它比九州晚半個月出產還可以理解，但三河已經出產小肌的時候，九州卻還看不到小肌的蹤影。

在那裡，最早出產小肌的地方是舞阪，接著是西邊相鄰的弁天島，再過來就都捕撈不到了。捕獲過一次兩次之後，不知道為何就變成是在三河或渥美才有了。那麼小尾的魚，應該不會一路從濱名湖地區整群整群地遷移到愛知縣外海才對。而且就算一時出現在三河的外海，這時的鰶魚也已經長成一尾可以捏成一貫的大小了。

可是這時候比較南邊的九州還沒有新子喲。如果從一般人的角度來看，情況應該恰恰相反才對，因為九州的海域比較溫暖。

那麼為什麼會這樣呢？我一直在想其中的原因。

絞盡腦汁的最後結論如下：「小肌是一年產卵兩次的魚種。」

如果這個說法成立，鰶魚一年產兩次卵的話，那上述的情況就可以說得通了。不過，雖然產地的差異可以交待，但以此類推，新子也應該要一年出產兩次才對呀。如果沒有，「一年產卵兩次」的說法就不成立。

這裡頭的原委實在教人想不透。三河先有小肌，然後才輪到九州，而中間的地區幾乎完全捕撈不到，這真是太不可思議了。

還有，九州的小肌一年到頭幾乎都是一尾可以捏成一貫的大小，這一點也同樣地不可思議。

「明明天氣都已經這麼冷了，為什麼現在的尺寸還是這麼迷你啊？」

「雖然說魚類產卵有一定的時期，但這條魚真的算是非常後期才生的，而且它還是搞外遇才偷生下來的私生子咧。」

雖然也有這樣唬弄的說法，但其中真正的原由沒有人知道。

雖已經年過七十，但還是得活到老、學到老。

亮皮魚類／沙丁魚

味道會因為產季與否而截然不同

在東京我從沒聽過有壽司店會請人抓著一條活生生的高級沙丁魚為圖像，當成廣告的招牌。

「那種不入流的魚，我們店裡是不備的。」越是高級的壽司店就越有這種成見。

通常不備沙丁魚還有一個理由，那就是它的鮮度不易維持。不過就是沙丁魚而已，又賣不到幾個錢，花那麼多工夫根本就不划算。

沙丁魚是追著時間跑的魚，因為如果啪地一聲直接放進裝食材的木盒裡，血合肉（魚肉組織中含有最多血含氧以及血液的肌肉，顏色比較暗紅）會氧化變成黑紫色，所以一大早就必須趕忙將沙丁魚的頭和內臟處理乾淨，仔細用鹽水清洗，泡在冰塊裡。如果不這麼做，它的鮮度根本無法維持到晚上。

還有，如果放入電冰箱冷藏，它的水份會流失，鮮度也會下降。所以只能放冰櫃。東京不是有一陣子因為缺水導致「冰塊無法取得」而鬧得沸沸揚揚的嗎？那一陣子我們還專程為它買了一台防止水份流失的特殊冰箱。總之，沙丁魚是最麻煩、最難搞的魚了。

此外，它的篩選條件也很嚴苛。

如果不是與我捏的近海黑鮪、穴子（星鰻）或是赤貝可以匹敵的極品沙丁魚，我不會端到客人面前。因為客人在用餐過程中，如果味道有高低落差是很不好的事。

因此，我選的是一早出海、傍晚回港，「當天往返」的漁船所捕撈的當令沙丁魚。也就是在銚子（房總半島）或三崎（三浦半島）一帶捕撈上岸的中羽（沙丁魚長到十五公分左右稱為「中羽沙丁」）和大羽（沙丁魚長到二十公分左右叫做「大羽沙丁」）。特別是大羽，如果沒有像小錦關出產的那樣肥美，我們不會使用，所以看過食材盒的客人一定都會說：「這麼肥的沙丁魚，我這輩子還是第一次見到。」

不過木盒裡的是樣品啦。客人點單了之後，在冰櫃裡用冰泡著的沙丁魚才會被拿出來，這時才開始拆解魚身、捏成壽司。

正當產季的肥美沙丁魚，皮和肉之間的脂肪層實在厚得嚇人。雖然很肥，但卻沒有腥味，也不會噁心，在最新鮮的時候用刀片成魚片，雪白的油脂和鮮紅的血合肉對比相映，美得令人出神。捏成壽司後塗上調味醬油顏色更加多彩。

「那木盒裡的樣品你們怎麼處置呢？」常有客人這麼問。

其實就在廚房後面煮了吃囉。這不就是開壽司店的樂趣嗎？沙丁魚煮過之後真是好吃。魚肉一經烹煮，味道如何馬上知道。非產季時的沙丁魚烹煮後只有鹹味，但如果是正值產季的肥美沙丁魚，烹煮之後會更加美味，美味到讓人納悶：「究竟為什麼會這麼好吃啊？」和生吃的時候比起來，又是另一種不同的味道。

所以呀，每次把熱呼呼的現煮沙丁魚吃得精光的時候，我就有深切的感觸，這真是壽司店老闆才能享有的特權。

不過，也只有沙丁魚才會像這樣，味道在產季與非產季的時候截然不同。市場裡雖然一年四季貨源不斷，但只有在產季期間的沙丁魚才會捏成壽司。常年以來，一到四月中旬東京灣就開始出產味道鮮美的中羽沙丁。它大概有二個半月的時間都還是屬於中羽的階段。這時的沙丁魚脂肪還不夠肥厚，所以味道清爽柔和。等到梅雨季節快來的時候，它已經積存了滿滿的脂肪，長成圓滾滾的大羽沙丁了。沙丁魚最好吃的時候就是剛剛進入梅雨季節的時候。

當然，大羽沙丁的味道是比較濃郁，但大羽和中羽哪種比較好吃呢？在我認為這兩者實在難分軒輊。大羽有大羽的好，中羽有中羽的妙，它們都同時兼俱了誘人的香氣和美味。

用沙丁魚裝點的原木食材盒到十一月就看不到了。十二月上旬之後店裡就不再備料了。因為這個時候沙丁魚已經開始抱卵，所以身形消瘦，只有頭是大的。吃這種沙丁魚，嘴巴容易被細小的魚刺刺到，而且也沒什麼味道。

不要用醋醃漬，直接生吃最棒

亮皮魚類／竹筴魚

最近人氣很旺的關竹筴（日本把在瀨戶內海和太平洋水流交匯處「豐后海峽」中長期經受風浪沖擊的竹筴魚，稱為「關竹筴」，產於大分‧佐賀關）在築地也看得到了，但我想捏的，是比較小尾，味道比較清淡的竹筴魚（漢字為「真鰺」，即為「竹筴魚」）。

在東京可以取得的，我覺得品質最好的是小田原（相模灣）產的竹筴魚。不過近來在築地幾乎都找不到了，就算有也是寥寥無幾。

其實小田原當地還是有漁獲的，不過量不多，而且似乎都被在地的餐廳和乾貨店買去囤起來了。因為作成乾貨可以賣到很好的價錢。日本產的野生竹筴魚一尾是四百日圓。然而相模灣的竹筴魚是一尾八百日圓，真不愧是「夢幻竹筴魚」啊。

小田原的竹筴魚特徵是帶點甘甜的清香，而且油花分佈完美。因為整條魚包附著飽滿的脂肪，所以顏色有點偏白，只要一刀切開就能即刻判定是相模灣產的，它就是這麼棒的魚。

而且味道不會太重，一入口後，滿滿的美味在嘴裡擴散開來。我曾經自己邊捏邊吃，「好吃，好吃，」一口氣吃了十三貫，而且一點也不覺得膩。

不過，壽司店老闆已經沒有「夢幻魚」可以捏了。現在我使用的竹筴魚主要都來自東京灣的富津（房總半島），這裡的竹筴魚是除了小田原之外品質最好的了。東京灣和相模灣相距不遠，這兩地出產的竹筴魚味道也比較相近。

竹筴魚的產季是四月到六月，從這個時候一直到夏天，東京地區的竹筴魚是最好吃的時候，但在溫暖的九州地區卻還看不太到竹筴魚的蹤跡，這情況和小肌一樣。

而且我不用醋醃竹筴魚。如果醋醃竹筴魚和生竹筴魚同時捏成壽司，然後問我：「那，哪種比較好吃？」沒有第二句話，絕對是生竹筴魚壽司贏。因為這我試吃比較過後的結果。

以前壽司店將竹筴魚用醋醃漬是因為不夠新鮮的緣故。帶皮用鹽醃三十分鐘，再用醋漬三十分鐘，捏成壽司的時候一定要配著白肉魚或是蝦子剁成的碎末一起咀嚼。竹筴魚的肉質軟嫩，所以很快就能醃漬入味，才醃三十分鐘就會覺得酸了，所以要配著甘甜的魚肉或蝦肉一起入口。

生竹筴魚是很難捏成壽司的配料，因為配料下面的生薑末會帶有汁液，讓魚和醋飯無法緊密相黏，所以捏成壽司容易滑落，不成形狀，如果把水份去掉就簡單了。即便是新手也能捏得好。可是這樣一來舌頭會吃到粗糙的纖維，吃起來的味道也不一樣了。魚肉和醋飯中間挾著水份飽滿的生薑末，卻還能捏出漂亮壽司的人，應該可以稱為「捏壽司的高手」。

「數次屋橋次郎」的當家小野二郎日夜努力，不辭勞苦，只為供應最好的握壽司。
工作時沈默寡言，不過其實他常愛語出驚人。

白肉魚類／真鰈、小鱸魚
色肉魚類／島鰺、小鰤魚

請好好品嚐各有所長的淡雅滋味

溫暖季節裡的白肉魚類，就屬常磐（福島）出產的真鰈最棒，這是我個人的想法。雖然這時也是「白肉魚之王」星鰈的產季，但比起真鰈，星鰈的缺點就是肉質的鮮度退得快。

比如說，我們以同樣的方法處理早上送到的真鰈和星鰈。到了晚上，生命力強的真鰈魚肉還是保持活體狀態。可是這時星鰈的尾部卻已經開始發白了，魚肉的鮮度很快就流失了。所以，對於星鰈貴到嚇人的價格，我怎麼也無法認同。

假如讓一百位愛吃白肉魚的人同時品嚐星鰈和真鰈，然後問他們：「哪一個是真鰈？哪一個是星鰈？」

「真鰈的魚肉咬下去比較陽剛，帶點爽脆。與之相比，星鰈因為是白肉魚裡比較濃豔的，所以當然沒有那麼清爽，味道有點膩人，比較濃郁。」

我想應該沒有人能吃出這種分別吧？

我不知道到目前為止還有沒有其他的壽司師傅覺得真鰈更勝一籌。因為星鰈是在築地幾乎看不到的夢幻魚。它有多麼地高級昂貴，相信經常出沒銀座一帶的客人們應該都很清楚。可是，打從我的「數寄屋橋次郎」於昭和四十年一月在銀座開業之後，每當被問道：「春天和夏天用什麼食材？」

「真鰈！」我一定毫不遲疑地這麼回答。

我在以前還沒人使用真鰈的時候，就已經對它讚譽有加了。「大家一定會認同的！」我如此深信。在我開始在「與志乃」的「數寄屋橋分店」（「數寄屋橋次郎」的前身）當家的昭和三十年代前期，如果說起溫暖季節裡的白肉魚，有的就是小鱸魚（指鱸魚長約三十至六十公分的幼魚）、鱸魚、鯒魚或是小比目魚（指的是一公斤以下的比目魚）。也許是因為這個緣故才讓我對真鰈過度推崇也不一定。

哎呀，我也不是特別要說星鰈不好啦。它可是大深獲好評的魚種，但，說到要用哪一種的話……是啦，儘管星鰈有口皆碑——。

的確，魚肉生命力無可挑剔的真鰈也有缺點。和比目魚不同，真鰈靠近鰭邊的肌肉並不好吃。它有一種腥澀的味道。所以這部位不會端給客人，免得失禮。我們都把它冷凍起來，作為員工的伙食。

真鰈要在運來的當天，趁肉質還有生命力的時候當天用完。這是壽司師傅的責任，尤其是白肉魚一定要現捏現吃。而且，最新鮮的真鰈和放置一些時間、味道經過沈澱的真鰈在分切成壽司配料時，兩者的切片厚度一定要跟著改變。

最新鮮的真鰈如果不切得薄一點，吃進嘴裡味道不夠鮮明，相反地，放置一些時間後的真鰈一定要切得厚厚的，才能吃出美味。所謂「厚厚的」是多厚呢？大約是一公釐左右吧。這個些微的差異就是決定白肉魚美味與否的關鍵。

在初春的時候我也會捏小鱸魚。如果說真鰈比較陽剛，那麼纖細柔軟的小鱸魚就是屬於比較陰柔的那種。這個季節的小鱸魚絕對好吃。只不過如果先吃了小鱸魚壽司再吃真鰈壽司，每個人都會表示：「真鰈比較好吃。」鱸魚也是如此，大概是吃進口裡的瞬間感覺有股特殊的味道吧。

小鱸魚不僅僅是腹部，它連原本味道應該比較清爽的背部也有一點兒怪味。可以同時生存在海水和淡水的兩棲魚類中，好吃的實在不多。新鮮現殺的鱸魚當然也不例外。以前人會想出「洗膾」（是指「將新鮮的鱸魚或鯛魚等白肉魚切成薄片，泡在冰水裡讓魚肉緊縮」）的做法是完全可以理解的。如果配著醋味噌一起吃就吃不出怪味來，大家也就不排斥了。

不過真鰈就沒有這種缺點。嗖地一聲就在嘴裡化開來，嗖地一聲就能品嚐天然原味。

島鰺（白鮒）也有問題。不對，不是島鰺的問題，是吃島鰺的客人自己的問題。這麼說是因為以前的客人只吃天然的食物，所以他們很清楚這種魚真正的味道。

然而現在的客人記憶中的味道幾乎都是養殖魚的味道，即便是美味絕倫的野生島鰺握壽司，他們也會拿來與記憶中的養殖魚味道相比。

「肉太鬆散了，總覺得少了些什麼。」

小鰤魚（在日本關東地區指的是三十五至六十公分的野生鰤魚）也是一樣，尤其是年輕的客人更會這麼說。

「不好吃，沒味道。只是咬起來喀嗞喀嗞的而已。」

這是因為近年來大家都已經吃慣了養殖鱸魚（漢字為「魬」），在日本關東地區指的是三十五至六十公分的養殖鰤魚）的生魚片。咬起來喀嗞喀嗞地，而且脂肪飽滿。所以，他們吃野生鰤魚時會有「這什麼呀？」的感覺。

又沒脂肪，咬起來脆脆的，有筋，還不容易咬斷——這些評論絕非事實。島鰺也許是如此，但小鰤魚不一樣，雖然它的魚肉帶有顏色，基本上被分類為色肉魚類，但它吃起來清爽淡雅，與白肉魚不相上下，是很好吃的魚。

因此，雖然只有一兩次偶爾的機會，但只要有看到中意的小鰤魚，我一定會捏成壽司。一年只有春天和初冬兩次的當令美味，清淡爽口沒有特殊怪味，值得好好品嚐。

烏賊／小墨魚、軟絲

軟絲是下酒好菜，握壽司得用墨魚

八月一到就出現蹤影的小墨魚（還未長大的墨魚＝新烏賊），是壽司店預告秋天將近的季節風情畫。

說起來，墨魚的成長速度非常地快。在還是小墨魚的時期，它差不多就是「整尾一貫」那樣一尾捏成一貫壽司、或是「半尾一貫」那樣一尾捏成兩貫壽司的大小，但是夏天結束進入深秋之後，在魚店裡看到的，都已經長成一般墨魚那樣成年的大小了。所以一旦錯過時機，就要等明年才能吃到了。「怎麼還沒到？怎麼還沒到？」會有這麼多人翹首以待就是這個原因。

將呈現半透明的小墨魚「整尾」捏成一貫壽司，薄薄的肉片裡透出山葵的綠，看起來誘人食慾。墨魚的特色就是一口咬下沒什麼味道，但隨著咀嚼卻能品嚐到稍縱即逝的甘甜滋味，而且，整尾小墨魚捏成的壽司外形優美。

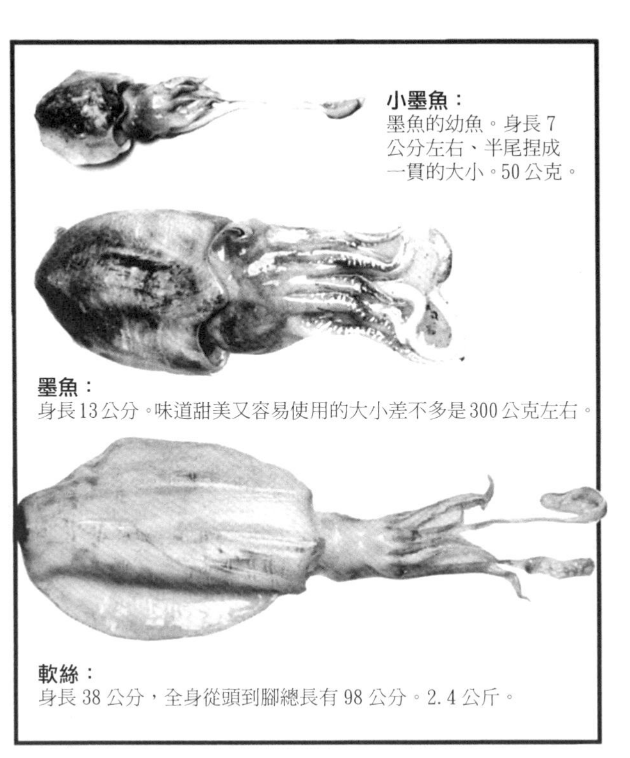

要保有這些特點，第一要緊的就是維持新鮮，為了保鮮，在當天早上就要俐落處理完畢，當天用完。如果放到隔天，墨魚珍貴的半透明外觀會慢慢變白，而且肉質也會變得堅韌、不易咬斷。

不過，它的價錢實在很不討喜。雖然沒有像平成八年的新子那樣首批拍賣到一公斤六萬日圓的高價，但它的價格也是年年上漲，越來越貴。

要捏成握壽司的烏賊類配料不論是從口感還是與醋飯的相稱度來看，墨魚都是上上之選，這是我的看法。

昂貴的軟絲做成生魚片很好吃，所以它才會被譽為是「夏天的烏賊王」。那麼，以握壽司材料的角度來考量又是如何呢？

我們店裡用的軟絲是在養在水族箱裡的活軟絲，所以肉質較硬。因此在捏成壽司的時候無法和醋飯緊緊貼在一起。這種烏賊適合做成厚薄一致的細條生魚片，在細細咀嚼的當下漸漸嚐出甜味。美味湧現。因為這個原因，除非客人特別指定，否則捏壽司我都用與醋飯相稱的墨魚，而下酒菜則使用軟絲。

只有小墨魚才會使用到腳的部份。而且捏壽司只用最小的墨魚腳。一隻小墨魚的墨魚腳剛好捏成一貫壽司。如果再大捏成壽司就不好吃了，就算烤過也不會好吃。所以每當墨魚開始長大的時候，若有人點墨魚腳握壽司我都會回絕：

「有是有啦，可是還是不要的好。」

只要照著客人的「要求」乖乖聽話、老實出菜就可以賺錢了不是嗎？可是自己覺得不好吃的東西還要推薦給客人：「墨魚的腳吃起來味道如何？雖然硬歸硬，但咬著咬著也會有味道哦！」這種事我幹不來。

所以囉，每當夏天過去秋天來臨的時候，一堆墨魚腳就都進了我們小師傅們的五臟廟裡。說起來店裡昨天午餐的配菜，就有一盤堆得像山的墨魚腳。

我不用軟絲的腳捏握壽司。我們的做法是沾醬下去烤，當做一道配菜。和捏成壽司相比，軟絲腳烤過會更好吃。我是這麼認為的。

有人說：「軟絲的腳也可以捏成壽司。」不是不能捏，但不能直接就這麼捏。因為就握壽司而言它的體積過大，捏起來壽司會有空隙、不夠緊實。而且一旦變大，腳的味道會太重，醋飯的味道都被搶光光了。

貝類／鳥蛤

江戶前的鳥蛤，滋味真教人難忘

曾經，若是說到日本最好吃的貝類產地就屬東京灣了。可是現在所有的貝類棲息地都被填平了。江戶地區自古以來最好的赤貝據說都採自於千葉的檢見川。「檢見川」當時也成了赤貝的代名詞。那裡也採得到象拔蚌，還有文蛤、馬珂貝也採得到。這裡的貝類比任何地方產的都要美味，這裡的貝柱曾經也是最好的。

不，江戶前（指江戶城前面的一片海域和河川）的貝柱即便是現在也很好吃，只是體積變小了。若是其他食材體積小也沒什麼要緊，但貝柱體積小的話，砂子跑進去就很難取得出來。為了把砂子去掉幾乎要耗癈一半的量，所以現在才會改用青森或北海道產的大星（指大顆的「貝柱」）。

最教人忘不了的是江戶前的鳥蛤。大的鳥蛤肉厚度達到一・五公分，而且軟綿綿的，整個就像是絨毛毯一樣。現在的鳥蛤最大的一盒裝六顆，但那時的只能裝得進三顆，它就是這樣的極品。那時的鳥蛤大到一顆一定要切成三份才能捏成壽司，而且柔軟滑嫩。一般過大的貝類肉質會硬，但它完全沒有這個問題，有的只是滿滿的甘甜和芳香。

來我店裡的客人只有一個人吃過。每當一到鳥蛤的季節，那個年紀比我還小一輪以上的男子一定會這麼說：

「這幾年的鳥蛤啊……！」

唉！現在也只剩我和他了，還記得原本的那個味道啊。

雖然說是當年，但其實離現在也不是很久。那是在昭和四十五年到五十初年之間的事。

我現在用的鳥蛤大多都產自於渥美半島，一到了四月下旬，就會有肉質好、個頭大的鳥蛤運過來，不過還是沒有過去江戶前產的大顆啦。因為無法一顆捏成一貫壽司，所以要斜切成兩半，一顆捏成兩貫，它的大小大概是這樣。

儘管如此，賣貝類的店家不愧是專業人士，在挑選貝類方面果然還是厲害。送來的鳥蛤稍稍川燙一下不要燙到全熟，鳥蛤的肉吃起來就會又軟嫩又香甜。別的地方產的鳥蛤煮起來會有點硬，所以我不論如何都要買渥美產的鳥蛤。

不要破壞鳥蛤表面特有的配色，有技巧地剝開來，小心調整烹調的火候，讓它本身的甜味在鹵間釋放出來，這就是決定美味的關鍵。所以，不管是剝殼的方法還是川燙的方法都是每家店的商業機密。據說當時店家處理鳥蛤都是在小房間裡進行，還會上鎖，絕對不讓別人偷看。

那情景真是有點難以想像啊！

燉煮／鮑魚

大原產的鮑魚真的是太神奇了！

傳統壽司店裡的鮑魚前置作業就是「滾煮」。在鍋裡一邊滾動鮑魚一邊用醬油或酒燉煮入味，煮出赤香艷麗的鮑魚，只是經過這道程序，珍貴的鮑魚口感都變硬了。

然後就是將鮑魚片成薄片捏成握壽司，然而，不論口感是硬是軟，經過處理、已經煮過的鮑魚握壽司如果在配料上方再塗上味道濃郁的醬汁*，那微妙穩約的香氣有三分之二都會煙消雲散，所剩無幾。因此，如果是要經過滾煮再捏成壽司的鮑魚，應該用不著像我一樣拼了老命到處尋找市面上十分缺貨、產於房州大原的鮑魚。

*所謂的醬汁，一般指的是用煮穴子（星鰻）的湯汁熬製而成的調料。在以前，像文蛤、穴子或是鮑魚這類燉煮過的壽司配料表面，都會塗一層各別湯汁熬煮而成的「原汁」，不過現在的習慣是所有燉煮過的壽司配料全部都用煮穴子熬成的醬汁塗抹。「數寄屋橋次郎」的醬汁作法請參考第二〇四頁。

話說我的蒸鮑魚如果不是肉質軟嫩、產於大原的雌貝，也就是所謂的「枇杷貝」，我是絕對不會端給客人的。

為什麼呢？

「好像在品嚐來自大海、最幸福的精華滋味。那前所未有的美味和香氣將過去種種難吃的記憶全部抹去、一筆勾消。」

我有位老顧客甚至會湧現出這樣的文學發想，軟嫩的口感，入喉的濕潤，以及像海洋牛奶般無可比擬的香氣，這就是大原的枇杷貝。

鮑魚要煮熟才行，它不是適合生食的壽司材料，這是我的看法。尤其是肉質較硬的青貝（雄貝），如果切成小塊搭配生薑醋做成水貝（鮑魚生魚片的作法之一，將鮑魚清洗乾淨切成小塊後泡在冷水或類似海水鹹度的鹽水中，搭配醬油或醋味噌等等的佐料一起食用）味道還不錯，但若要捏成握壽司的話，它的口感太硬，並不適合。因此，每當客人點單，指定要吃生的鮑魚握壽司時，我都會使用海味濃郁、肉質軟Q的枇杷貝。

就生吃來說，同樣都是產於房州（現日本千葉縣南部）的其他鮑魚與大原鮑魚相比並沒有什麼明顯的差別，不過一經加熱後，那可就天差地遠了。其他產地的鮑魚一旦煮過之後，原本的香氣和滋味通通都會流失，就剩個空殼子。但大原的鮑魚卻是無法形容地多汁。

在切大原鮑魚的時候，我每劃一刀就要擦一下刀子。因為上面沾得滿是膠質，多得嚇人，不把它擦掉刀子不好劃開。它的味道之所以和其他鮑魚天差地遠，也許就是差在這豐富的膠質含量吧。

我的蒸鮑魚說起來和日本料理中的「餅鮑魚」（在鮑魚上方鋪蘿蔔泥再蒸）味道很相似。其實它不是用蒸的，而是用酒與水等比例的湯汁熬煮三個半小時，待入味之後再用酒煮，如何煮出食材的原味是成敗的關鍵。

因為想要好好珍惜像大海牛奶般的香味，所以在捏壽司的時候我不會塗上黏乎乎的醬汁，而是用調味醬油來代替。

為什麼會決定用這種烹調方法？是從什麼時候開始的？其實我也沒有確切的答案。想讓它再軟嫩一點，想讓它的香氣再濃一點，或灑點酒，或做些什麼改變，我記得是這樣試了又試，失敗了無數次後才定下來的。這過程嘛，因為我是壽司店老闆，不是化學家，所以並沒有留下「這裡如果這樣改，會變這樣」之類的實驗記錄。

有好多人都這麼對我說：

「你的鮑魚握壽司真的是太神奇了。」

「蒸鮑魚和醋飯竟然可以捏得如此緊密，完全貼合，我從來沒有看過。」

「一般的鮑魚壽司為了不散開來，都會用海苔在握壽司中間纏上一圈。」

可是，我卻認為捏成這樣是理所當然的事。握壽司的醋飯和配料本來就應該合為一體，不是嗎？

來揭穿秘密吧，其實是我切鮑魚的時候故意用刀彎彎地切，切出貼著醋飯弧度的凹弧。不過，有一點實在是教人意想不到，就是中間內凹的蒸鮑魚切塊放一會兒之後竟然會咕地一聲朝反方向翻過來。好像還是活的一樣。經過了三個半

蒸鮑魚的切片方法

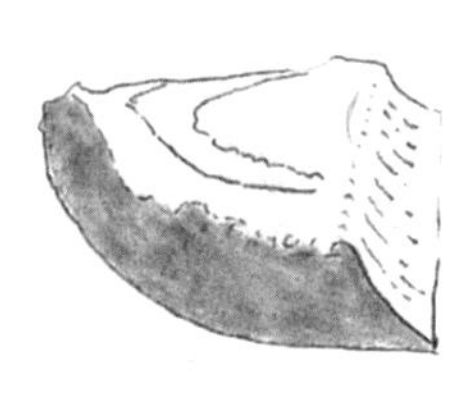

要切握壽司的配料時，下刀要用剜的方式切出內凹的弧度。

切下後沒有幾分鐘時間，切口會朝反方向鼓起，呈凸出狀，所以接著一定要順著這個切口，切成外凸的弧度。

到四個小時的加熱，它應該不可能還活著啊？大原鮑魚真的是太不可思議了。

不過很可惜地，大原從平成七年開始有五年的時間，也就是一直到西元一九九九年都實施禁漁令（編輯註：日後依照資源復原狀態的調查結果來決定解禁與否。依據一九九九年的調查結果，禁漁期間已經決定展延。）因為太受歡迎了，大原鮑的數量是越來越稀少了。

「這真是傷腦筋啊！」幾經思索後，我發現離大原很近的岩和田採得的枇杷貝做成酒蒸鮑魚也不遜色。也許因為和大原鮑魚吃一樣的褐藻類海草吧？它們就連貝殼的外觀都很相似。若是不知道的人，是無論如何也分辨不出來的。

因為在築地，岩和田鮑魚的供貨量僅有一點點而已，所以它真的是很稀有的鮑魚。

酒蒸鮑魚選用八百克上下的，不論滋味還是軟嫩程度都是第一，最大到一公斤左右的大小都還可以烹調出美味。如果鮑魚小於八百克，湯汁的香濃無法入味，要是大於一公斤，就算是大原還是岩和田的鮑魚，煮過之後還是會硬。

這種大小合適的鮑魚在平成九年（一九九七年）的今天，一公斤要價一萬八千日圓到兩萬日圓。至於一顆可以切成幾片呢？切成二十片是不可能的事，如果剔除貝柱，大概可以切成十七片吧。雖說價格昂貴，但因為大原禁漁，這也是沒有辦法的事。如果要計較價格，根本買不下手。現在確保品質才是第一要考慮的事。

「如果有岩和田的，請分給我。」

「要幾個？」

「全部都要。」

做酒蒸鮑魚時，至少也要三顆或四顆鮑魚一起煮才能煮出味道，但最近就只能拿到一兩顆而已。在以前就算說「要十顆」也可以輕鬆準備妥當，這樣的情景，如今想來恍如隔世。

初秋時分，從天色未亮的銀座出發，踩著腳踏車前往築地市場。
一天的工作就從採買開始，心裡不由得緊張了起來。

燉煮／穴子

不，我家的穴子是不烤的

我們的店一整年都用野島（東京灣・神奈川）產的活穴子（星鰻）。即使拿江戶前產的所有穴子相比，野島的穴子也是無與倫比的美味，它是我們店的招牌。它的滋味一年四季都不會變，不過脂肪肥厚、特別好吃的時節，大約是在六月到七月之間。

煮好後在壽司檯上一字排開，於常溫下捏成壽司，當天就要用完。如果放進冰箱，軟嫩的野島穴子是會變硬的。

不，絕對不能烤。一經火烤後燒烤的味道會太過搶戲，穴子本身的微妙滋味就消失無蹤了，最重要的是，我們店裡的穴子絕對不烤。

因為肉質軟嫩，只要一串就破了，所以如果要拿來烤，一定得放在烤網上。這麼一來，不管單面怎麼烤，都還是會黏在烤網上。一旦勉強取下來，魚肉就會七零八落、支離破碎。

因此，

「我要用烤的。」

「不好意思，不能烤。」

「別這樣，烤一下嘛。」

「不能烤。」

「那，我不要了。」

「好，還是別要的好。」

像這樣的爭執，每年都會遇到幾次，不過在非常「偶爾」的時候，我會這麼說：

「要不要烤一下？」

這是當市場裡的野島專用水族箱有其他產地的穴子混進來的時候。

這個是野島的水族箱，隔壁是其他國產的水族箱，兩邊的水族箱裡都有穴子悠游其中。這時，如果突然有一條活力充沛的國產穴子從隔壁咻地一聲跳進了野島的水族箱裡，就算是與穴子打交道打了一輩子的專家也絕不可能分得出來，因為魚的身上沒有寫著「我不是野島」的字樣呀。

到了批發商的水族箱裡。又沒認出來。

摸起來整條圓滾滾、胖嘟嘟的活力滿滿。

又沒認出來。

被選到了。

又沒認出來。

宰殺、處理。

又沒認出來。

回到店裡打開來看。

還是沒認出來。

真正認得一清二楚的時候，是煮好的那一瞬間，身體硬梆梆的。因為國產的穴子脂肪含量少，如果和野島穴子煮的時間一樣，它的肉質會變硬。

野島穴子因為身體軟嫩，如果沒有用兩手輕輕捧著，它的身體會散開來。至於不是野島產的穴子，就算是用手拎著尾巴倒著抓也沒關係，它就是這麼硬。

這樣的國產穴子不會黏在烤網上，可以烤得美美的，所以當它們混進來的時候，

「我要用烤的。」

「好！好！」

我會連應兩聲。

不過，在沒有國產穴子可以烤的時候，「不管怎樣我一定要吃烤的。」店裡還是有這樣非常固執、寸步不讓的老顧客。

那位客人自我開店以來就一直光顧我們店裡的生意，而且年紀還比我大上幾歲。這樣的客人應該算是天神等級了吧？天神的請託是不可以拒絕的，所以野島的穴子並不是一定不用火烤啦，只不過這種情況真的是太罕見了。

可是說老實話，我拿來烤的是原本放在冰箱裡要當做員工伙食配菜的前一天的穴子。因為冷藏過的穴子肉質已經緊縮變硬了，所以用大火烘烤也不會散得破破爛爛的。

烤過的穴子不捏成壽司。我把它切成細絲放在小缽裡，然後灑一點山葵醬油和烤海苔做成下酒小菜端給客人。

「烤過的香味下酒最好。」

在還沒開始吃握壽司就已經完全被我收服的神仙眼睛瞇成了一線，高興得不得了。

不過，店裡還有一位對烤穴子非常癡迷的老神仙，不管怎樣只要沒烤心情就不好。因此，要是他預約訂位的那天沒有可以烤的穴子，在煮穴子的時候我會先把要烤的份量撈起來。

我們店裡的穴子要煮二十五分鐘左右，若是要用來烤的穴子煮十五分鐘就先撈起來。這樣穴子不會黏著烤網，可以照平常的方式火烤。

這是一接受訂位就知道的事，而且還是比我年長的老顧客，所以我才提供這樣的特別服務。因為如果不照做是會遭天譴的。

因此，也只有兩種特殊情況店裡才會烤穴子，一種是當天逮到不屬於野島的偷渡客，還有就是當天來了令人敬畏的神仙。換句話說，這是例外中的例外。

燉煮（醃漬）／蝦蛄

只選有帶卵的醃漬

我們的蝦蛄尺寸特大，而且全部都有帶卵（位在蝦蛄正中央形狀呈棍狀的卵）。

這是由於我自己本身很喜歡蝦卵咬起來粒粒飽滿的感覺，所以只挑選有帶卵的蝦蛄買。因為這個緣故，現在連我的客人也變得一定要有粒粒分明的口感才會滿足。

在市場裡，蝦蛄都是雌雄混合裝在小箱子裡一起賣的。那為什麼可以買到全部都有抱卵的母蝦蛄呢？

這其中的秘密啊，就是我只挑有帶卵的。因為有沒有卵一看便知，所以我會把蝦蛄分類：「這箱是有帶卵的」、「別箱是沒帶卵的」。賣蝦蛄的老闆和我已經往來很長一段時間了，所以我這樣任性他也接受。

話雖如此，但他並不認同，甚至說：「次郎每次都硬拗。」

因為有不少的店家想法和我完全相反：

「要捏握壽司就要用可與醋飯貼合的公蝦蛄。」而且也有客人不論蝦蛄有帶卵還是沒帶卵全都愛吃。事實上我們店裡也常常有人在說：「配酒是很好啦，但要是捏成壽司的話，有帶卵的就顯得有些礙事。」

接到這種客人的點單要怎麼辦呢？這時我會捏一捏蝦蛄，選一隻卵比較小的，若是當天所有的蝦蛄全都珠圓玉潤、蝦卵豐厚，那我就假裝沒聽到客人的話。幹了那麼多年的壽司店老闆，自然能夠練就這樣的功力。

話說近來有位客人這麼問過我：

「您的店專捏有抱卵的蝦蛄，但箱子裡應該也有很多是公的吧？沒有捏成壽司的剩下來的公蝦蛄，你們都拿來做員工午餐的菜吃掉嗎？」

不是，沒這回事。

因為特大號的蝦蛄一箱大概七到十隻，其中母蝦蛄多的話有三隻。少的話就一隻。平均算來大約一箱兩隻。假如一箱十隻的蝦蛄我買了十箱的話，母蝦蛄就只有二十隻而已，這樣一來我們每天中午不就必須吃掉總共八十隻的蝦蛄？

不是這樣的啦。

蝦蛄是「醃漬品」。因為有些蝦蛄的卵比整隻的肉還多，所以自己再醃過的蝦蛄會比賣家川燙後直接使用的蝦蛄味道更好。

粒粒飽滿的蝦卵要經過調味才能釋放美味。所以，為了做出江戶前的鬆軟滋味，我會將蝦蛄浸在用醬油、味醂、砂糖調和而成的清淡醬汁裡讓它入味，這就是所謂的「醃漬」，因為醃好的成品顏色只有薄薄地一層，所以很多人都以為它們是煮過了頭。

醃漬的蝦蛄在捏握壽司之前一定要將湯汁去掉。一旦水份過多，做為基底的醋飯就會慢慢滑落散開，無法和上方的配料緊緊貼合。捏蝦蛄握司是很講究技巧的。

至於蝦蛄的產地，小柴（東京灣・神奈川）是唯一選項。市場裡當然也有其他產地的蝦蛄，但它們沒有江戶前的美味。這世上也有一點兒都不好吃的蝦蛄哦。最難吃的蝦蛄一入口後吃不出軟嫩，也沒有蝦蛄的香氣，

「喂，你這是豆腐做的啊!?」

讓人不禁想罵出口，吃起來好像稀稀爛爛的蛞蝓一樣——這種蝦蛄也是有的。蝦蛄的產地和品質一定得慎重選擇才行。

紅肉魚類／鰹魚

「回游」鰹魚油味太濃，少了清爽

只有初春的鰹魚才捏成壽司，我不用秋天回游的鰹魚。為什麼呢？因為回游的鰹魚脂肪的味道太重了。在初春時分，鰹魚的脂肪含量的確較少，但它本身的原味和清香正是魅力所在。

當然，若沒了脂肪，鰹魚吃起來就像渣滓一樣。可是沒有隱約淡香的鰹魚實在稱不上美味。回游的鰹魚也有一股獨特的芳香，但就是少了初春時節的清爽。這就好比是嫩芽與紅葉，櫻花與菊花那樣截然不同的味道。

四月中旬時，房總外海捕撈上來的初鰹像櫻花一樣宣告著：

「春天到了！」

飄著微微的芬芳。

回游的鰹魚則是秋天的菊花，香氣濃烈。

哎呀，也不是說「回游的不好吃」啦，我覺得脂肪飽滿也很美味呀。只不過鰹魚的魅力不是只有脂肪而已，這種油脂肥美的感覺完全無法讓人耳目一新，就好像九月吃的毛豆一樣。

這和初春時節產的鰹魚是不一樣的，所以我才不用它捏握壽司。

而且到了秋天的時候，紅肉魚的首選是鮪魚。

早春的鰹魚少了紅肉魚明顯的味道和香氣，而且魚皮邊上帶有微微的油脂。所以我會燃燒全新的麥桿，將表面稍稍煙燻一下，這樣也可以讓帶皮的那一面變得軟嫩。

用高熱能的瓦斯加熱魚肉會整個熟透，而且珍貴的油脂也會溶掉。燒麥桿的熱比較溫和，只會加熱到魚肉的表皮而已。用煙燻烤也可以去除鰹魚隱約的腥味。不過拿來煙燻的麥桿一定要用新的，用舊的麥桿燻烤，燻好的鰹魚會有一股臭臭的霉味。

初鰹的難就難在不切開無法知道品質好壞。它不像回游的鰹魚一樣保証都有脂肪，所以經常會遇到今天品質很好，明天卻突然沒什麼油脂，咬起來柴柴的情況。

因為一天只進一條，所以如果切開來品質不行，當天就沒有鰹魚可以捏成壽司了。就只好隨隨便便把它給吃了。

隔天再進一條，一切開來又不行。

今天沒有鰹魚可捏壽司。隨便吃了。

隔天切開又不行。

沒有壽司。隨便吃了。

隔天切開又不行。

沒有壽司。隨便吃了。

不過，這兩年算是大豐收，中獎率都有九成以上。前年就只有一成二成的機率；從四月上旬千葉的勝浦和銚子捕撈到初鰹開始，一直到五月中旬的一個半月期間，初鰹每天都會出現在裝食材的木盒裡，但其實一整季下來，捏成壽司的量也才不過三條而已。

三河的新子也很好，常磐的真鰈也很好，渥美的鳥蛤也很好，銚子或三崎的沙丁魚也很好，對壽司店老闆來說，真的是春光無限好！

「數寄屋橋次郎」的壽司配料食曆

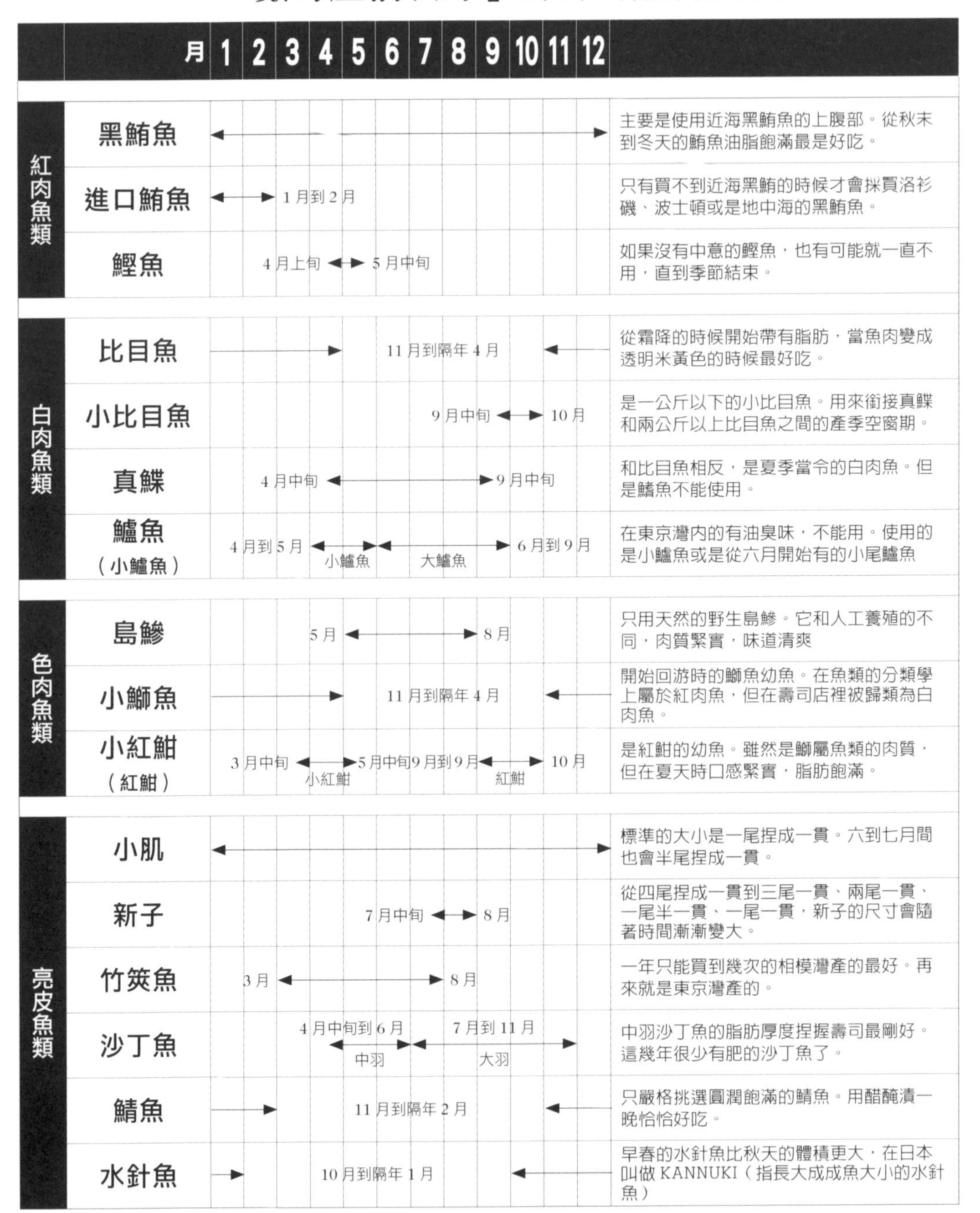

	月	1–12	
紅肉魚類	黑鮪魚	←→（1月至12月）	主要是使用近海黑鮪魚的上腹部。從秋末到冬天的鮪魚油脂飽滿最是好吃。
	進口鮪魚	1月到2月	只有買不到近海黑鮪的時候才會採買洛衫磯、波士頓或是地中海的黑鮪魚。
	鰹魚	4月上旬 ←→ 5月中旬	如果沒有中意的鰹魚，也有可能就一直不用，直到季節結束。
白肉魚類	比目魚	11月到隔年4月	從霜降的時候開始帶有脂肪，當魚肉變成透明米黃色的時候最好吃。
	小比目魚	9月中旬 ←→ 10月	是一公斤以下的小比目魚。用來銜接真鰈和兩公斤以上比目魚之間的產季空窗期。
	真鰈	4月中旬 ←→ 9月中旬	和比目魚相反，是夏季當令的白肉魚。但是鰆魚不能使用。
	鱸魚（小鱸魚）	4月到5月 ←→ 小鱸魚 ←→ 大鱸魚 → 6月到9月	在東京灣內的有油臭味，不能用。使用的是小鱸魚或是從六月開始有的小尾鱸魚
色肉魚類	島鰺	5月 ←→ 8月	只用天然的野生島鰺。它和人工養殖的不同，肉質緊實，味道清爽
	小鰤魚	11月到隔年4月	開始回游時的鰤魚幼魚。在魚類的分類學上屬於紅肉魚，但在壽司店裡被歸類為白肉魚。
	小紅魽（紅魽）	3月中旬 ←→ 5月中旬（小紅魽）；9月到9月 ←→ 10月（紅魽）	是紅魽的幼魚。雖然是鰤屬魚類的肉質，但在夏天時口感緊實，脂肪飽滿。
亮皮魚類	小肌	←→（1月至12月）	標準的大小是一尾捏成一貫。六到七月間也會半尾捏成一貫。
	新子	7月中旬 ←→ 8月	從四尾捏成一貫到三尾一貫、兩尾一貫、一尾半一貫、一尾一貫，新子的尺寸會隨著時間漸漸變大。
	竹筴魚	3月 ←→ 8月	一年只能買到幾次的相模灣產的最好。再來就是東京灣產的。
	沙丁魚	4月中旬到6月 ←→ 中羽；7月到11月 ←→ 大羽	中羽沙丁魚的脂肪厚度捏握壽司最剛好。這幾年很少有肥的沙丁魚了。
	鯖魚	11月到隔年2月	只嚴格挑選圓潤飽滿的鯖魚。用醋醃漬一晚恰恰好吃。
	水針魚	10月到隔年1月	早春的水針魚比秋天的體積更大，在日本叫做 KANNUKI（指長大成成魚大小的水針魚）

＊表裡的箭號表示產季和做為壽司配料的時節。壽司配料的好壞與否與該年四季的氣候變化有很大關係。就算正值產季，如果品質不良店裡也不會進貨，另外產季的起始時間有時也會有些差異。請當成大概的標準來看。

	月 1 2 3 4 5 6 7 8 9 10 11 12		
貝類	赤貝	◄────────►	宮城縣閖上出產的肉厚芳香，品質最佳。七到八月的禁漁期則是使用伊勢、九州或觀音寺產的。
	象拔蚌	◄────────►	香氣和甜味都是渥美產的最棒。赤貝和象拔蚌是一年到頭都可以捏的貝類兩大天王。
	鳥蛤	4月上旬 ◄──► 5月中旬	三河產的鳥蛤。選擇表面漆黑、色澤豔麗、肉質肥厚的。
	鮑魚	4月 ◄────► 9月	比起偏硬的雄貝，口感佳的枇杷貝更適合用來捏生鮑握壽司。
	小貝柱	◄────────►	顏色較淡的大顆貝柱是北海道產的，顏色偏橘的小顆貝柱是富津或伊勢產的。
燉煮類	穴子	◄────────►	只用野島產的。一尾捏成三到四貫的大小脂肪分佈最剛好。
	蒸鮑魚	4月 ◄────► 9月	只用大原產的枇杷貝，是「次郎」的名菜。大原禁漁期間就使用品質相似，產自岩和田的。
	蝦蛄	4月 ◄──► 6月中旬	只用橫濱，小柴產的蝦蛄醃漬。只用抱卵的蝦蛄，是有限定期間的菜色。
	文蛤	──► 10月到隔年4月上旬 ◄──	是醃漬過的壽司配料。產季從秋天到抱卵前的早春。
	章魚	──► 11月中旬到隔年3月 ◄──	買生的回來自己川燙。佐島產的1.5~1.8公斤大小不論香味還是緊實度都剛剛好。
烏賊、蝦	墨魚	──► 9月到隔年4月 ◄──	一隻捏成四貫的大小最棒。到了三月就長成一隻捏成八貫的大小了。
	小墨魚	8月上旬 ◄► 9月上旬	墨魚的幼子。一隻捏成一或兩貫的大小口感最棒，只有這個季節才有。
	軟絲	5月 ◄───► 8月	因為很新鮮，所以肉質偏硬。適合做成生魚片享受咀嚼的樂趣。
	墨魚腳	8月上旬 ◄► 9月中旬	只有小墨魚的腳才能捏握壽司。軟絲的腳建議用來做成菜餚。
	車蝦	◄────────►	東京灣的大車蝦。天然的野生車蝦要找到大的很不容易。
其他	鮭魚卵	◄────────►	醬油醃漬生鮭魚卵。在漁獲量大的秋天一次大量採買，用負五十度的低溫急速冷凍。
	海膽	◄────────►	產自北海道或青森。使用甜味濃郁的白海膽。質地綿密柔滑的較佳。
	玉子燒	◄────────►	加入青蝦碎肉和日本山藥。蛋是奧久慈產的。一片烘烤四十分鐘。

秋冬時節的壽司配料

出場的海鮮

鯖魚、水針魚、墨魚、車蝦、象拔蚌、赤貝、章魚、文蛤、比目魚、小比目魚、青柳、扇貝、平貝、鰤魚、鯛魚

在古時候東京的壽司屋在寒冬的季節時做的白身，

壽司是用扁口魚

我是不會做鯛魚的握壽司。

車蝦、章魚、鯖魚、文蛤——或水煮或醋醃，自己烹調的壽司配料最能顯現壽司店的特色。在提倡少鹽少鹹的現代，不但要將鹽份的攝取儘量降到最低，還必須要滿足以年長者居多的老顧客挑剔的味蕾，壽司店老闆真不容易。時值秋天，接著就是冬天。這個時候魚蝦貝類脂肥味美，是大享口福的季節。

亮皮魚類／鯖魚

冬天當令的鯖魚真的好吃，是店裡的招牌

同樣是鯖魚，若狹灣產的鯖魚是擁有破格禮遇的高級品。不過在東京，鯖魚不是什麼高檔的魚。因為大家都這麼認為，所以很少有壽司店會把鯖魚當成是店裡的招牌。就算當天有備料也是抱著「客人想吃就捏」的心態備的。但是，帶有油脂的當令醃漬鯖魚真的很好吃。因為打心裡這麼認為，所以我也把冬天當令的鯖魚當成是店裡的招牌，半條魚捏成一人份的壽司，沒兩三下就吃光光了，它是我們店裡幾乎人手一貫的人氣握壽司。

東京的壽司店一般都是將鯖魚處理到中間半熟的程度，但我的醃漬方法則是和關西的「生鮓」（在關西的醃漬鯖魚作法，即用醋完全將鯖魚醃漬透徹，吃的時候無須沾料。關東地區的醃漬鯖魚的醃漬程度較淺）一樣，充份地醃漬透徹。

當然，如果詢問每位客人喜歡的醃漬程度，答案一定各有不同。

「表皮有點生的比較好吃。」

「只有中間部份還是生的比較好。」

「我喜歡有點醃過頭的那種。」

原則上，我捏的鯖魚握壽司都是前一天醃漬的。亮皮魚類用醋醃漬後如果不放置一段時間，魚肉本身的味道就出不來，這是決定美味的不二鐵律。

不過說到用醋醃漬，最好是預備要用的時候才醃。醃到第二天時間剛好，到第三天就有點過頭了，一旦醃到第四天就已經不能用了。因為脂肪已經開始氧化了，只能拿來當員工伙食自己吃了。

鯖魚握壽司只有十一月到二月最冷的隆冬時節才捏。到了三月鯖魚開始抱卵，味道就差了。所以它在原木食材盒裡的時間有四個月之久，是一定得嚴格遵循產季的壽司配料之一。

鯖魚的產地就沒有那麼多限制了。雖然最上等的鯖魚只出產於若狹，但鯖魚的品質很少有參差不齊的情況啦。因為它們是成群結隊地游，一整網撈起來只要有一尾是肥的，就全部都會是肥的，所以好的鯖魚可以一網打盡。

在築地裡最好的鯖魚就是銚子外海或三浦半島出產的。以前築地也有日本海的優質鯖魚，但現在已經幾乎看不見了。漁獲量越來越少的關西周遭海域大概已經都被抓光了吧。

要辨別鯖魚的好壞很簡單。它和要切開看才知道品質好壞的鰹魚不同，只要外形渾圓飽滿，就表示脂肪肥厚。所以，賣不出去被拿來當員工伙食的鯖魚，絕不會有看了走眼、吃錯的情況發生。

一看就覺得比較苗條的鯖魚沒必要切開來看，它的身體一定是乾巴巴的。如果當天只有這種鯖魚，我就會跟客人說：「今天沒有鯖魚」。

在我們店裡可以稱為招牌的鯖魚，每天的用量大概就一到兩條。因為不像魚販那樣整箱整箱地買，所以要慎重挑選箱子裡最肥的。雖然是一條一條地挑，也不會有人說：「次郎蠻橫不講道理。」

最好的鯖魚一箱買起來大概有六、七條，價格是二萬日圓。我把看中意的挑兩條出來，付了七千或八千日圓後，整箱的價格就下降了。

夏天的沙丁魚也是如此。我一天最多只用十條，所以不得不一條一條地選。結果，不過就沙丁魚而已哦，胖嘟嘟的一條竟然要價八百日圓左右，零賣零買的價格就是貴。

於是，在我用八千日圓買了十條之後，剩下的數量就不太齊全了，一箱的價格也就變便宜了。所以就算一條條地挑選，也不會給魚販找麻煩。

「次郎這麼做合情合理。」會這麼說是有原因的。

不適合醋醃的關鯖魚(註)（大分・佐賀關的鯖魚），我是不用的。

（註：日本把在瀨戶內海和太平洋水流交匯處「豐后海峽」中長期經受風浪沖擊的鯖魚特稱為「關鯖魚」，這種魚味道鮮美，肉質緊實有咬勁，是大分縣的代表魚類，名聲享譽全國。）

亮皮魚類／水針魚

要捏壽司前才剝皮，直接用生的魚捏握壽司

水針魚的季節是春秋兩季。不過，它體型長得最大的時候不是這兩個季節，而是在產卵前的早春時分，這種水針魚被稱為「閂」（指長大成成魚大小的水針魚），但味道吃起來差別不大。

水針魚的外表華麗，因為在某些地方它是新年期間不可缺少的吉祥象徵，所以也有人說它的季節是冬天。在我的家鄉（靜岡縣天龍市）就是如此。先把魚切開來，去除魚骨然後抹上已經塗成紅色或青色的碎魚肉捲起來，烤成緞帶捲的樣子後收在層層疊疊的食盒裡。如果是做成湯，就把水針魚打結後放進湯裡。

因為水針魚的背部是青色的，所以在壽司店的分類裡它屬於「亮皮魚類」，在以前都會用醋醃過才使用，不過以前和現在的新鮮度不一樣。它本身那股濃郁的特有氣味並不需要特別用醋去除，所以我都是稍梢灑鹽後用水洗一下，然後就這麼擱著，等到要捏的時候才把皮剝掉，直接用生的魚捏握壽司。因為生的魚皮咬不爛，所以把皮剝掉後會比較好入口。

不過，這麼美的銀色魚皮實在沒有理由不用——大概也有老師傅這麼想吧？所以在買來的當天是剝去魚皮直接用生的魚捏握壽司，但若有剩下的就用醋醃漬，之後連著魚皮一起捏。因為在醋裡放一晚後皮就變軟了。也是有人是這麼做的，不過我的話就只捏當天現宰，魚肉還活跳

水針魚緞帶

切開的水針魚上方塗上了色的碎魚肉，接著捲起來串成一串拿來火烤。烤好後從中間切開來，切口就會呈現像「緞帶捲」的樣子。

跳的生魚。

有時候偶爾會有客人點菜說：「要配著蝦鬆吃。」可是我們店裡用青蝦作的甜味蝦鬆是用來挾著醋味較重的亮皮魚吃的，和生的水針魚不搭，與它最配的還是山葵。

烏賊類／墨魚

口感、口味、外形……它都是烏賊之王

盛夏誕生的小墨魚每經歷過一場雨就又長大了些。剛開始一隻只能捏成一貫的體積，漸漸成長一隻兩貫到一隻可以捏成三貫的大小，變成兼俱甜味和口感的墨魚。

說起來，就壽司配料來說，墨魚要比夏天的軟絲要好太多了。我是這麼想的。因為它的纖維柔軟，所以咬起來口感佳。咀嚼一下，配料和醋飯一瞬間在嘴裡化開來，極品的風味立即湧現。我們用來裝盤的器皿是黑色扁平的板狀漆器，正好與隱約透著翠綠的白色握壽司相互輝映。山葵的綠從半透明的魚肉裡透出來，看著就讓人食指大動。墨魚的產地是三河或九州，不過我會盡量選擇體形小的，最多就是一隻捏成六貫或八貫壽司的大小，再大就不用了。

從八月中旬開始的小墨魚開始算起，墨魚的季節到四月就算完全結束。接下來一直到小墨魚再次誕生之前的這段期間，就由軟絲來擔任主角。

槍烏賊（日本鎖管）、赤烏賊（日本赤魷）和魷魚（漢字為「鯣烏賊」）等等我都不用。直接用生的捏壽司口感太硬了。「煮墨魚」我也不準備。在煮好的槍烏賊裡塞入混有瓠瓜條或薑末醋飯的「印籠詰」我也不做。大概是因為這不是江戶前的傳統作法吧？「京橋」的師傅沒有教我這些。

蝦／車蝦

與其吃活的，還不如保持在肌膚溫度的狀態享用

東京灣的神奈川沿岸可以捕撈到一大堆品質優良的握壽司材料。蝦蛄要小柴的、穴子要野島的，至於車蝦，就屬橫須賀外海產的最棒。對岸的富津品質也不賴，但很可惜的，不論是體型或數量都不到標準。

為什麼江戶前的最棒呢？因為它不論是甜度、香氣或是煮後的顏色等等全部都是絕對領先，無可比擬。

大概是由於食物豐盛的緣故吧。

海水若沒有一定程度的混濁，就無法孕育適合車蝦的食物。「水清則無蝦」，如今歷經再造的東京灣已經變成了車蝦極佳的棲息地。

雖說魚蝦都回來了，但事實上現在的東京灣依然飄著一股臭油味。在淺水水域生活的小鱸魚或鱸魚是無法使用的。烏魚之類的更是絕對不能吃。可是，棲息在海底的車蝦就沒有臭油味。

車蝦的產季一年兩次，一是海水溫暖、活動力變強的春天，一是為了預備過冬、攝取大量食物的入秋時分到冬天，我認為春天的車蝦尤其美味。剝蝦殼時蝦膏的油脂一旦沾到砧板上，隨便洗一洗是洗不掉的，它的油脂就是這麼地濃稠。

也有壽司師傅說「車蝦的產季在夏天」。由於天氣一旦變冷，蝦子就會潛入泥砂裡冬眠，因此漁獲量大的夏天被視為是蝦子的產季。不過不知為何，江戶前的蝦子好像不用冬眠似的，在冬天的市場裡也有車蝦可買。所以江戶前的壽司店一整年到頭都有車蝦可以捏握壽司。

捕撈的方法也在進步。以前都用類似竹耙子的拖曳道具，像剷起路面積雪那樣抓蝦，搞得蝦子的背部全都是傷，有的根本就不能用了。而最近的捕撈方法是用正負兩極的電極壓在蝦子的棲地上

然後通電，這麼一來躲在砂子裡的蝦子會被電得麻麻的，漁夫就趁著蝦子被嚇得四處飛竄的時候用事先準備好的漁網一網打盡。

所以，或許江戶前的車蝦不是不用冬眠，而是在悠哉冬眠的時候被電擊嚇到，是被人逼著起床。但再怎麼說它都是天然的野生蝦子，也會有漁獲不豐的時候，若遇到這種情況，我就改用濱名湖產的。一直到東京灣再次捕獲車蝦的昭和六十年代初期以前，我都選用自己認為全日本最棒的濱名湖車蝦。和其他產地相比，濱名湖產的野生車蝦至今依然是品質優良的高級品。

連濱名湖都捕不到車蝦的日子，我就選用志布灣等地的九州車蝦。只不過煮好的九州車蝦怎麼樣也顯現不出像東京灣等產地一樣的鮮明色彩。如果是人工養殖的車蝦，一經加熱後蝦肉的黃色部份會比紅色更顯色，而九州的野生車蝦顏色就與人工養殖的相近。當然，它的甜味和香味也比較淡。

東京的壽司店一般都是用一尾剛好一貫的小車蝦（指二十克左右的小車蝦）來捏握壽司。可是要我來說的話，小車蝦實在嚐不出車蝦的真正美味，所以我捏握壽司用的都是大車蝦。不這麼做就無法品嚐到車蝦獨特的香氣以及濃郁的甘甜與滋味。

大車蝦的體積大到連大男人也無法一口吞下，所以我都是捏成一貫後切成兩半，再送到客人面前。

一開始送到客人面前時，小車蝦與大車蝦的視覺震撼就不一樣。我們的蝦子不是那種外賣專用、見不得人的蝦子，「貨真價實、如假包換」的華麗外觀也是我們強調的重點。這也是選擇大車蝦的原因之一。

車蝦雖然成了我們店裡的大招牌，但其實當初會這麼執著於野生蝦，而且還要求是江戶前產的野生蝦，是因為想要推翻大家「壽司店的蝦子不好吃」的既定印象。

不論是店內的綜合拼盤還是外賣的壽司拼盤都少不了蝦子。可是，「因為它的作用只是為了在擺盤上增添紅白相間的色彩，所以味道如何都沒關係吧？只有要有紅就好」——每個人都是這種想

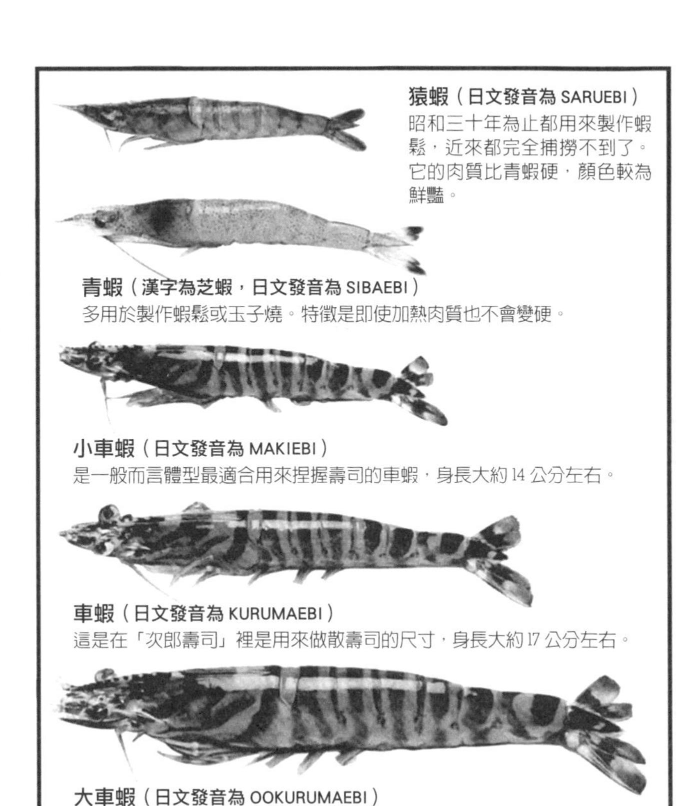

猿蝦（日文發音為 SARUEBI）
昭和三十年為止都用來製作蝦鬆，近來都完全捕撈不到了。它的肉質比青蝦硬，顏色較為鮮豔。

青蝦（漢字為芝蝦，日文發音為 SIBAEBI）
多用於製作蝦鬆或玉子燒。特徵是即使加熱肉質也不會變硬。

小車蝦（日文發音為 MAKIEBI）
是一般而言體型最適合用來捏握壽司的車蝦，身長大約 14 公分左右。

車蝦（日文發音為 KURUMAEBI）
這是在「次郎壽司」裡是用來做散壽司的尺寸，身長大約 17 公分左右。

大車蝦（日文發音為 OOKURUMAEBI）
一隻有 22 公分的長度，50 克左右的重量。是「次郎壽司」用來捏握壽司的蝦子。

法。這我實在無法苟同。

這其中當然也有預算方面的考量啦，只要有蝦子的樣子就好，用冷凍的沒關係，死掉的也沒關係，尾端變黑的也沒關係，就算是用活的小車蝦，一大早全部一次煮好放涼，到了晚上才捏成壽司也沒關係。就是因為這樣，蝦子才會變成難吃的代名詞。

本來蝦子是最高級的壽司配料。在綜合拼盤裡是擺放在最佳位置的首領。因為它原本就是人間美味。活車蝦炸成的天婦羅，不就是一道宴客的大菜嗎？

所以我長久一來一直攪盡腦汁思索，怎樣做才能讓車蝦成為最能展現原味的壽司配料。

「車蝦一旦加熱後就會變成美味的壽司配料。」

這是我做學徒時就學習到的事，可是江戶前握壽司要連視覺也是饗宴。所以我想要做出紅白對比更鮮明，外觀更美麗的壽司配料。

因此，我依照產地的不同調整水煮的時間，試了種種方法，結果發現江戶前的車蝦煮過是最棒的。雖然都說是江戶前的，但死掉的就不能用了。因為若不是活蹦亂跳的鮮蝦就煮不出蝦子天然的色彩。

問題是要如何充份展現車蝦的原味呢？以前要捏壽司的車蝦我都分中午和晚上一天煮兩次，我覺得那樣是最好吃的。

不過在五、六年前，我偶爾一次吃到煮好後差不多降到肌膚溫度的蝦子，真是嚇了一跳。那芬芳的香氣與濃郁的甘甜，實在不是煮好就放著的蝦子可以比擬的，真教人無法想像這竟然是同樣的蝦了。

客人點單後才煮就是從那個時候開始的，只要五分鐘就煮好了，拜託客人稍等一下。因為這麼做才能夠品嚐到超級美味的車蝦握壽司。

煮的時候要將蝦子裡裡外外煮到全熟，這樣美味才能完全釋放。而且煮好後要用冷水冷卻才能留住色彩的鮮麗。不過不可以連蝦肉中心都全部冷掉。表面變涼的時候正好是蝦肉處於人體肌膚溫度的時候。

這就是讓江戶前車蝦原味完全釋放的秘訣。

在後面處理好的蝦子被運到壽司檯來。煮好的蝦子呈現著天然的美麗色彩。這正是大自然創造出的純正原色。剝掉蝦殼切開捏成壽司，處於肌膚溫度的美味真是天下無雙。尤其蝦膏更是好吃。

裝在原木食材盒裡已經煮好的蝦子是樣品。那個是不捏壽司的。我們自己也不吃。它們會被冷凍起來和店裡用青蝦作成的蝦鬆混在一起使用。江戶前的天然色彩正好可以與蝦鬆的顏色兩兩相映。

「活跳跳的車蝦」我不捏，也沒有熟客會點活蝦壽司。當然，如果有客人要求「不管怎樣我就是要」，也沒有不能捏這回事啦。我的車蝦全部都是活跳跳的。可是比起江戶前的生吃活蝦，煮過的會更好吃。不能否認，每個人對食物的喜好各有不同。而且我是開門做生意的，用不著囉唆，只要照著要求捏就好了。想是這麼想，可是川燙過的車蝦真的要好吃百倍，所以不知不覺中，我還是會違逆客人的意思，並建議客人：「與其吃活的，還不如嚐嚐煮過的。」

貝類／象拔蚌

是好惡分明的壽司配料之一

除卻夏天的鮑魚，現在象拔蚌和赤貝是貝類材料的「兩大天王」，在壽司檯裡的人氣也是不相上下，沾上醬汁稍稍火烤一下，它就是天下第一的下酒菜。

不過要我來說的話，色調感覺有點褪色發白的象拔蚌不管怎麼捏也捏不漂亮。新鮮度越高的象拔蚌一刀切下身體會咕嚕一聲翻過來，所以捏握壽司樣子就更難看了。

還有，它特有的味道也是個問題，「海味和怪味太強，和醋飯不搭。」有些客人對它敬謝不敏。不過，也有那種一連點了好幾貫，對它愛得不得了的客人，它就是這種令人喜惡分明的壽司配料。

而且，它並非可以無限量供應的貝類，首先它的裙帶不好吃。如果塗醬油烤一下也不是不能吃啦，但在我們店裡都是把象拔蚌的裙帶和貝柱之類的一起丟掉不用。我們自己員工也是不吃的。我沒看過那些年輕人吃過。

另外，它的價格貴得嚇人。我都是選用渥美半島，不然就是岡山或九州產的，單單一顆重量八百克、大約捏成八貫壽司份量的象拔蚌有時就要價一萬日圓以上。也許是潛水夫受鯊魚攻擊的餘波未了，受到事件影響，市場上的供應量持續不足吧？除了這個因素外，價格應該不至於如此昂貴才對，這不禁讓人懷疑是不是有誰在幕後操縱價格。

每當連續三到四天捕不到赤貝，築地市場沒有貨源的時候，應該被關在某處水族箱的象拔蚌也會忽然不見蹤影。一旦斷斷續續地開始有貨了，價格就一口氣跳上了一萬日圓。

象拔蚌平常的時候也是貴。就算是覺得「今天比較便宜」的日子，也只不過是從一萬日圓降到七、八千日圓而已，要比這還要便宜幾乎是不可能的事，總之它就是昂貴又稀有的壽司材料。不過，它是很受歡迎的握壽司，店裡是不能不備料的。

貝類／赤貝

上產的一看外殼就能認出

就握壽司的配料而論，依我綜合各項評比來看，赤貝要比象拔蚌更勝出一到二級。以握壽司的外觀來看，赤貝勝。以顏色的鮮明度來看，赤貝勝。以口感來看，赤貝勝。香氣，赤貝勝。味道，赤貝勝。別的不說，赤貝唇不就比赤貝還好吃嗎？捏握壽司也好吃，包海苔捲也好吃，夾著小黃瓜吃就更好吃了。

在築地能買到的赤貝之中，產於閖上的是最好的，只要看到外殼就可以一眼認出。而且，那樣肥厚飽滿的貝肉是別的產地沒有的。

貝肉明明這麼肥厚，但吃起來卻是意外地軟嫩，外觀顏色天然豔麗。咀嚼時的口感和香氣也是滿分。用刀切開時，芬芳的大海香氣瞬間在廚房裡飄散開來，總之它同時俱備多項優點。而且它的大小捏成一貫正好合適。

赤貝的季節是冬天。不過因為想吃的人很多，所以一年四季都會準備。這不是最近才開始的，從我在「京橋」工作的那時候起，東京的壽司店就已經在夏天使用赤貝了。因為有些海域並沒有禁漁。

七到八月閖上一旦禁漁之後，九州的赤貝就會進到築地。因為在質量來說九州產的比不上閖上產的，而且又不能殺價，所以也只有閖上禁漁的夏天我才會用九州的赤貝。

說起來，夏天使用的伊勢或九州赤貝在平成九年那一年品質是出乎意外地好，身體的顏色也很漂亮。那顏色好到讓人誤以為：「這是閖上產的。」幾乎分不出來。不過它的貝肉還是薄。好不容易產卵結束、開始解禁的閖水赤貝不會這麼薄，而且味道果然還是有差。

為了展現原味，不用醋醃。我們都是客人點單之後才剝殼，直接用生的捏握壽司。一旦用醋醃過後，難得的大海香氣就消失無蹤了。在戰前不管哪一種壽司配料都會用醋醃過，這麼做也有防止中毒的用意在。鮪魚用醬油醃漬後才捏成壽司，白肉魚就用醋或昆布醃起來。不過在我進「京橋」拜師時就已經不用醋醃，直接用生的赤貝捏握壽司了。

不論如何，我的目標還是東京灣的赤貝，鮮度超群。在昭和三十年代的東京灣可以採到一大堆軟嫩的江戶前赤貝。不論是口感、濕潤度、軟嫩度還是香氣它都是上上之選。反正江戶前的赤貝就是像夢幻般的無敵美味。

就算和當年的江戶前赤貝相比，閖上赤貝的顏色和厚度也毫不遜色，所以它才這麼大受歡迎。就像超市裡陳列的薩摩黑豬肉一樣，現在每家壽司店全都打著「我們用的是閖上赤貝」的名號。

所以我很替將來擔心，閖上可以說是漁獲管制非常嚴格的漁港，這樣的管制一定要堅持下去。如若不然，它就會像大原的鮑魚一樣，必須要經歷一段很長時間的禁漁期。它近來的人氣就是旺到這種地步，旺到都讓我有這種杞人憂天的想法了。

要自褒一下，我的按摩方法和川燙方法最好

燉煮／章魚

章魚的季節是冬天，不過以為它「不分時節」的人是出乎意外地多。

「沒有哦。現在還不是產季。」夏天有客人點單時，當我這麼一說，客人的臉就變了。

實在是因為夏天瘦巴巴的章魚不好吃啦。如果把夏天的章魚拿來川燙，還不如向魚店的老闆購買已經煮好的。因為那至少是正值產季的章魚用水煮過再冷凍起來的。

不過，如果壽司店想要捏出真正美味的章魚握壽司，那麼非得自己川燙不可，至少我在「京橋」的師傅是這麼教我的。只有正值章魚產季——從十一月半或下旬開始，最晚到隔年的三月下旬為止，

腳部粗壯、香氣和味道兼備的章魚我們才會使用。

我使用的章魚重量大約是一公斤五百克至一公斤八百克左右，到兩公斤就不能用了，產地是來自於久里濱或是三崎的三浦半島，不過吃過的人都讚不絕口，問說：「這是明石的嗎？」因為我想出的按摩方法和川燙方法比其他人都好。這是老王賣瓜，自賣自誇。

按摩章魚的時間點很重要，如果生命力太強的時候按摩，川燙之後章魚腳的中間會出現不明原因的孔洞。所以要判斷什麼時候該揉、什麼時候該煮，實在是一件非常困難的事。

在聽從「京橋」師傅的命令前往大阪，受僱成為壽司店當家的昭和二十九年到昭和三十年中期，我才認識到明石章魚令人讚嘆的優良品質。不用特別花什麼工夫，只是普通按摩一下，普通川燙一下，那滋味和香氣就完全展現出來了。咀嚼的當下，那讓人難以形容的彈性也是與生俱來的，這就是當時明石章魚的厲害之處。

一煮好後，清爽的栗子香氣瀰漫在空氣中。也有人說「美味的水煮章魚有牛奶的香味」，但我聯想到的是栗子的甘甜香氣。

不過，關東本地的章魚如果只是普通按摩、普通水煮，是什麼味道都沒有的。沒有爽脆的口感，沒有清爽的香氣，沒有香甜的滋味。

要用關東地區的章魚來川燙，一定得再加些什麼特別的工夫才行——我是這麼想的。於是經過了種種試驗後，我最後終於了解決定味道的關鍵就在溫度。

煮好的章魚當溫度降到與肌膚溫度相近的時候香氣最濃，一定要趁著這個時候品嚐。水煮章魚在溫度與肌膚溫度相近的情況下，就算是產自關東的章魚也能與明石章魚媲美，再熱就不行了，再冷也不可以。如果放入冰箱裡，不一會兒香氣和口感都會打折，就打回原形變成普通章魚了。

所以，當「今天想捏章魚握壽司」的時候，我都會先估計熟客抵達的時間再開始煮章魚。煮好後就吊著等降溫，儘可能讓章魚保持在與肌膚相近的溫度。隨著溫度漸漸下降，捲曲的胖章魚腳會慢慢變直，變得容易捏握壽司。

刻著花紋的握壽司上會灑一點點粗鹽再端給客人。粗鹽可以帶出水煮章魚的甜味和香氣，因為怕會破壞難得的滋味和香氣，所以水煮章魚的壽司配料上不塗任何醬汁。

至於吃握壽司前的下酒菜，如果章魚處在肌膚溫度之下，我推薦添加粗鹽的醃漬章魚。就品嚐水煮章魚的風味及口感來說，這是最棒的吃法。

最近的年輕人可能不太知道，之前有傳言說「章魚腳是有毒的」。

「吃到有毒素殘留的章魚機率不過就幾千幾萬分之一而已，如果真的中了，會像吃了河豚中毒一樣身體麻痺。」我曾聽明石的漁民這麼說過。

聽說河豚原來是沒有毒的，可是因為吃的食物有毒，這些毒素囤積在體內，所以才會變成帶有劇毒。野生的河豚毒性猛烈，但養殖河豚卻沒什麼毒性，這應該是它們吃進去的食物造成的吧。

是真是假我也不清楚，但章魚有毒的原因多少也和它吃的食物有關。不過就算真的有毒，好像也只有章魚腳的末端而已，所以我都會把章魚腳捲捲的尾端切掉不用。不過擺在木盒裡的章魚是都沒切啦。

聽說有些店家認為「章魚腳的尾端是難得的珍品」，都把它拿來做下酒菜，應該沒問題吧？

燉煮（醃漬）／文蛤

韓國產的已經不能直接拿來用了

文蛤是古早的壽司配料。因為以前人只要想用文蛤捏握壽司，就可以去東京灣採一大堆。

不過在東京的壽司店裡，有很多店家都不用這項材料。文蛤的處理技術不是很普及，因為有些老師傅不知道處理的方法，所以千辛萬苦跑來學藝的學徒也沒學到這個技術，回故鄉後自然也不會捏。因此，文蛤的處理技術很少人會。

不過最近聽說有捏文蛤的壽司店開始變多了。這也許是受了美食書上寫的：「有沒有文蛤握壽司可以判定一家壽司店有沒有一定水準」的影響吧？

因為貝類的特性就是一煮就硬，所以文蛤要用極短的時間稍稍加熱一下，然後在煮文蛤的湯汁裡加入砂糖和醬油或味醂作成「文蛤醬汁」，把文蛤泡在裡面入味。這和蝦蛄的前置作業一樣，也就是所謂的「醃漬」。

文蛤的產地要挑選志摩和桑名（三重）產的。說是這麼說啦，不過因為正宗日本生產的文蛤數量實在是少之又少，所以這些幾乎都是每半年在志摩或桑名海域放養的韓國文蛤。習慣了日本海域的生活之後，這些文蛤原本偏硬的貝肉會變軟，香氣和味道也會調整過來。拿來和以前江戶前的文蛤相比，這些原本不足的缺點都不再是問題。

不過，若是直接拿韓國產的文蛤來用就不行了，吃起來像咬橡皮一樣沒有味道，這是本質的問題。再怎樣厲害的醃漬高手也無法將那麼硬的貝肉變軟。像這樣實在令人束手無策的文蛤在日本海域裡飼養一陣子後竟然可以變得如此美味，這倒底是怎麼一回事呢？

白肉魚類／比目魚、小比目魚

身體變成透明的米黃色就是產季到了

不論那一年的天氣有多好，到了十月初的時候真鰈季節還是會結束。從這時起，有一段好長期間壽司店都會使用小比目魚（一公斤以下的比目魚）捏握壽司，同時等待比目魚媽媽油脂飽滿的時刻到來，一直到開始抱卵的四月為止，我都用最喜愛的青森比目魚捏握壽司。

不過這幾年真鰈產季一結束，比目魚就接著來，小比目魚都看不到了。也許是氣候異常的緣故吧？好吃的真鰈竟可以維持那麼長的時間。我也曾試著買過小比目魚，但吃了比較後真鰈要美味多了，所以又回頭改買真鰈，這樣的日子一直持續。

我使用的白肉魚是常磐的真鰈和青森的比目魚，不過近來青森的海域好像到了秋天溫度也不會下降。尤其是平成八年，聽說那年的溫度比平常還要高出四度。常磐海域的溫度一定也有一點升高，十月底還可以買到真鰈大概就是水溫的關係吧？

一到了霜降的季節，比目魚的身體就會圓滾滾的，帶有一定程度的脂肪。而且偏白的魚肉會變成透明的米黃色（糖色）。這是它全身包覆脂肪的證據。這種顏色就是決定比目魚好吃與否的關鍵。拿米黃色的冬季比目魚沾一下醬油，多得嚇人的油脂就會在醬碟裡擴散開來。口感彈牙、芳香甘甜，真是難以比擬的季節獻禮。

所以呀，雖然我真心認為「夏天的白肉魚之王不是星鰈，是真鰈」，但是假如，我是說假如哦，假如常磐的真鰈和青森的比目魚是同一個季節裡的魚，我絕對毫不遲疑地選擇青森的比目魚。因為它們的產季一個是夏一個是冬，所以不會有這種情況發生啦，不過比目魚還是勝出許多。

一直到昭和五十多年以前，青森的活魚還沒有辦法運送到築地來，所以當時的比目魚就屬相模灣的品質最好。可是若與青森的相比，還是遜色。因為這裡的比目魚身體已經變白的時候，青森的比目魚還是米黃色的。換句話說，青森的比目魚產季要長多了。

比目魚要選重量兩公斤左右，身體胖嘟嘟、圓滾滾的。這樣的比目魚筋不會太韌，味道也濃，早上在河岸邊殺好放血、讓魚肉維持在活體狀態，到了晚上剛好是可以吃的時候。比目魚若要再大，最多也就兩公斤兩百克到兩公斤三百克左右，如果超過這樣的大小，當天早上處理好的魚到了晚上還是太過新鮮，不能捏成壽司。因為吃起來只有咔滋咔滋的口感，魚肉本身的原味還沒有釋放出來。

這樣的魚就要等到隔天中午才能捏握壽司了。等到了晚上，它的美味會充份釋放出來，魚肉也變得不再緊繃。

有一點很令人頭痛的地方，就是兩週一次的週三市場休市日。因為貝類放隔天還是活的，所以沒有問題，但好吃的白肉魚一定要當天宰殺、放血處理才行，而且白肉魚是我們店裡的招牌。「今天沒賣！」這種話我實在說不出口。

所以我都是拜託盤商的兩位管事，交代他們休市日也要來開門上班，幫我把水族箱裡的比目魚殺好處理後送來店裡。雖然買的量只有一條而已，不過因為這店家從以前就對自家白肉魚的品質非常堅持，所以可以提出這樣無理的要求。

穴子也是休市日要買的魚。一旦不新鮮了，煮起來就不會軟呼呼的了。穴子也是我們店裡的主打招牌。前一天處理好的已經變硬的穴子絕不能用。

不過呢，「這個比目魚是今天早上我特地跑一趟休市的市場，請人處理再送過來的，很新鮮吧！味道怎樣？我可是費了好大的勁兒呢！」我不會這樣得意洋洋地宣傳自己有多辛苦。

「築地今天應該是休市吧？為什麼這魚會這麼新鮮呢？」

不過要是有人問起，「其實啊——」稍稍解釋一下也無妨啦。

依照每天狀況不同，也常常會有當天的白肉魚沒有用完的時候。不過只要錯過了鮮度，我就絕對不用。

「還剩半條。真可惜。哎呀，明天再用好了。」

要是麼做的話，無論如何也捏不出好吃的壽司。

那沒用完的比目魚要怎麼辦呢？我都帶回家做奶油烤魚。我太太可是高興得不得了呢！

「啊！老公，又有奶油烤魚啦！」

我孫子只要有奶油烤魚就會開心得不得了，而且即使是已經有點變色，店裡已經不能使用的青森大間鮪魚赤身（請參考第一百三十四頁至一百四十三頁的照片），我們家小朋友也看不出來。

「小朋友吃不下飯！」

就算是這種全家緊張無措的時候，只要有最近人氣飆漲的大間鮪魚，他都會整盤吃光光。危機解除，我們全家都放下了心裡的石頭。

結果都成了我們的員工伙食

不捏的理由：貝類／青柳（馬珂貝）、扇貝、平貝

如果有好吃的馬珂貝（漢字為「馬鹿貝」或「馬珂貝」，肉的部份即為「青柳」），我也會準備。可是我只有在幾年前用過它捏握壽司，之後就不再使用了，大概是因為它的怪味太強烈了吧。我的客人裡喜歡馬珂貝的人少之又少，每次備了料，結果都吃進了我們自己的肚子裡。

店裡有位熟客不喜歡怪味很重的貝類，從來不曾點過象拔蚌握壽司。所以，他也很討厭海味濃烈的馬珂貝，只要在我們店裡見到馬珂貝，就一直嫌個沒完。

「馬珂貝是所有貝類中最下等的貝，它的地位與海瓜子和蜆差不多，所以就壽司配料來說是最低階的。因為不論是海瓜子還是蜆，現在都沒人用來捏握壽司了。由於這個原因，壽司店不能準備這種味道太過甜膩、感覺俗氣的貝類。說起來，如果有店家一直無限量地供應馬珂貝握壽司，那這家店一定會賺到翻。但就是不行。因為如果這麼做，整個壽司店的格調就被拉低了。」

當然，這種說法未免太過荒謬。不過，我的心裡也不是完全不認同。事實上，或許我也是因為有這種想法所以才不想用馬珂貝的。

我還有一些不捏壽司的貝類。

第一個是扇貝。因為扇貝幾乎都是人工養殖的，沒有捏壽司的價值。有熟客會要求：「我要平貝（牛角江珧蛤，又稱「玉珧貝」、「牛角貝」）握壽司。」要準備平貝也是可以啦。可以歸可以，不過因為它不是味道那麼強烈的壽司配料，所以也沒有那麼地受歡迎。剩下沒用到的就只能用煎的或烤奶油，當做我們員工的午餐配菜。

從我們的員工伙食菜色隨便挑幾樣來看，大都是這樣的情況。

除了平貝，偶爾切開來才知道品質不佳的鰹魚、味道比不上真鰈、不能給客人吃的小比目魚、真鰈的鰭肉、隔夜的小鱸魚、體型過大的墨魚的墨魚腳、冷掉的章魚、顏色黯淡的鮪魚赤身（紅肉）、已經處理過但沒有用完的穴子、醃漬太久的鯖魚、放在木盒裡當樣品的竹筴魚或沙丁魚，還有連著魚骨的魚肉——。

這些要全部吃光可不是件容易的事呢！再怎麼能吃的小伙子們也沒辦法吃完。這也是我有時不備平貝的原因。

特有的味道和肉質不適合捏握壽司

不捏的理由：色肉魚類／鰤魚

日本海域的冬季鰤魚有時也會進到築地來。可是像我們這種壽司檯只有十人寬的小店，動輒十公斤大的鰤魚實在用不完。也許因為它不是白肉魚，而是魚肉帶有顏色的色肉魚類吧？反正它的魚肉變色變得很快，就算是剛處理好的魚，擺在原木食材盒裡沒多久後，它的血合肉顏色就開始變紫發黑了。

在以前，說起來就是我才剛成為壽司師傅的時候，那時「京橋」的老師傅一到冬天就會捏鰤魚握壽司。雖然一次都買一整條，但真正使用的部位就只有油脂飽滿的腹部而已，背肉是不用的，全部都是員工們自己吃。這樣買划算是因為那時的鰤魚和現在不一樣，是很便宜的魚。它比當時就很便宜的近海黑鮪還要便宜得多。

不過，我不準備鰤魚並不是基於成本的考量。以壽司配料的角度來看鰤魚的味道實在太重了，搭配醋飯一起吃，不管怎麼處理它還是會搶了醋飯的味道。但如果像鮪魚大腹那樣切得薄薄的，配料和醋飯又無法做到比例平衡。不管怎麼想，也捏不出滋味令人感動的握壽司。

鰤魚在我心目中並不是不好吃的魚。如果冬天有去金澤，我也會點鰤魚來吃。怎麼吃呢？首先我會點鰤魚魚腹的生魚片沾生薑醬油，之後再點一份照燒鰤魚或是鹽烤鰤魚，那樣美味的魚不適合拿來捏握壽司。

當然，還是有店家一到冬天就以鰤魚做為自家招牌，而且我也知道有客人對鰤魚握壽司讚不絕口。因為在這世上認為「鯨魚尾肉捏的握壽司真的是好吃到不行」，超愛那一味的也大有人在呢！我只能說每個人的喜惡都不一樣，大家各有所好。

不捏的理由：白肉魚類／鯛魚

關東以北的鯛魚沒有經歷過波濤洶湧的大海

白肉魚中等級最高的應該是鯛魚吧。好吃的鯛魚和好吃的比目魚比較起來，毫無疑問一定是鯛魚獲勝。可是我不捏鯛魚。為什麼呢？因為與我心目中第一名的青森比目魚相比，我實在不覺得養在築地市場水族箱裡的鯛魚好吃。

在大阪工作的時候，我吃了有生以來第一口的明石鯛魚。因為是第一次的體驗，所以感動的程度可能有些太過，但就算過了四十年，那時的滋味我仍舊記得清清楚楚。

它和我所認識的關東鯛魚相比，肉質的鮮度不同，顏色不同，口感不同，甜味不同，香氣不同。

是啊，是這樣沒錯，鯛魚竟是這樣地美味。那是怎麼也難以形容的好滋味。

在京都一帶有很多人對鯛魚很挑剔。說起來，如果在京都一帶說到「魚」這個字，指的就是「鯛」。魚肉的美味與否，從以前開始就是以鯛魚為基準，它在白肉魚中就有這樣舉足輕重的影響力。

白肉魚在關西人心裡的地位，就像東京的黑鮪魚一樣。讓關西人吃在大間用一本釣法（註）捕撈上岸的ＳＩＢＩ（即近海海域的黑鮪小型成魚），通常不會有什麼感動的反應，或許他們還會說：「明石或鳴門等瀨戶內海的鯛魚更合我的口味。」這就是證據。

註：所謂的一本釣法，就是用一根釣竿、一根釣線、一支釣鉤、一個誘餌，用這種『單挑』的方式來釣鮪魚。是很講究力道、技術、經驗、智慧的捕魚方式。

別的不說，瀨戶內海的鯛魚（註）在骨骼方面與其他地方的鯛魚就不一樣。

瀨戶內海的大鯛魚魚骨裡有長兩個瘤。從脊椎骨延伸到腹部的魚刺被稱為血管棘，而在接近尾部的部份，有兩根魚刺的根部是膨起來的。在大阪工作的時候，每次拆解鯛魚時菜刀切到這裡都要特別小心，所以我記得很清楚。

第一次發現的時候，我還在想「是不是這隻鯛魚生病了？」然而最高級的明石鯛魚每一條切開來看，都一定有這個瘤。

註：左圖的九塊骨頭為「鯛的九道具」。從江戶時代起，就有個傳說，集齊此九器，便無不如意。而「鯛中鯛」是鯛魚胸鰭附近的骨頭，樣子很像一隻小鯛魚。

學識淵博的朋友告訴我在江戶中期裡就有關於這個瘤的記載，書上是這麼寫的：

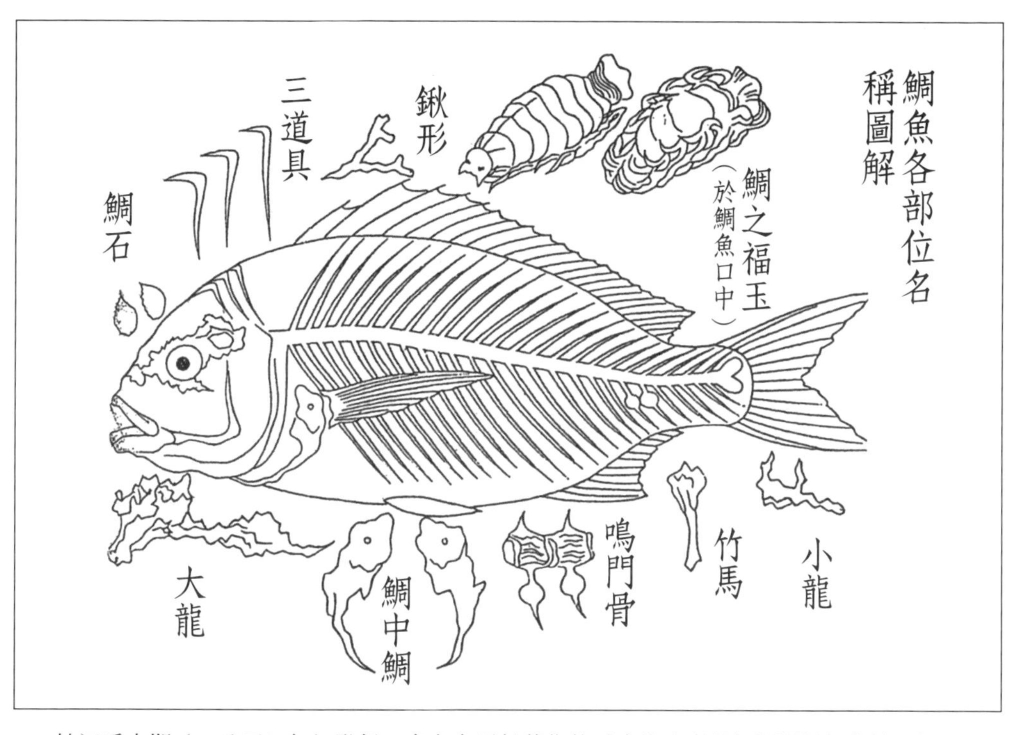

於江戶末期（一八五七年）發行，由奧食辰行著作的《水族寫真說》裡關於鯛魚的圖解。在脊骨尾端附近可以看見兩個「鳴門骨」。（日本國立國會圖書館館藏）

「根據傳說，西海的鯛魚在春夏之際越過阿波（古代的舊國名）的鳴門，到達播磨（古時候的舊國名）和攝津（古代的舊國名）的地界後，脊骨就會長瘤（因為潮流洶湧的緣故）。也不知道是真是假？」（寺島良安的《和漢三才圖會》‧東洋文庫發行）

明石鯛魚的脊骨和魚刺與一般的不同，這個江戶時代的醫生寫得沒錯，那就是我印象深刻的。明石鯛魚特有的瘤，大概是在瀨戶內海湍急渦流中游出來的，像蘸一像的東西吧？話說這個瘤聽說就叫做「鳴門骨」。

其實一直到前不久我都以為只有瀨戶內海的大鯛魚才有「鳴門骨」，但後來有一位老顧客跟我說「伊勢灣的鯛魚也有長瘤。」也許，其他海域裡也有長了瘤的鯛魚也不一定。

不管怎樣，鳴門骨是極品鯛魚被授予的自然勳章。這麼說來，伊勢灣的鯛魚應該也很美味才是。

話說棲息在關東近海以北的鯛魚是因為沒有在波濤洶湧的海水裡游泳，所以才沒有鳴門骨的吧？至少我一條也沒看過。我想味道有差大概就是這個緣故。

「次郎不捏鯛魚握壽司。」

這個熟客們當然都知道，可是，還是常常有第一次來的客人點單。不過呀，有一件事我實在難以理解：這客人到底是想著怎樣的鯛魚滋味來點的單呢？

在現今這個年代，鯛魚幾乎都是人工養殖的。因為好的野生鯛魚是嚇死人的貴，而且數量稀少。不過，使用人工養殖鯛魚捏握壽司的師傅不會一一告知客人：「這是人工養殖的哦！」他們只是重覆客人的點單：「好的。鯛魚一份。」就動手捏壽司了。

所以，客人點單時腦中浮現的滋味是肉質活跳跳的天然鯛魚，還是肉質鬆散只有一堆肥油的養殖鯛魚呢？這我實在分不清楚。

雖然現在每種魚都是如此，但我實在不想用人工養殖的魚捏握壽司。就算外形看起來都一樣，味道也完全不同。除此之外，在東京地區要持續穩定地取得瀨戶內海的長瘤鯛魚實在很難。於是每次有客人點鯛魚的時候，我只能回答：

「沒有鯛魚喔，冬天的白肉魚只有比目魚。」

而且從今往後我也沒想過要捏鯛魚。

從以前到現在，東京壽司店冬天的白肉魚就是比目魚。

第二章
壽司之王的黑鮪魚握壽司

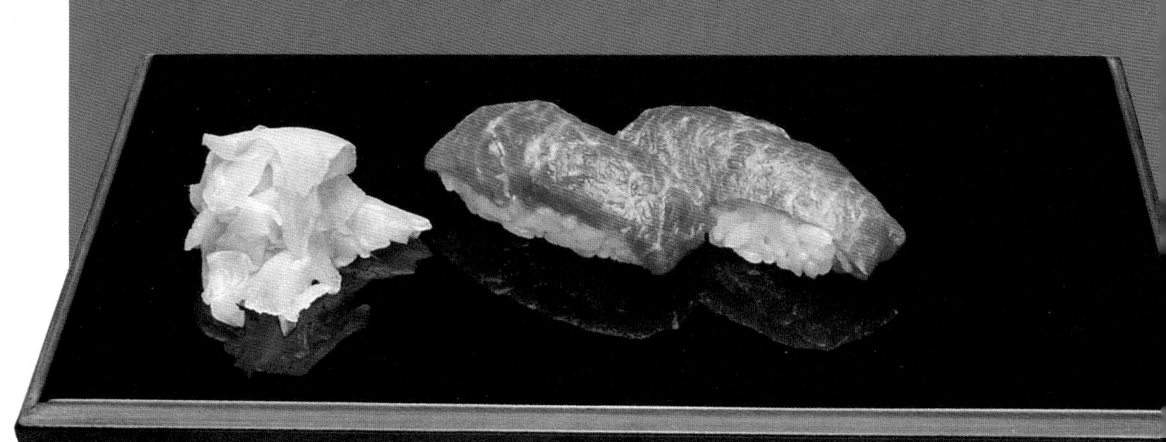

日本黑鮪魚回游路線圖

日本近海的黑鮪魚在台灣到沖繩之間的海域產卵後，就沿著黑潮北上，游至日本列島沿岸。在食物豐富的北海道附近攝取大量食物的黑鮪最快從十月左右就開始南下。在北上途中，有的鮪魚也會朝北美大陸西岸的方向回游至太平洋。地圖上的地名和日期是「次郎壽司」使用的近海黑鮪的主要產地，以及「次郎壽司」進貨的日期。隨著日期的順序也可以看出近海黑鮪的回遊路線。

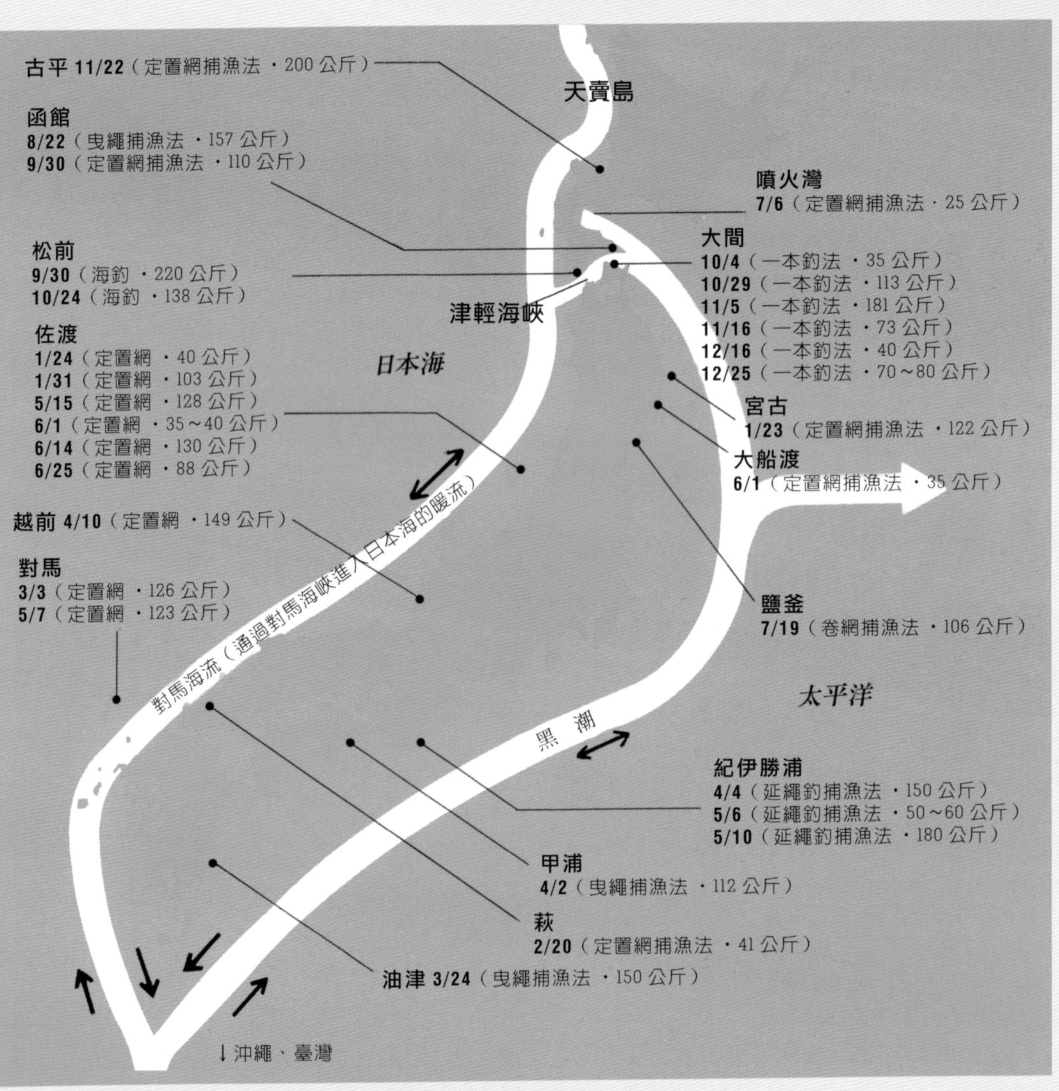

※ 記錄期間自平成五年五月到平成六年一月，以及平成八年六月到平成九年八月。

此頁握壽司都是

原寸

大腹（蛇腹肉）

大腹之中脂肪特別豐厚的地方就是位於腹部的「蛇腹魚肚肉」。因為筋比較韌，所以要經過冰凍，令其熟成。計算大約何時使用是一門學問，因為一旦放置過長時間，它美麗的顏色會開始變暗，而且軟化的蛇腹筋會鬆弛，變得不容易捏。

大腹（霜降）

「霜降」是數量稀少、價格昂貴的壽司配料，不過它比蛇腹的大腹輕鬆好捏。150 公斤以下的黑鮪霜降就像大鮪魚的中腹一樣清爽，味道淡雅。

中腹

鮪魚中最受大家喜愛的就是中腹。從脂肪與赤身兩者兼俱的部位一直到脂肪較多的部位，這一大塊全都叫做中腹。

赤身

近年來點赤身的客人越來越多了。就好的方面來看，這表示有越來越多人懂得欣賞「血的氣味」和獨特酸香所帶來的美好滋味。秋天到冬天這段期間赤身帶有油脂，特別美味。

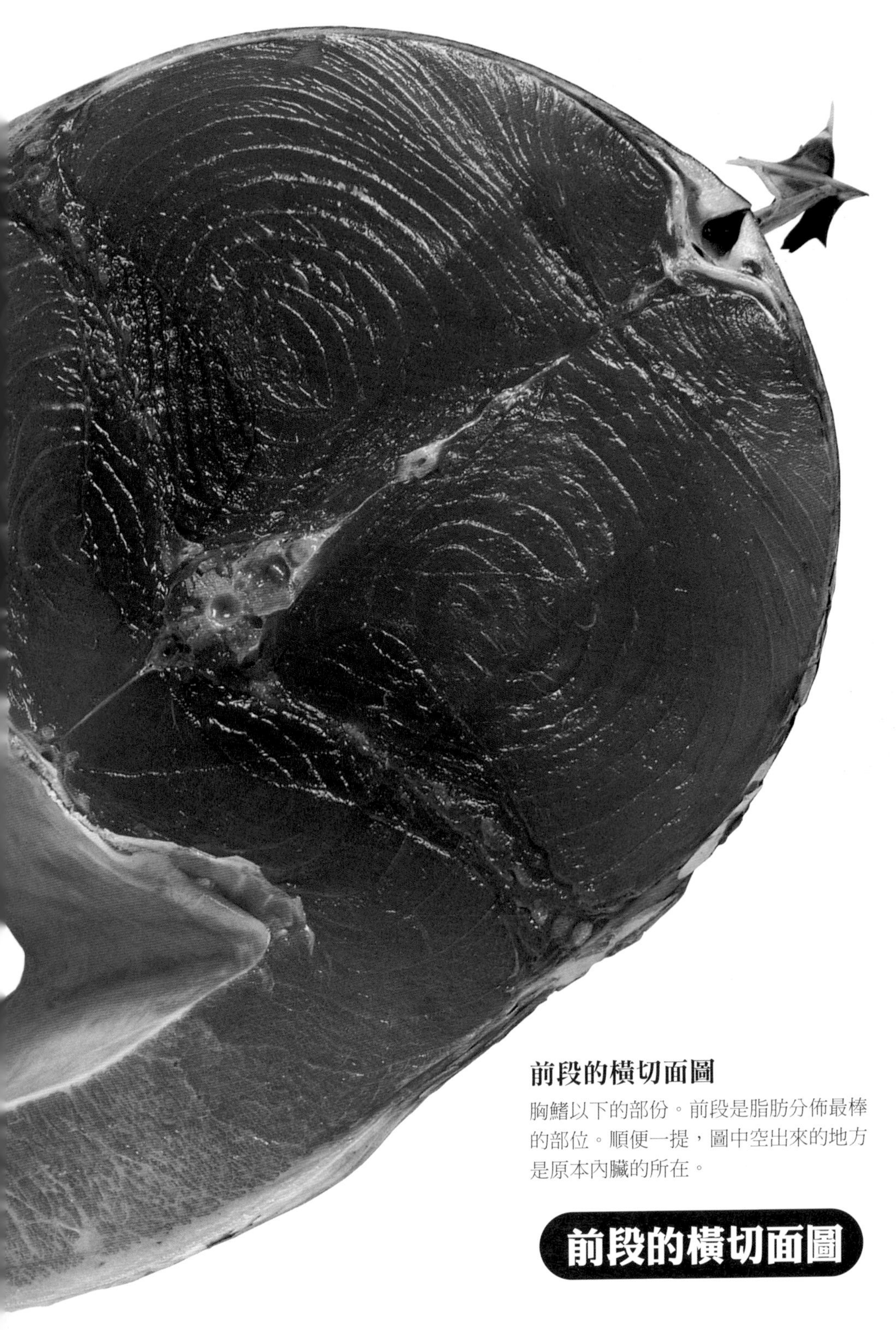

前段的橫切面圖

胸鰭以下的部份。前段是脂肪分佈最棒的部位。順便一提，圖中空出來的地方是原本內臟的所在。

前段的橫切面圖

史無前例
近海黑鮪完整剖面！

將近海黑鮪分切成前、中、後三部分，就可以清楚分辨出脂肪、筋脈、顏色等等的分佈。用來捏成握壽司，肉質的差異就更明顯了。

產地	大間
重量	35 公斤
身長	145 公分
身寬	34 公分
身體直徑	93 公分
漁法	一本釣
漁獲日	10 月 4 日
拍攝日	10 月 7 日

市場裡的鮪魚會分切成上腹、下腹、上背、下背等四大塊，所以不容易清楚判定大腹、中腹、赤身等等的所在部位。本頁是特地買進整尾完整的鮪魚，請築地的盤商「石司」從中橫向切開後拍攝的照片，是空前絕後的企劃。才剛捕撈上岸的鮪魚其血合肉和赤身的顏色幾乎沒變。不過經過一段時間的熟成後，這些部位的顏色會變暗，漸漸變成黑紫色。一旦鮪魚大到一定程度後，不只是腹部，連背部連皮的地方都帶有脂肪。

前段的橫切處

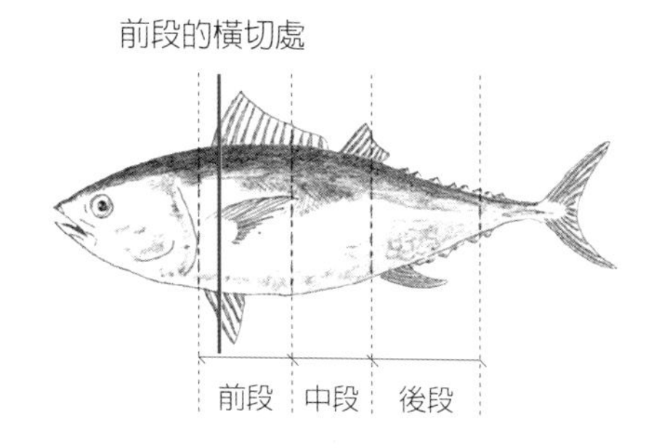

前腹部位　大腹（蛇腹）

是接近胸鰭的魚肚。筋像蛇皮條紋一樣呈現一棱一棱的形狀。熟成之後筋會變得柔軟，入口即化。

前腹部位　大腹（霜降）

油脂分佈呈現如同霜雪般的花紋，沒有帶筋。這個部位的油脂含量介於蛇腹的大腹與中腹之間。一條魚只能取一到三條的魚肉塊，是珍貴的部位。

前腹部位　中腹

腹部的中腹只有一小部份而已。油脂含量剛好，任誰都會喜歡。

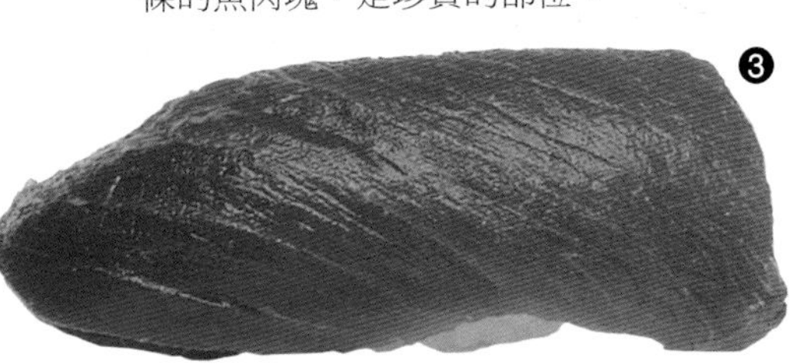

前腹部位　赤身

赤身在腹骨的上方。越接近血合肉的部份血味越重。

前背部位　三角肉

位在背鰭根部，是一條魚只能取到一、兩塊的稀有材料。品質比中腹更佳。肌理的細緻度介與中腹和赤身之間，有股獨味的味道，不過有個缺點就是顏色變化很快。

前背部位　中腹

比腹部中腹的油脂含量略低。小型鮪魚這個部位的肉尤其容易斷開來，所以大多都用來做為鐵火捲的內餡。

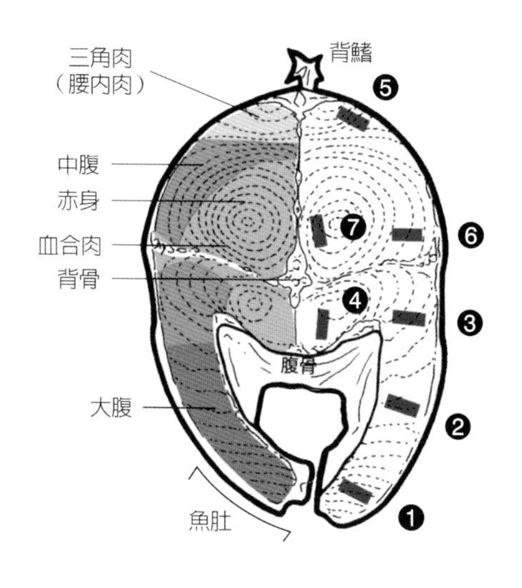

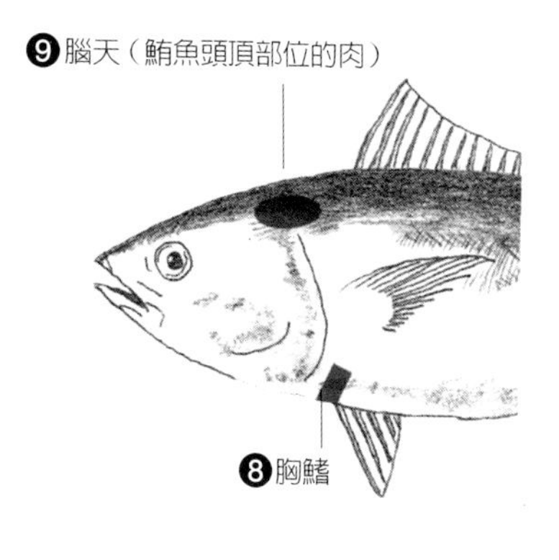

從胸鰭到後段，18個部位的握壽司

前背部位　赤身

腹部的赤身可以取三至四條的魚肉塊，而背部的話則可以取到六到七條左右。與腹部的赤身相比，背部的赤身在香味和酸味上都更勝一籌。

胸鰭

一般都稱它為「大腹中的中腹」，但它的筋硬，而且也有腥味。不適合用來做握壽司的配料。

腦天

這是築地市場賣鮪魚的店家（盤商）自己在吃的部位。它是位在頭骨裡的少量魚肉，比柔軟的「前背部位中腹」還更軟嫩，味道與鮪魚腹部相近。

此頁握壽司都是

原寸

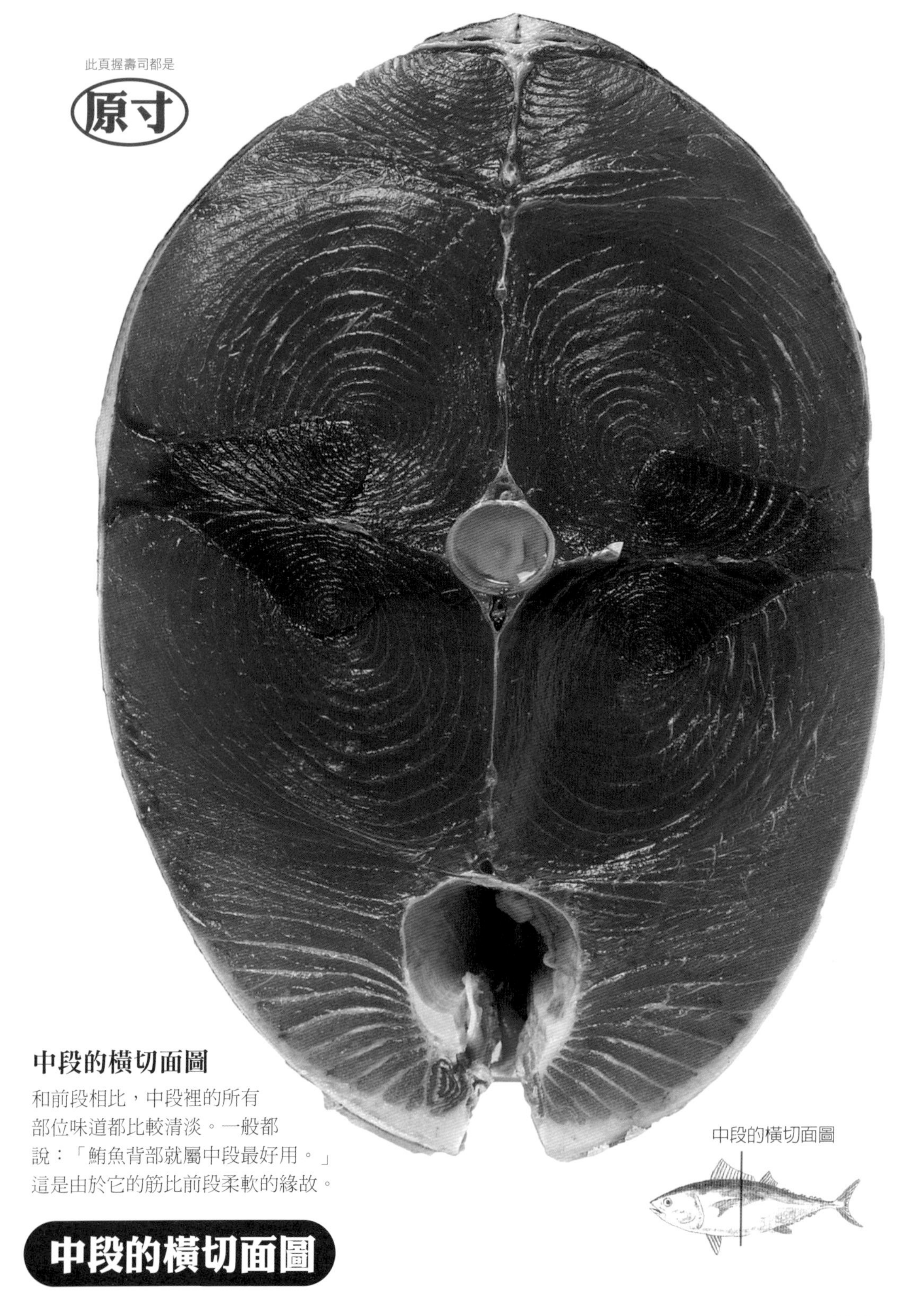

中段的橫切面圖

和前段相比，中段裡的所有部位味道都比較清淡。一般都說：「鮪魚背部就屬中段最好用。」這是由於它的筋比前段柔軟的緣故。

中段的橫切面圖

中段的橫切面圖

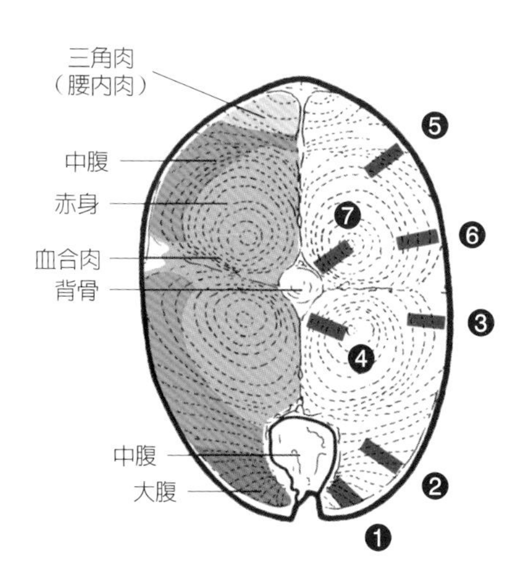

中腹部位　中腹

在中腹部位，中腹的比率較高。「血合邊的中腹」（血合肉下方）因為鮮度退得很快，必須盡早使用。

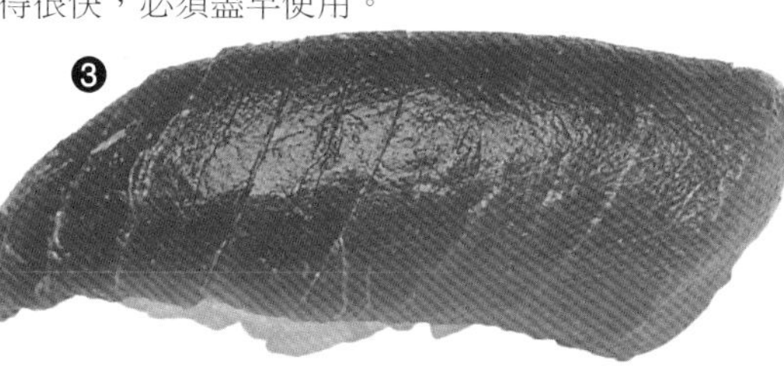

中腹部位　赤身

紅色較淺，味道和香氣也比較淡。

中腹部位　大腹（蛇腹肉）

和前段的大腹相比，這裡的顏色更鮮紅，脂肪含量較少。

中腹部位　大腹（霜降）

霜降的肌理細緻，有一半是中腹。如果是體型小的鮪魚，大概只能取到一條的肉塊。

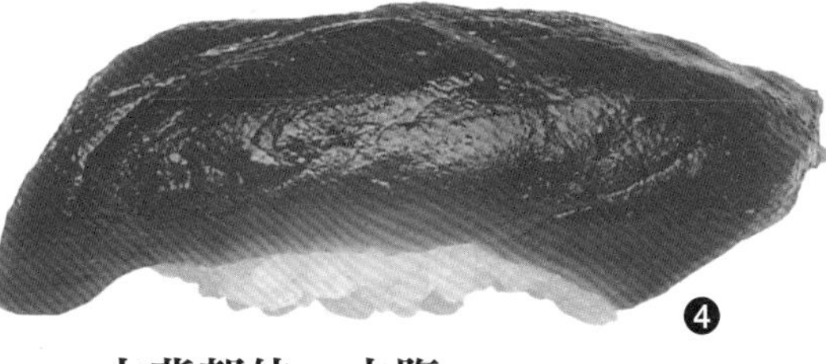

中背部位　中腹

雖然位在中段，但靠近背部的中腹還是帶有強韌的筋，魚肉容易斷開來。

中背部位　赤身

和前段比起來，中段背部的赤身比率較高。越接近後段的筋就越細，越硬。

中背部位　中腹

血合邊肉的肉質緊實度剛好，是中腹裡最容易捏的部位。

後段的剖面圖

後段的剖面圖

臀鰭正上方的橫切面圖
皮邊肉（與魚皮相連的部位）帶有些微脂肪。
這部位的筋分佈較細，口感不好。

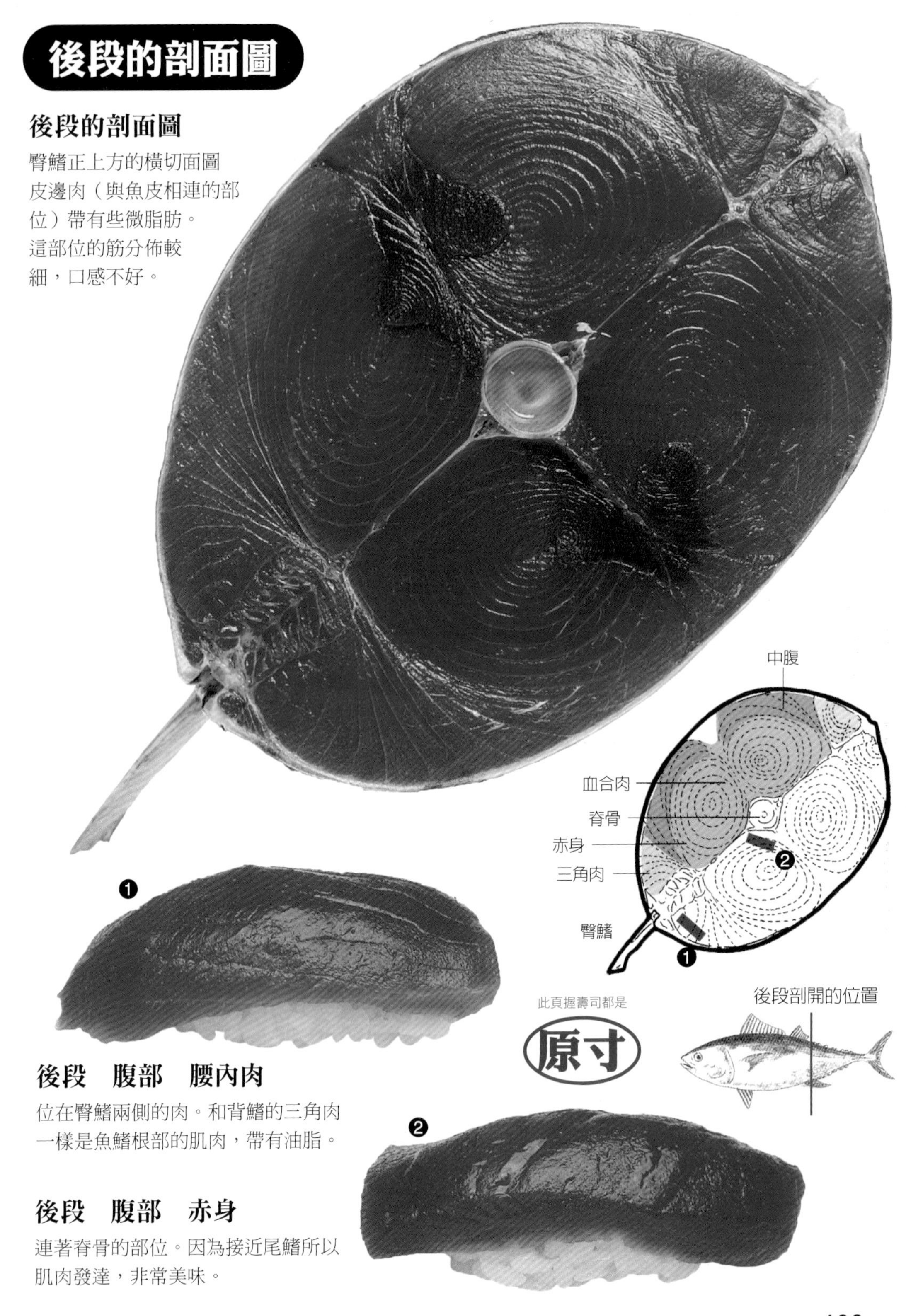

後段　腹部　腰內肉

位在臀鰭兩側的肉。和背鰭的三角肉一樣是魚鰭根部的肌肉，帶有油脂。

後段　腹部　赤身

連著脊骨的部位。因為接近尾鰭所以肌肉發達，非常美味。

首度在此公開！徹底追查「數寄屋橋次郎」全年使用的近海黑鮪！

夏去秋來，白肉魚從真鰈換成了比目魚，亮皮魚從竹筴魚換成了鯖魚。而且一年到頭都有的小肌體型也慢慢變大，油脂含量也日益豐厚起來。這就是「產季」的食材。

鮪魚當然也有自己的產季。但是到目前為止還沒有人試過把產季和非產季期間的近海黑鮪拍攝下來，仔細比較。

接下來，我們徹底追查「數寄屋橋次郎」一整年實際使用的近海黑鮪，一一比較它們的脂肪含量、顏色變化，以及筋脈的分佈狀況……

第 108 頁到第 135 頁「黑鮪剖面圖與握壽司」的相關解說：

「數寄屋橋次郎」採買的鮪魚大多都以用來捏大腹握壽司的「腹部前段（前腹第一段）」，和用來捏中腹握壽司、赤身握壽司的「背部中段（中背）」部位為主。從下頁開始的照片是十二個月份裡的「前腹部位」照片和十月的「中背部位」照片，一共有十三張。其中，二月、十一月和十二月的腹部部位以及十月的背部部位照片都是與實體一比一的比例。此外，照片裡的握壽司全部都以等比例呈現。

●橫切面圖的附帶說明
產地＝捕撈上岸的地方
大小＝鮪魚整尾販售時的總重
部位＝「前腹」是指腹部接近魚頭的部位
漁法＝捕漁的方法也會影響鮪魚的肉質
拍攝日期＝「數寄屋橋次郎」採買的日期（通常是在築地中央市場上架的當天，或一到兩天之後）

●關於上半身和下半身
魚頭朝左，腹部朝自己擺放的時候，在上面部份的魚肉稱為上半身，在下面的部份則為下半身。如果是鮪魚，則是以漁夫捕撈上船時的放置狀態為準，在上面的稱上半身，下面的稱下半身。因為下半身要承受整條魚的重量，所以肉質容易遭到破壞，上半身被視為肉質較好的部位。不過有些產地在確認魚肉品質的時候也會不管正面反面地翻動魚身，所以上半身和下半身的肉質並不一定會有明顯差異。在此為了方便說明，都以魚頭朝左時的上面部份做為上半身。

●照片的識別方法
鮪魚的剖面照片原則上靠近尾部這端的剖面切口會放大圖，而胸鰭（頭部）這端的剖面切口則會以等比例縮小。

●攝影期間：平成八年六月到平成九年八月。平成五年十一月到十二月

中背 胸鰭這端的剖面圖

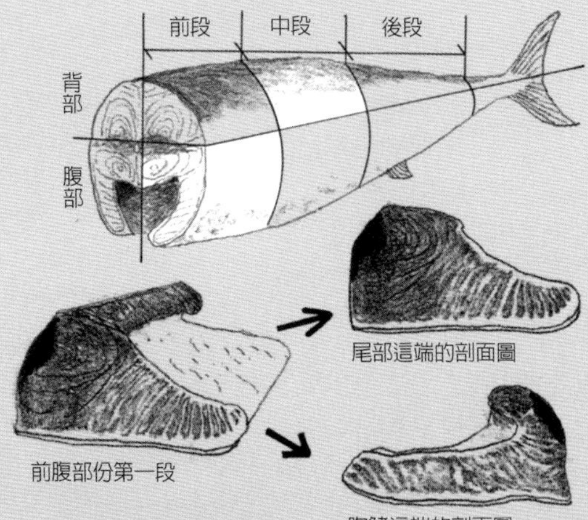

尾部這端的剖面圖

前腹部份第一段

胸鰭這端的剖面圖

大腹（蛇腹）

從魚肚取下的第二段肉條。因為筋韌所以要靜置五天才能使用。

❶

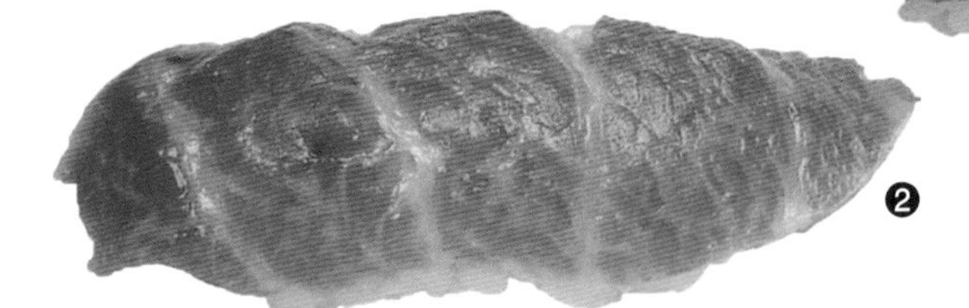

❷

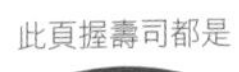

大腹（蛇腹）

可以吃的狀態。和右上方的握壽司比起來筋已經變軟了許多。

❸

大腹（霜降）

中腹旁邊、比較靠近胸鰭的部位。一放入口中隨即化開。

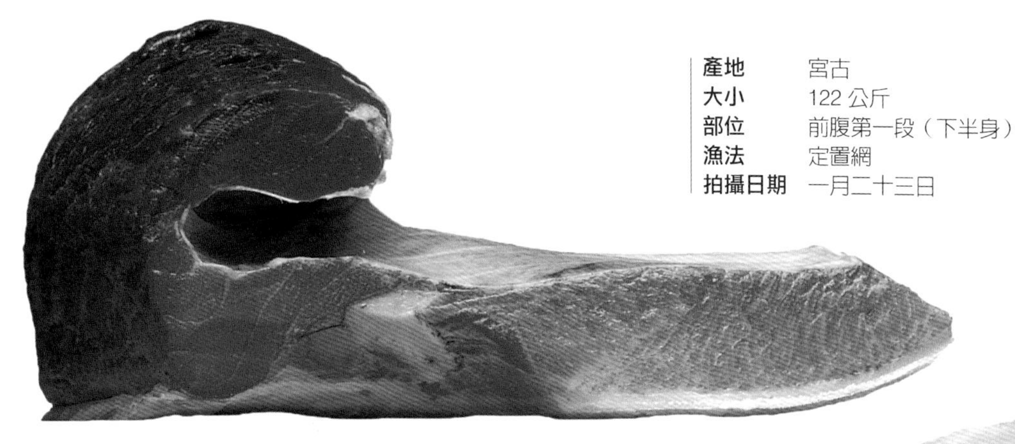

產地　宮古
大小　122 公斤
部位　前腹第一段（下半身）
漁法　定置網
拍攝日期　一月二十三日

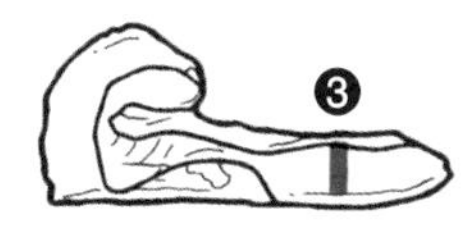

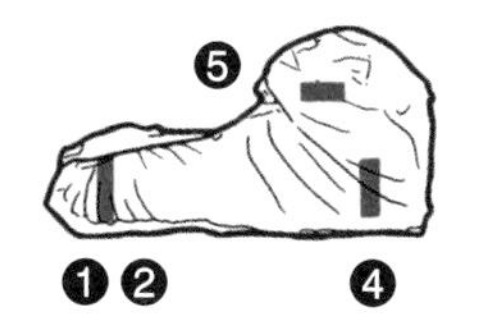

這是平成九年開春睽違已久的漁獲。光看一眼就知道「這個好，脂肪夠。」從偏白的腹骨筋膜可以看出它是才剛捕撈上岸的「年輕」鮪魚。泡在冰裡四到五天使其熟成後再吃最是美味。

中腹

血合邊肉取下的第二段肉條。單單一片就可以同時品嚐從腹肉到赤身的濃淡滋味。

❹

赤身

脂肪含量豐富。放置四到五天之後，酸味和香氣會愈加濃郁。

❸

二月

產地	萩縣
大小	41 公斤
部位	前腹第一段（下半身）
漁法	定置網
拍攝日期	二月二十日

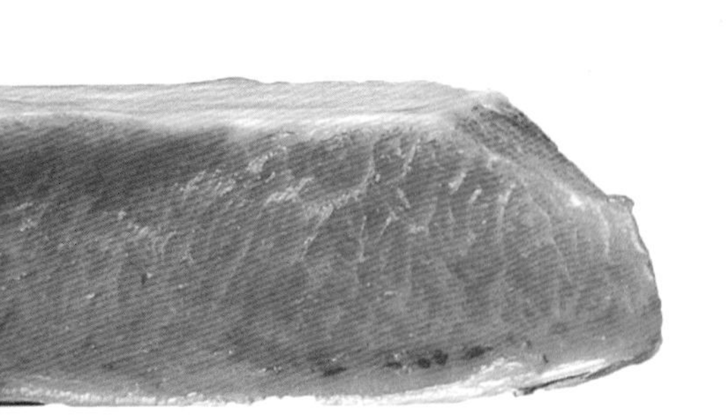

這是往日本海南游的鮪魚。因為體型小所以味道清爽。離捕撈上岸已有三到四天的時間。當天或隔天吃最好。雖然脂肪含量不差，但因為捕撈上岸後處理不當，沒有使鮪魚的體溫下降，所以魚肉有些傷到的痕跡。

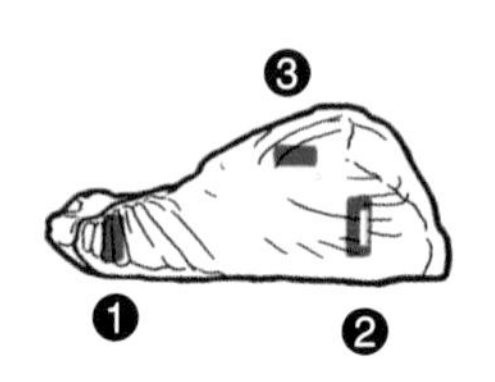

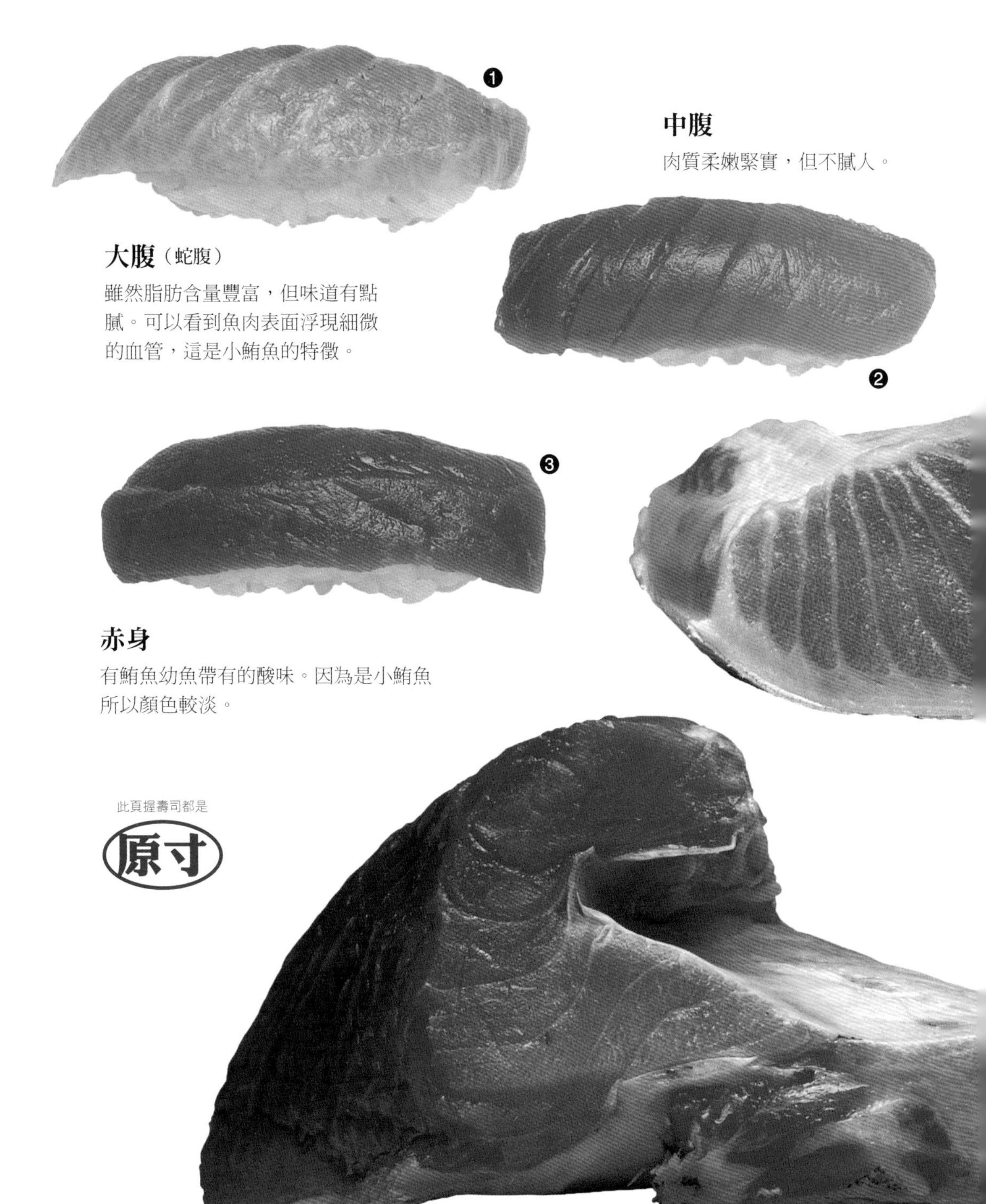

中腹

肉質柔嫩緊實，但不膩人。

大腹（蛇腹）

雖然脂肪含量豐富，但味道有點膩。可以看到魚肉表面浮現細微的血管，這是小鮪魚的特徵。

赤身

有鮪魚幼魚帶有的酸味。因為是小鮪魚所以顏色較淡。

此頁握壽司都是

原寸

三月

產地	對馬
大小	126 公斤
部位	前腹第一段（上半身）
漁法	定置網
拍攝日期	三月三日

此頁握壽司都是

❶

大腹（霜降）

鮪魚長到 100 公斤以上的大小後，其霜降部位的紋理就會顯得清晰鮮明。

大腹（蛇腹）

魚皮旁邊的肉因為每條筋的間隔較窄，所以要將筋切斷再捏成握壽司。

❷

❸

中腹

血合邊肉取下的第二段肉條。同時擁有赤身和油脂部位的層次變化。

往年這個時候的黑鮪多是從土佐外海、紀伊勝浦、宮崎等地捕撈上岸的，但平成九年日本海的鮪魚讓人驚豔。它和一月份在宮古捕獲的黑鮪相比，不論是體型或油脂含量都不遜色。因為有點生嫩，所以放個三、四天再吃最剛好。

赤身

芳香又帶點微甘和微酸滋味。小野二郎說：「它比二月用的那尾41公斤的黑鮪魚好吃多了。」

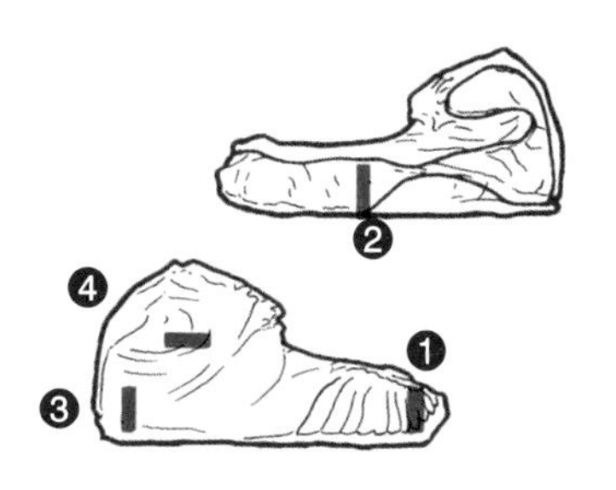

此頁握壽司都是

原寸

大腹（霜降）

和蛇腹的大腹不同，它的肉質緊實，所以只要將壽司的兩側壓緊即可，非常好捏。

大腹（蛇腹）

因為還嫩所以筋很韌。放個三、四天來吃最剛好，不過因為蛇腹的延展性高，所以很不好捏。

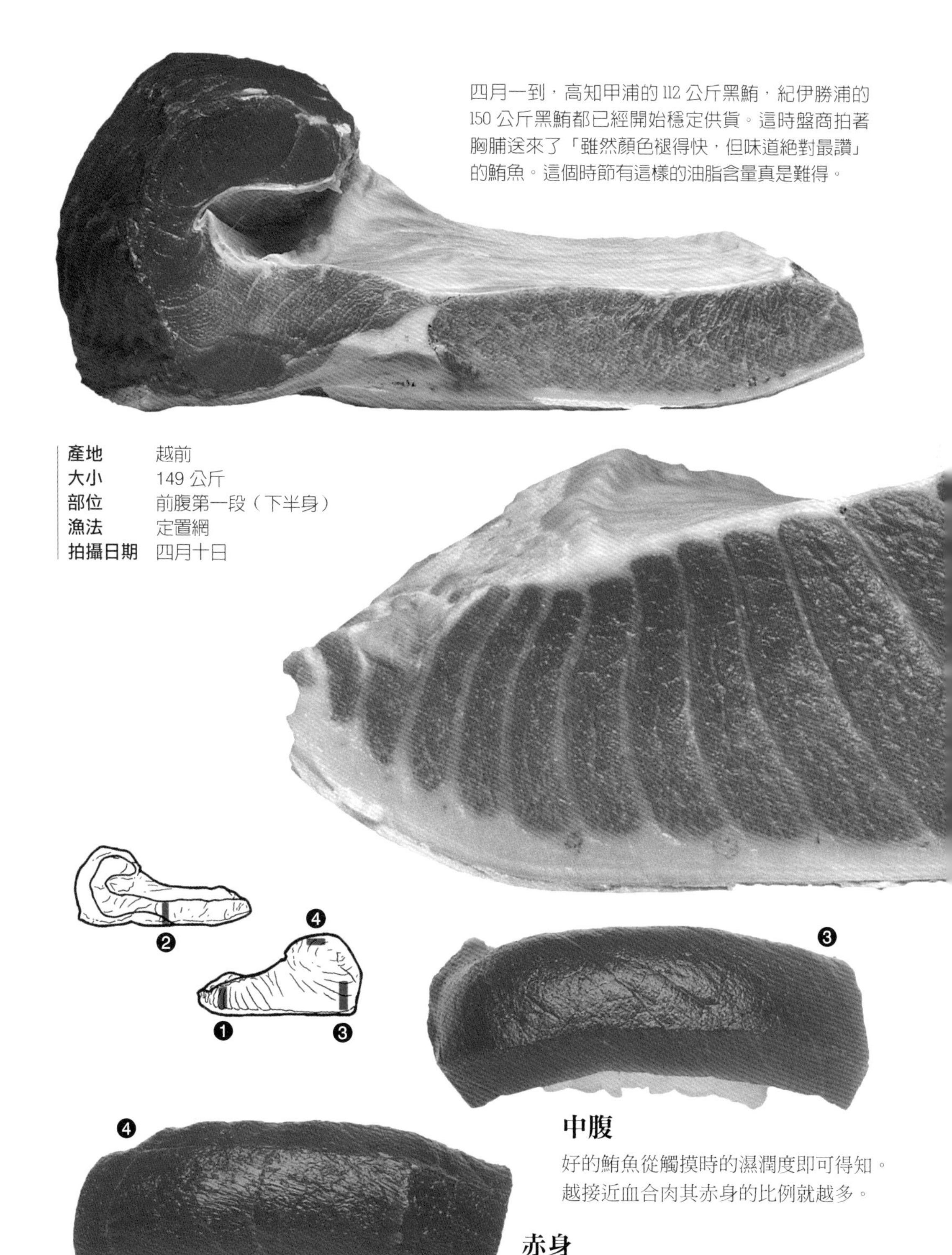

四月一到，高知甲浦的112公斤黑鮪，紀伊勝浦的150公斤黑鮪都已經開始穩定供貨。這時盤商拍著胸脯送來了「雖然顏色褪得快，但味道絕對最讚」的鮪魚。這個時節有這樣的油脂含量真是難得。

產地	越前
大小	149 公斤
部位	前腹第一段（下半身）
漁法	定置網
拍攝日期	四月十日

中腹

好的鮪魚從觸摸時的濕潤度即可得知。越接近血合肉其赤身的比例就越多。

赤身

兩天前採買的赤身完全沒味道，肉質乾澀根本不能使用。這塊帶有油脂的赤身雖然顏色褪得快，但不論是香氣還是滋味都是最棒的。

產地　對馬
大小　123 公斤
部位　前腹第一段（上半身）
漁法　定置網
拍攝日期　五月七日

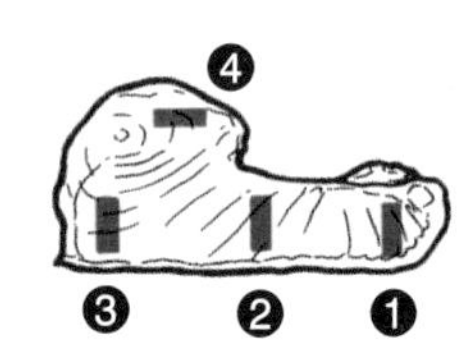

❷

此頁握壽司都是

原寸

大腹（霜降）

已經是可以吃的狀態了。一放入口中油脂就在嘴裡擴散開來。

大腹（蛇腹）

近海的黑鮪在五月體力逐漸衰退，雖然脂肪含量豐富，但由於捕撈後的處理不當，它的顏色很快就褪了。

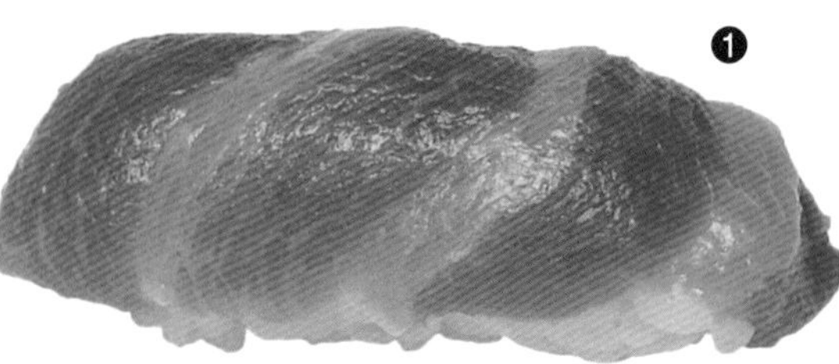

在衆多用「曳繩捕漁法」捕獲的鮪魚中，這是唯一一尾用「定置網」捕撈的鮪魚。雖然它和三月的鮪魚（第113頁）產地相同，體型也差不多，但脂肪含量相對較少，赤身的比例較多。整條魚有帶有鮪魚幼魚的味道。

中腹

清爽的油脂中帶有濃郁的甘甜。

赤身

酸味和香氣都比較淡。「五月的鮪魚竟然還能這麼樣地好吃。」小野二郎感動不已。

此頁握壽司都是

❷

中腹

血合肉邊靠近胸鰭的部份。是中腹之中血香濃郁的部位。

❶

大腹（蛇腹）

大致而言腹部的肉薄，脂肪含量也少。味道清淡。

產地	佐渡
大小	130 公斤
部位	前腹第一段（下半身）
漁法	定置網
拍攝日期	六月十四日

六月在西部海域有中型的鮪魚捕撈上岸。而且還有銚子外海或三陸用「卷網捕漁法」捕獲的大型鮪魚，其中還包括在佐渡用「定置網」捕獲的鮪魚。這時候的鮪魚為了覓食正在北上游往北海道的途中，所以體型消瘦，不過這是今天在築地競標的七尾近海黑鮪中最獲好評的一尾。

赤身

赤身因為脂肪含量少，所以不易變色。

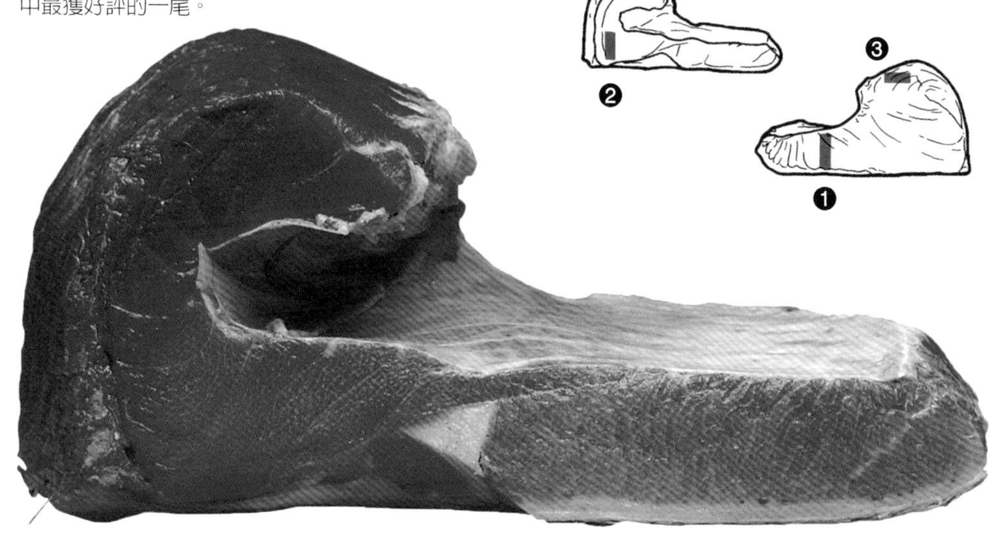

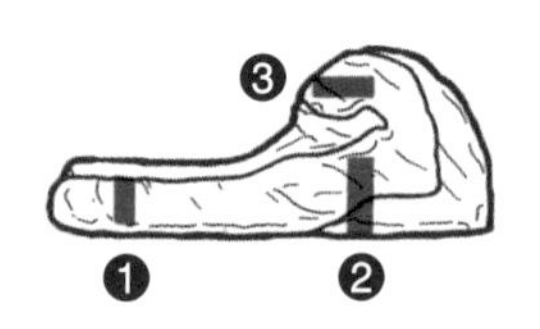

產地 鹽釜
大小 106 公斤
部位 前腹第一段（上半身）
漁法 卷網捕漁法
拍攝日期 七月十九日

在夏天品質好的黑鮪很少。盤商看起來品質不錯而出價標下的鮪魚，有時切開一看甚至會遇到顏色發黑，連用都不能用的情況。這條捕撈上岸後放置一到兩天的鹽釜黑鮪就夏天的鮪魚來講脂肪含量已經算不錯的了。如果再放個兩到三天滋味會更好，但夏天的鮪魚顏色褪得很快，什麼時候食用最好實在很難拿捏。

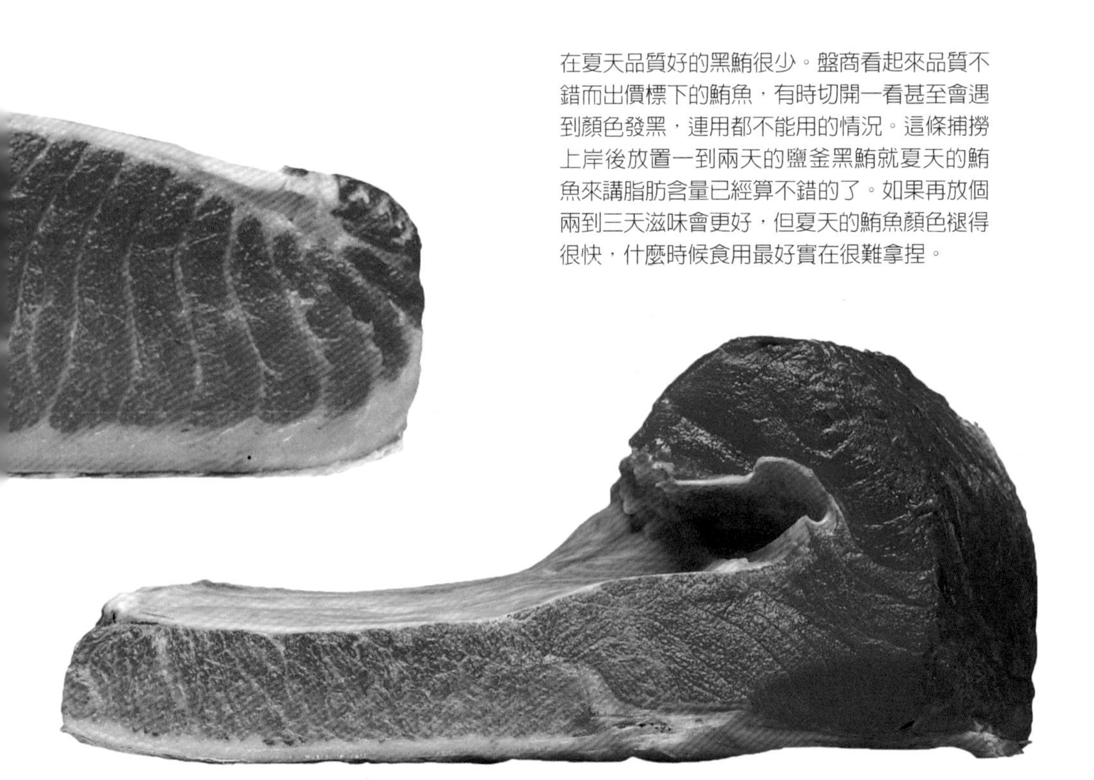

大腹（蛇腹和霜降的中間）

脂肪含量適中，味道不會太膩，美味滿分。

此頁握壽司都是

中腹

這貫握壽司取的是胸鰭這端、與大腹和中腹間的鎖骨（伸入魚肉內的魚骨）相鄰的部位。因為是夏天的鮪魚所以肉質乾瘦，脂肪含量也稍嫌不足。

❷

❸

赤身

肉質濕潤紋理細緻。放置後更能顯現味道，與大腹相比毫不遜色。比較需要注意的是顏色的變化。

此頁握壽司都是

原寸

❶

❷

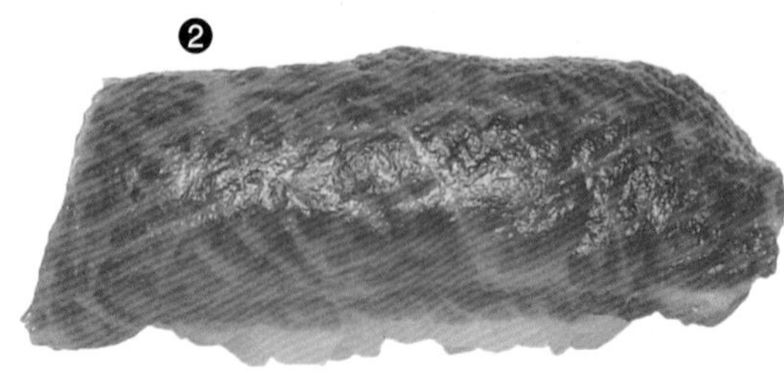

大腹（蛇腹）

魚肚部位靠近胸鰭的肉。和靠和尾部的蛇腹大腹相比這部位的筋比較硬，所以通常取出肉條後要把筋仔細剔除才能捏握壽司。

大腹（霜降）

它的脂肪含量就和秋天的大間鮪魚一樣。這樣的色澤即使放置一段時間等待熟成也不用擔心變色。

產地	函館
大小	157 公斤
部位	前腹第一段（下半身）
漁法	曳繩捕漁法（主繩）
拍攝日期	八月二十二日

中腹

這是血合邊肉的第二塊肉條。切下來的配料比握壽司的尺寸稍微大些，不過多出來的部份不會修掉，而是折在裡面捏成壽司。這塊配料包含了赤身和油脂豐厚的部份，最能品嚐出中腹的美味。

赤身

這是骨邊第二塊肉條靠近尾部的部位，可以明顯看出它和一般的夏季黑鮪不同，脂肪含量豐富。

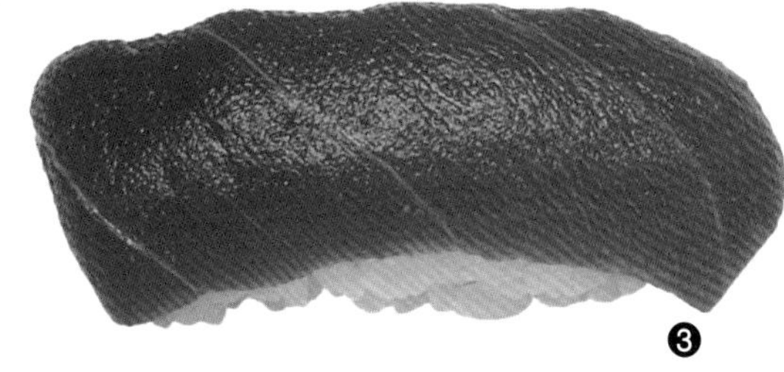

❷ ❶ ❹ ❸

進入八月上旬後，大間或松前產的鮪魚顏色雖紅，但脂肪含量稍嫌不足。農曆七月十五的盂蘭盆節後，有二十二尾的鮪魚從鹽釜或氣仙沼捕撈上岸。可是每一條都是瘦巴巴的。接著上市的是在北海道捕獲的十尾鮪魚，這尾函館的鮪魚是其中品質最好的。「以夏天的鮪魚來講，這尾是最棒的了。這種季節它的體型還能這麼渾圓飽滿真是近年難得一見。」它的肉質好到連得標的盤商都覺得訝異。

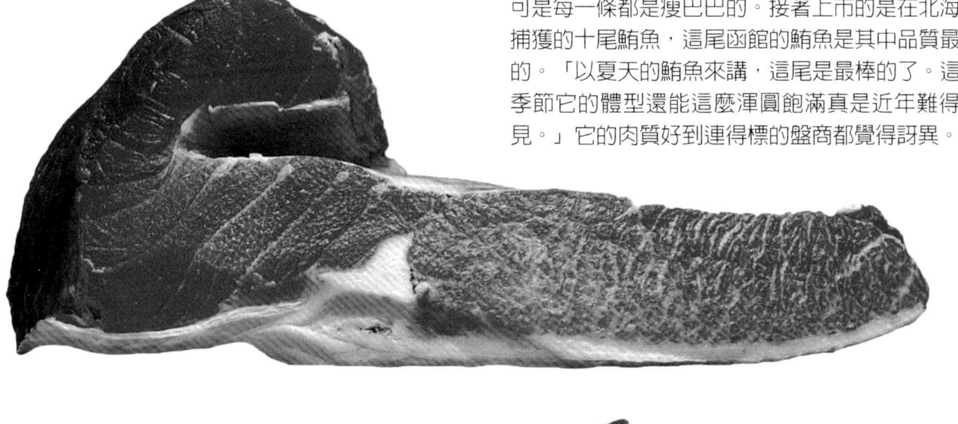

此頁握壽司都是

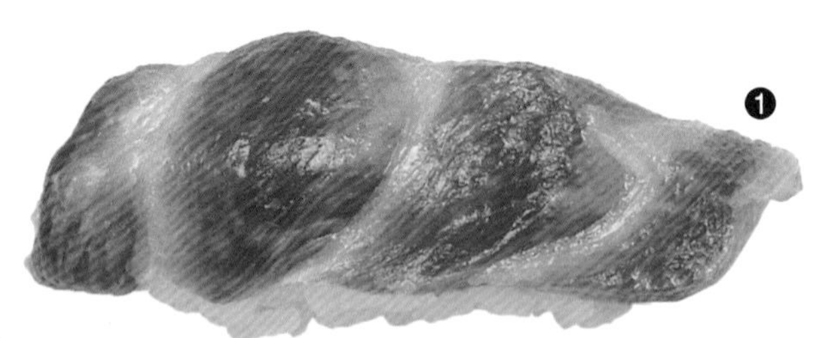

大腹（蛇腹）

一刀劃下的時候，進口黑鮪的筋會嘎吱嘎吱地不易切斷，然而日本近海的黑鮪則是嗖地一聲一路順暢到底。

大腹（霜降）

這個部位只能取到兩到三塊的「霜降」肉條。靜置兩天後，吃入嘴裡會因為它層次豐富的滋味忍不住「嗯——」地出聲讚嘆。

平成八年產季開始的第一尾。它是在輕津海峽附近捕撈上岸的，「真不愧是北海道的黑鮪魚。抓在手裡感覺就是不一樣。」小野二郎讚道。雖然體型不大，但越發地渾圓飽滿。「年輕」的鮪魚雖然顏色夠豔但味道還沒顯現出來。再放個三天滋味應該會更棒才對，不過顏色可能會比較黯沉。

赤身

色澤鮮豔閃亮是因為帶有脂肪的緣故。赤身的口感吃起來總有點不太過癮的感覺。

中腹

血合肉旁邊的中腹。同時兼俱赤身到中腹的漸層滋味，兩者相得益彰。

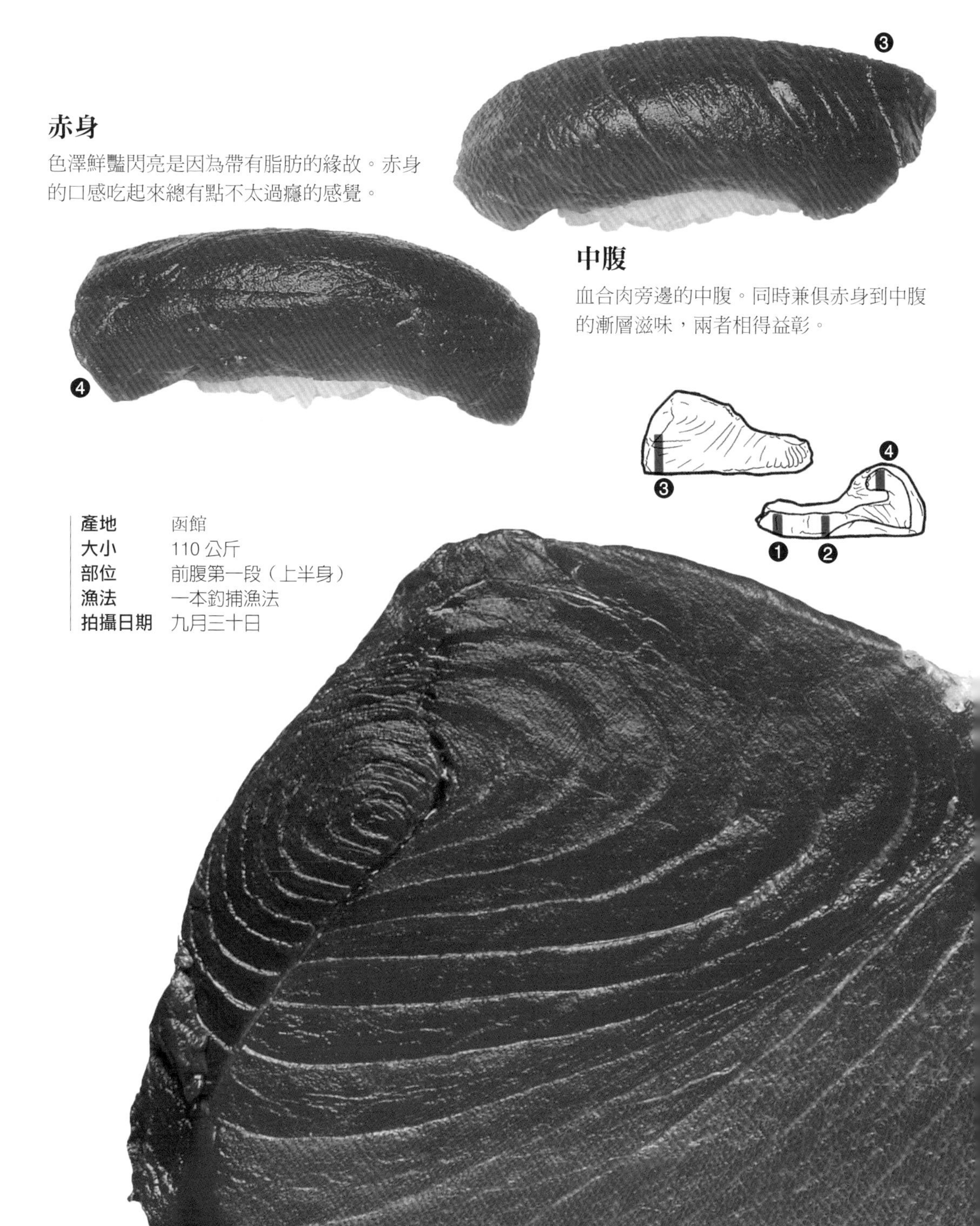

產地	函館
大小	110 公斤
部位	前腹第一段（上半身）
漁法	一本釣捕漁法
拍攝日期	九月三十日

大腹（蛇腹）

因為太嫩筋還很硬，如果切得厚厚的根本咬不斷。需要放置三至四天等它熟成。

大腹（霜降）

看起來就是韌性十足不易咬斷。這麼嫩的情況就算先取下肉條來放著也不用擔心顏色會立刻變黯沈。

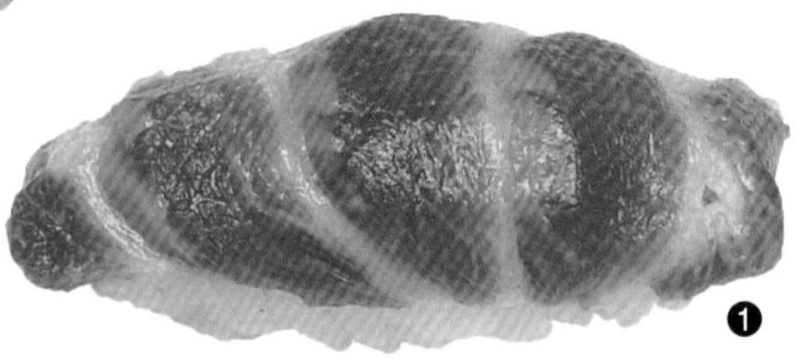

中腹

血合肉旁邊的中腹有濃郁的血味。而且它的香氣像赤身一樣強烈，脂肪含量也很豐富。

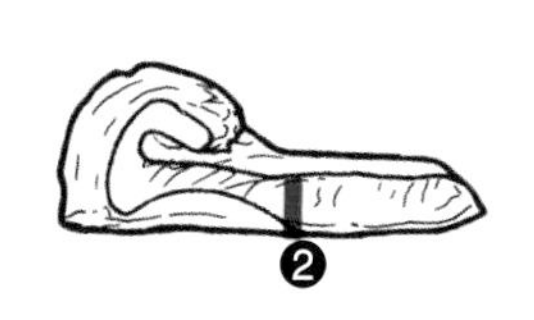

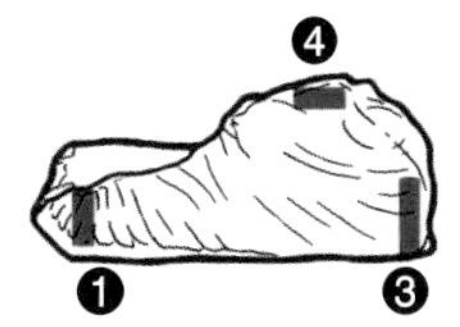

產地	松前
大小	138 公斤
部位	前腹第一段（下半身）
漁法	海釣
拍攝日期	十月二十四日

正如小野二郎所言：「用『一本釣』、『海釣』或是『網』捕撈的黑鮪魚肉質比較清爽。而用『繩』捕獲的黑鮪魚脂肪太厚，顏色也比較黑。」這尾松前的黑鮪魚顏色鮮豔美麗。它的肉質緊實，油脂也分佈得恰到好處。

此頁握壽司都是

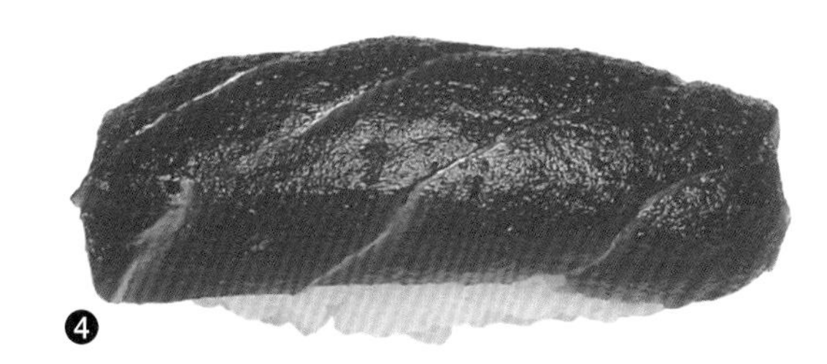

赤身

小野二郎說：「和同樣產於松前用一本釣法捕撈上岸的黑鮪魚相比，它的味道有點少了什麼的感覺。」

十一月

這一幅大圖占了三頁的版面。請打開折頁好好感受一下等比例照片所帶來的視覺震撼。

產地　古平
大小　200 公斤
部位　前腹第一段（下半身）
漁法　定置網
拍攝日期　十一月二十二日

最近超過 200 公斤的大型近海黑鮪是越來越少了。這是在積丹半島外海捕獲的黑鮪魚，腹身渾圓，脂肪的含量也佳。只有這麼大型的鮪魚就連靠近胸鰭這面的剖面也能清楚看到筋絡。靜置一週後，與空氣接觸的部分會開始依序達到可以食用的程度。

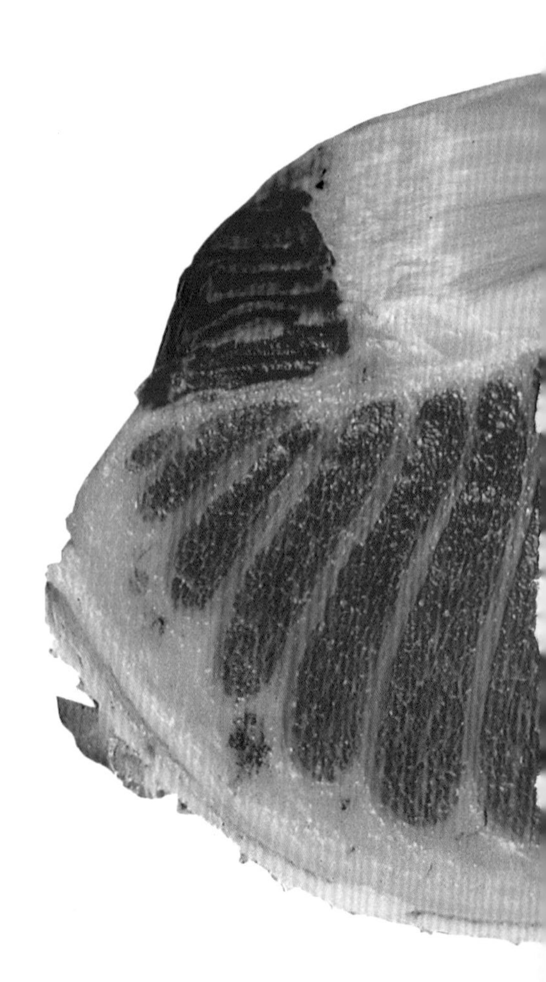

大腹（蛇腹）

脂肪濃郁又清爽。還有大型鮪魚才有的味道。

赤身

經熟成後雖然顏色不再豔麗，但肉質會變得軟嫩又有口感。

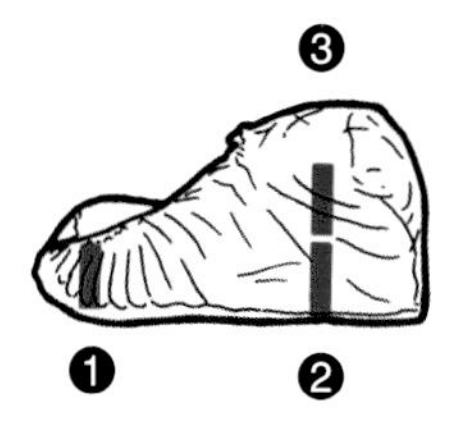

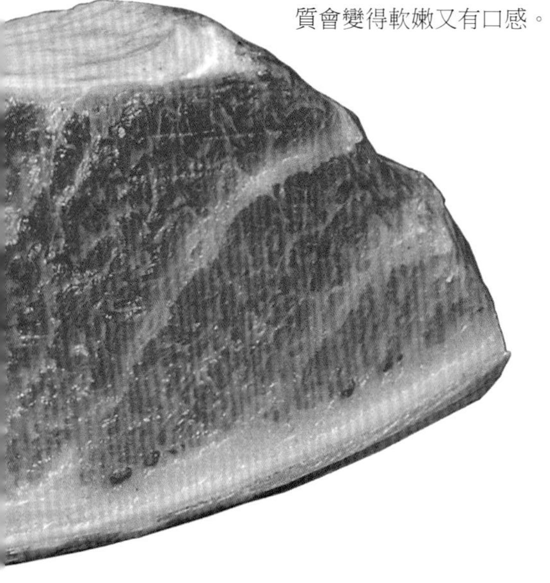

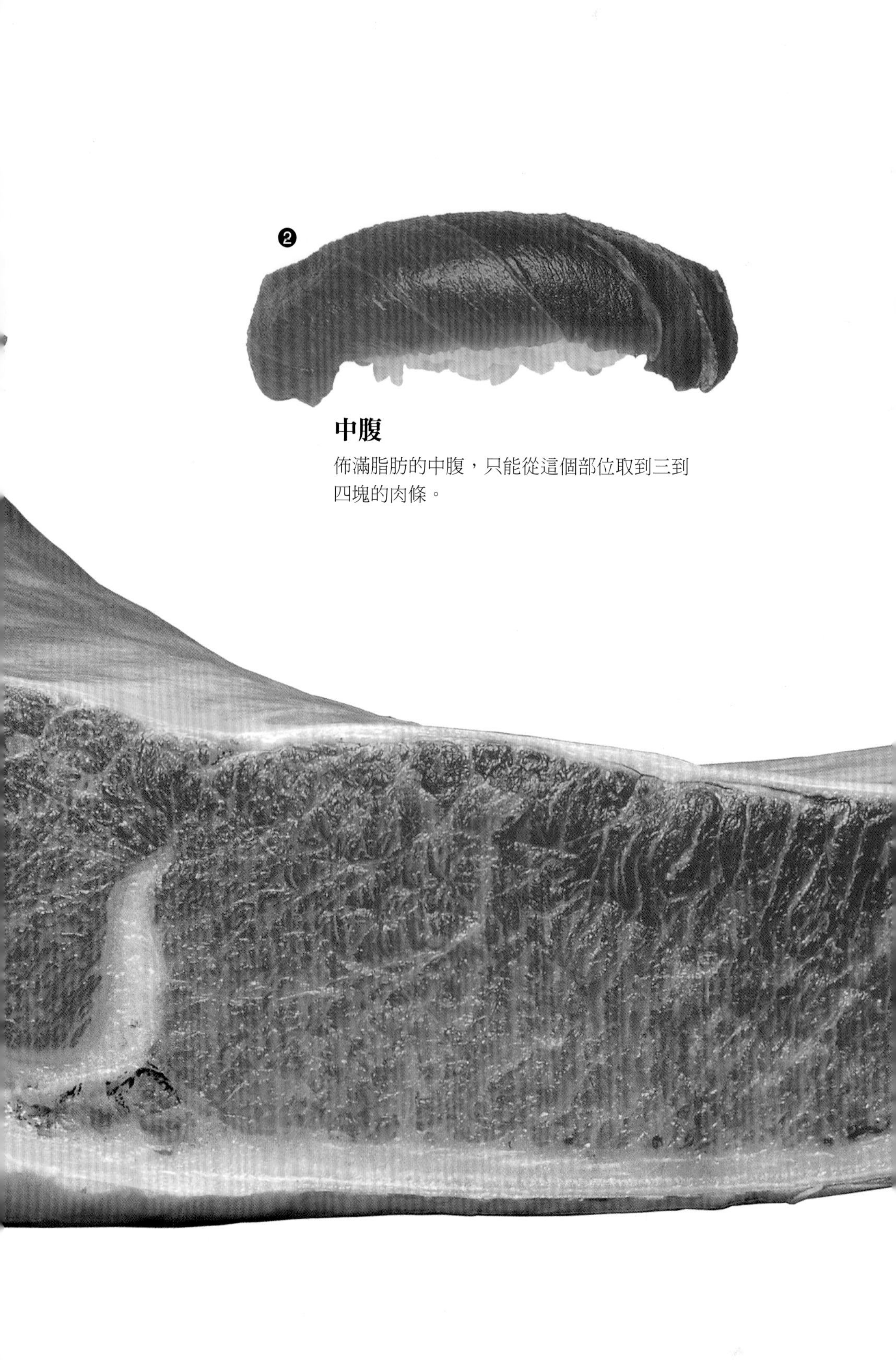

中腹

佈滿脂肪的中腹，只能從這個部位取到三到四塊的肉條。

原寸

這一幅大圖占了三頁的版面。請打開折頁好好感受一下等比例照片所帶來的視覺震撼。

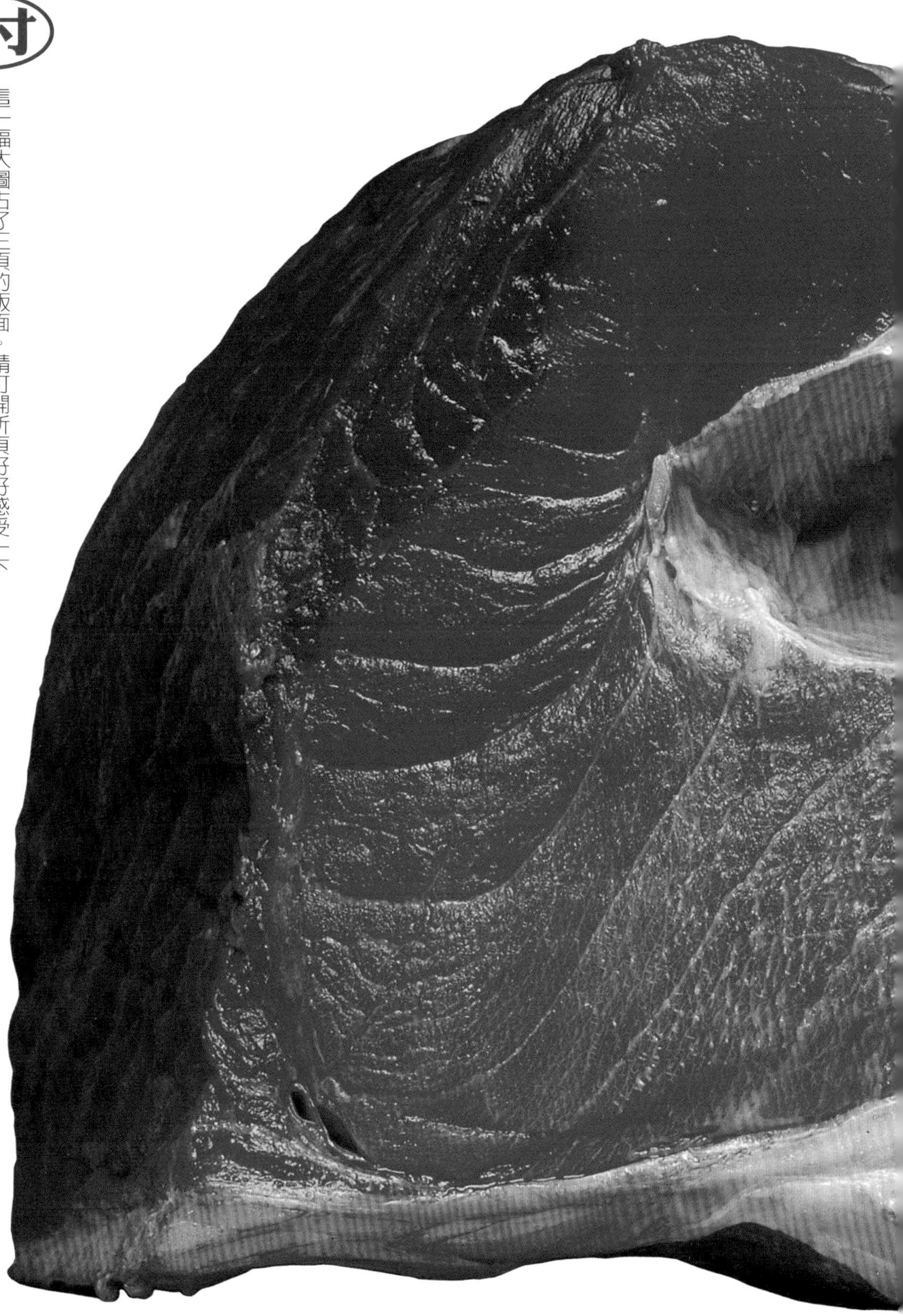

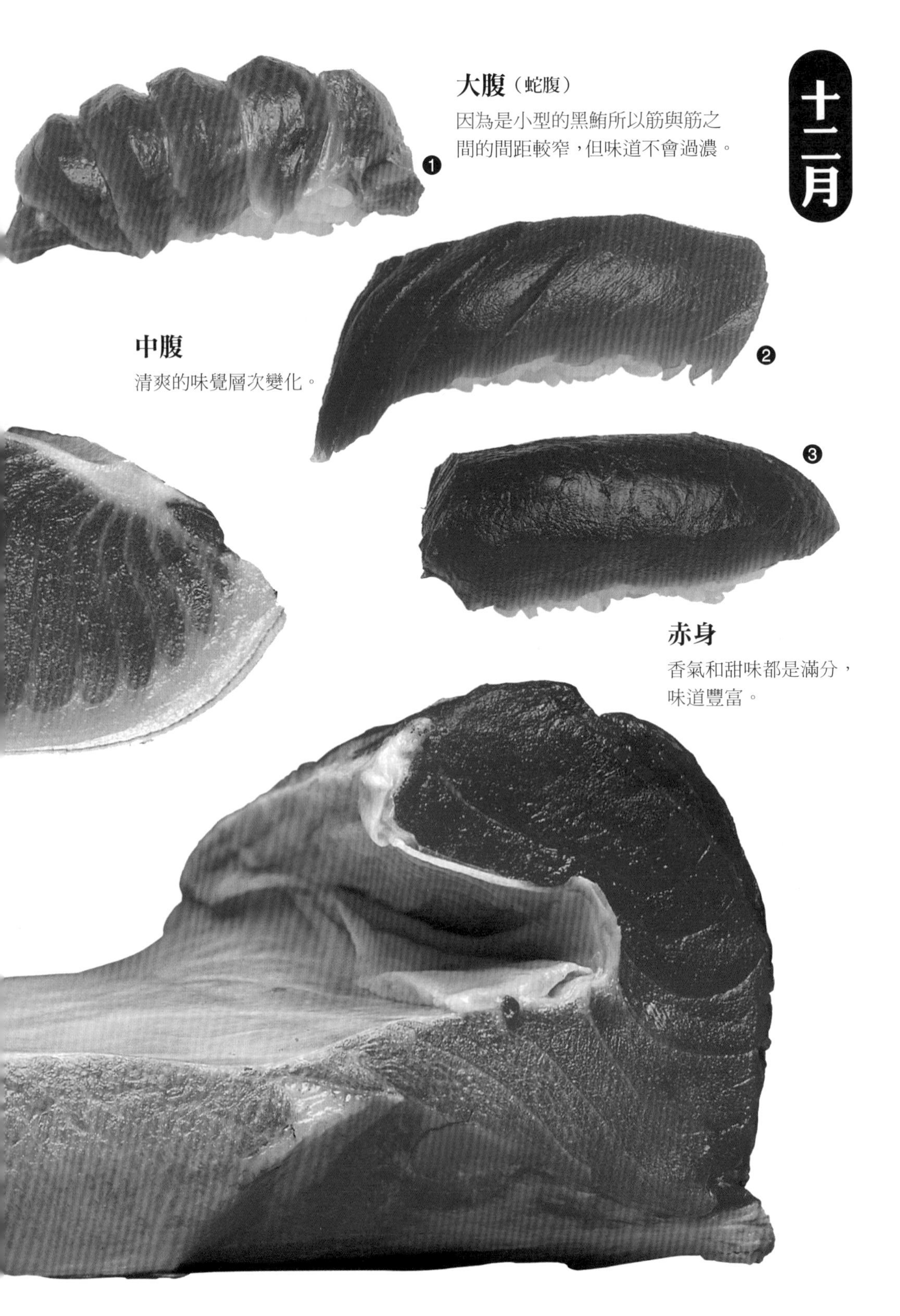

十二月

大腹（蛇腹）

因為是小型的黑鮪所以筋與筋之間的間距較窄，但味道不會過濃。

❶

中腹

清爽的味覺層次變化。

❷

❸

赤身

香氣和甜味都是滿分，味道豐富。

原寸

產地	大間
大小	40 公斤
部位	前腹第一段（上半身）
漁法	一本釣
拍攝日期	十二月十六日

近來世人對大間黑鮪的評價是越來越高了。因為品質好而且容易處理，所以只要冠上大間的名號價格就能賣得很高。這尾鮪魚儘管體型小，卻是近來品質最棒的。之後就沒有再遇過品質比這尾「四十公斤大間黑鮪」更好的鮪魚了。

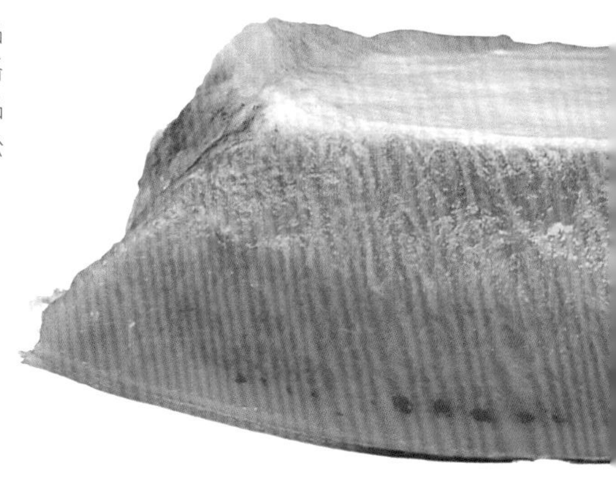

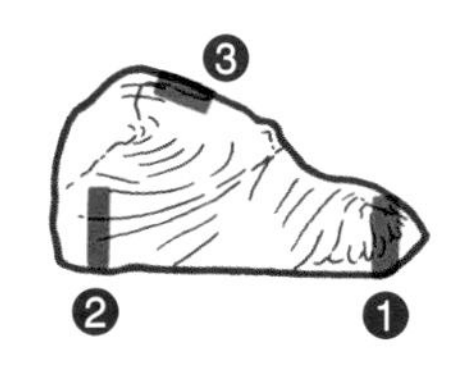

十月（背部）

中腹

就脂肪來說前腹的中腹含量較豐，但以香氣和滋味而言背部的中腹更勝一籌。

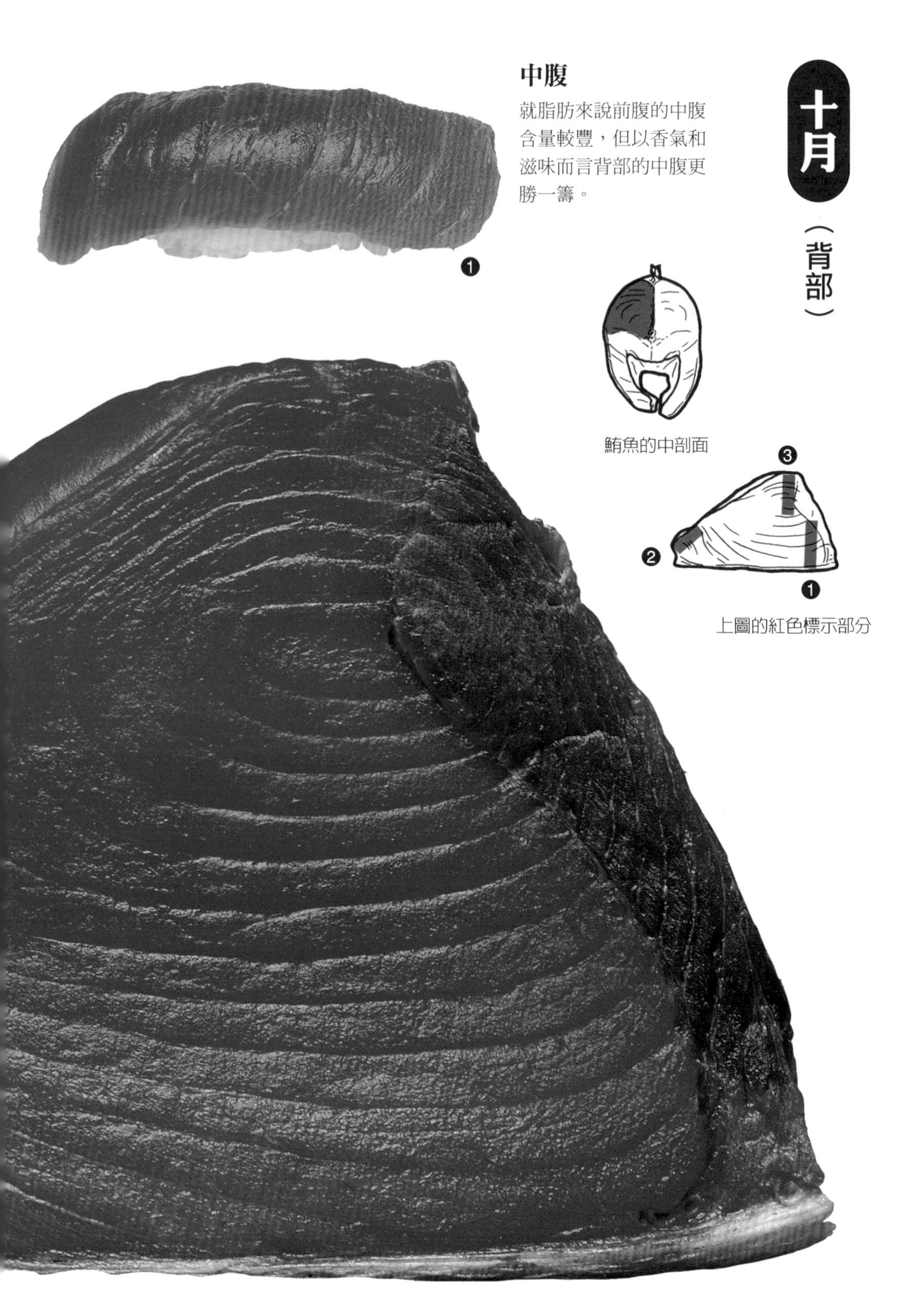

鮪魚的中剖面

上圖的紅色標示部分

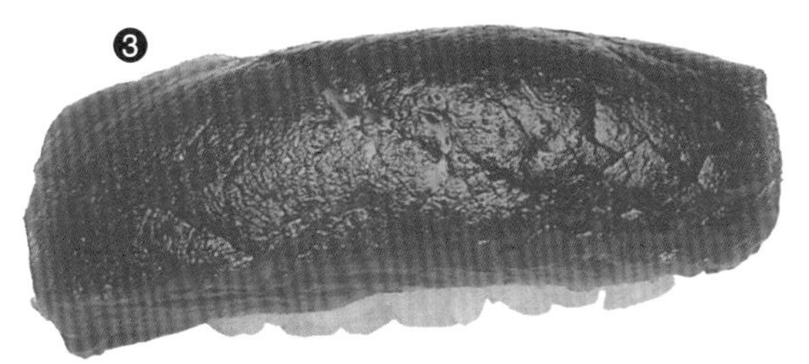
❸

三角肉（腰內肉）

夾著背鰭，位在背鰭根部兩側的肌肉就是「三角肉」。它的脂肪含量和香氣都比赤身更佳，味道也比中腹更為豐富，不過一條魚只能取到一到兩塊而已。

❷

赤身

香氣和味道都無可挑剔。如果稍稍放一下使其熟成，它的味道會更加豐富。

除了這張照片之外，
其餘都是
原寸

前腹第一段的部位以大腹肉居多。所以店家會採買背部部位以補中腹和赤身的不足。雖然同樣是背部，但由於靠胸鰭和靠尾部這兩段的肉筋比較韌，所以「數寄屋橋次郎」採買使用的是背部中段這塊。同一條鮪魚，背部的赤身不論是滋味或色澤都比前腹的赤身要好得多。

產地	大間
大小	113 公斤
部位	背部中段（下半身）
漁法	一本釣
拍攝日期	十月二十九日

拆解鮪魚取得捏握壽司的肉條

1 用魚刀切入血合肉和赤身的分界處。

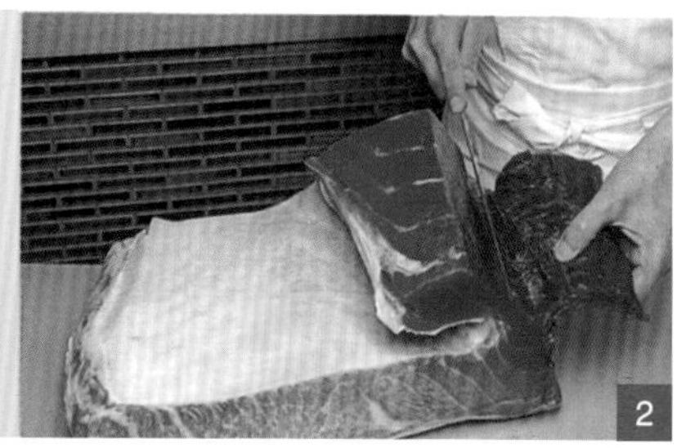

2 以邊剝邊切的方式將血合肉取下來。

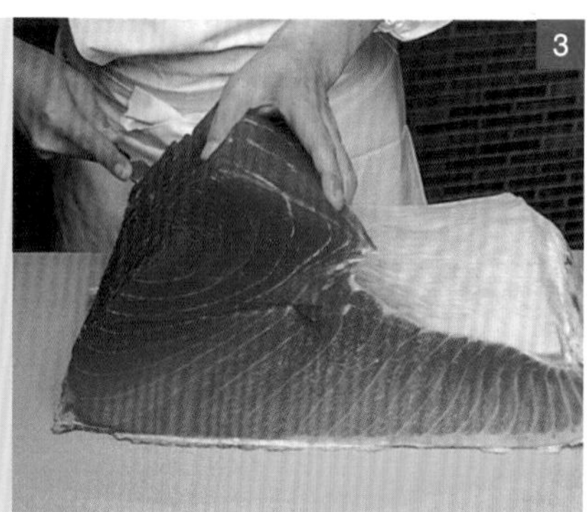

3 配合腹肉的厚度，魚刀保持與砧板平行的角度平平切入。

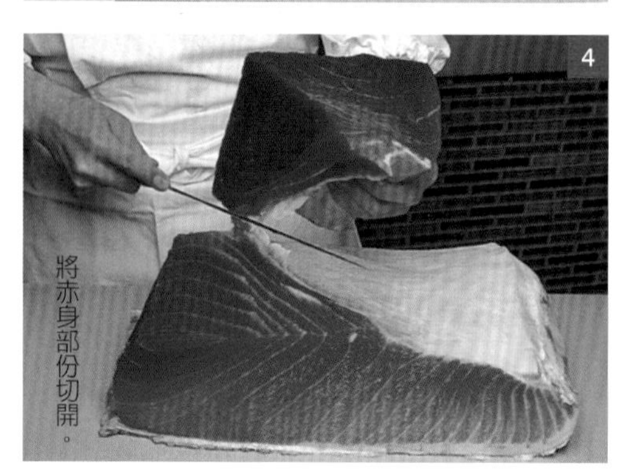

4 將赤身部份切開。

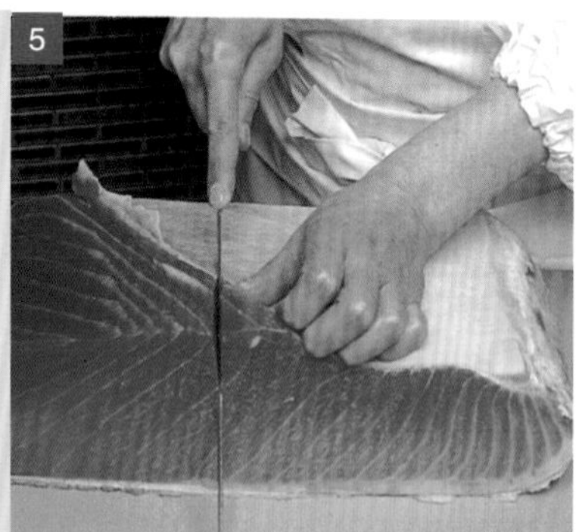

5 以靠胸鰭這面的鎖骨（伸入魚肉裡的白色魚骨）為記號，以此為界線分拆出大腹和中腹。

6 從左側起依序是赤身、中腹、大腹。重量180公斤的鮪魚就前腹部位的第一段來看，其比例為 2：3：4

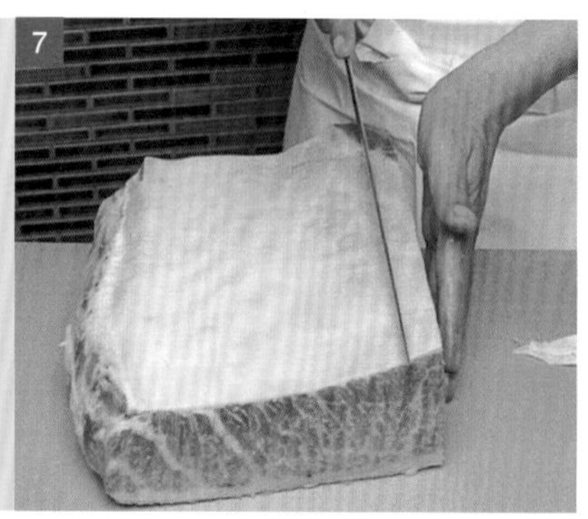

7 切一條霜降大腹的肉條。厚度是2.5公分。

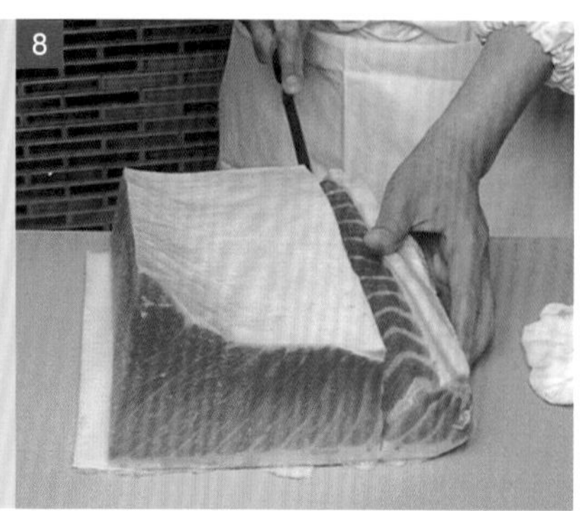

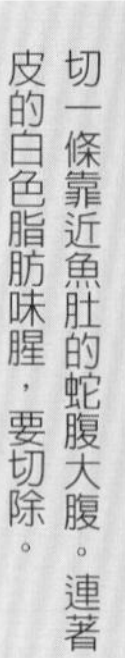

8 切一條靠近魚肚的蛇腹大腹。連著皮的白色脂肪味腥，要切除。

中腹的鉛筆

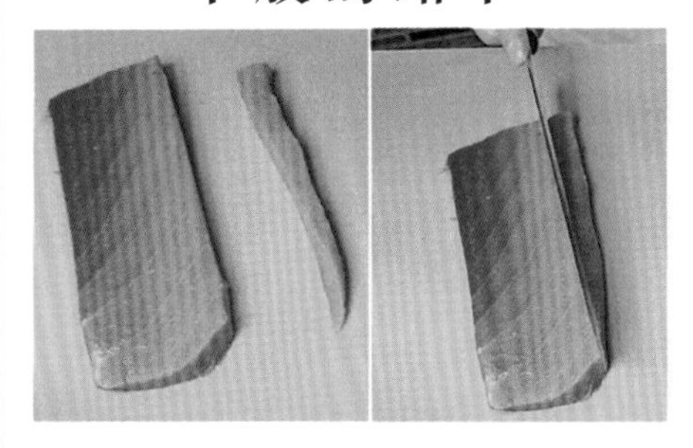

中腹的肉條如果太寬，就配合握壽司的尺寸將與魚皮相連、脂肪肥厚的一端修掉。這樣的中腹才能同時享有赤身與脂肪兩種美味。被修掉的「鉛筆」也切一切捏成握壽司。是極為稀少的「中腹之王」。

鮪魚的緊縮現象

在佐渡傍晚撒網捕撈上岸的鮪魚於隔天的清晨進入築地市場。因為是才剛捕撈上岸、死後身體還未變硬的鮪魚，所以拆解時切口的剖面會有像酒窩一樣的凹陷。這時如果勉強將鮪魚切成肉條，肉質還呈活體狀態的魚肉會歪歪的不容易下刀。這就叫做「緊縮現象」。當泡在水裡一段時間、經過熟成之後，緊縮的情況就會消失，美味也會釋放出來。

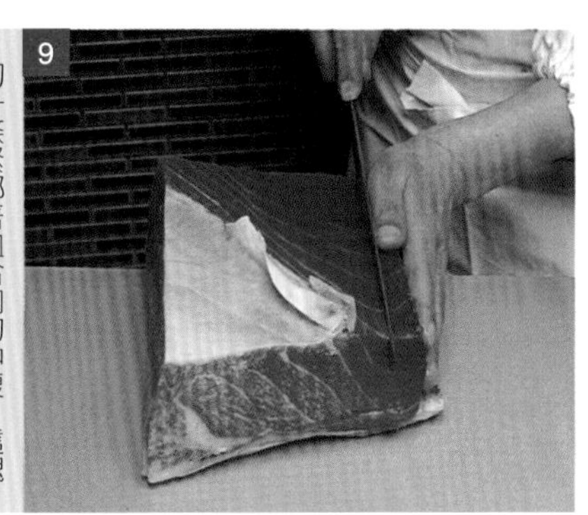

9 切一條緊鄰著血合肉的中腹。這塊肉涵蓋了赤身和腹肉，味道鮮美。

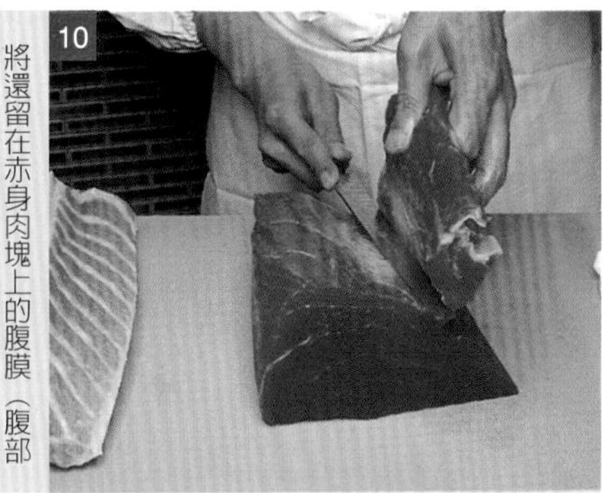

10 將還留在赤身肉塊上的腹膜（腹部的魚骨）削掉。

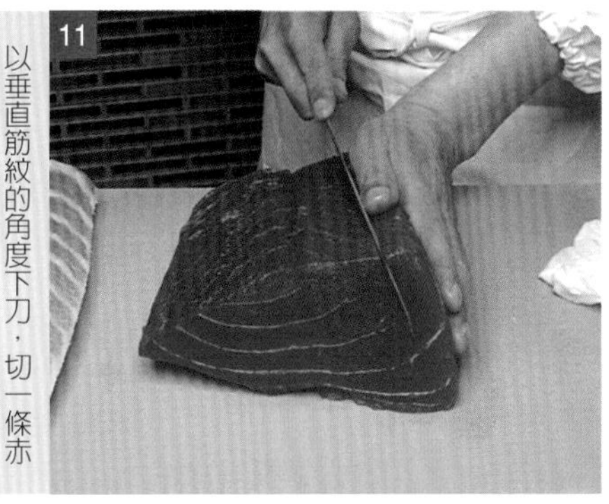

11 以垂直筋紋的角度下刀，切一條赤身的肉條。

12 從左側起依序是赤身、中腹、霜降大腹、蛇腹大腹。

漬鮪魚

漬鮪魚　三月　油津

在以前的作業原本是將顏色有些變暗的鮪魚用調味醬油醃漬來增添風味。這麼做雖然會讓赤身特有的血液清香消失不見，但卻多了醃漬的風味。「數寄屋橋次郎」要有三到四人的份量才醃，而且必須事先預約。

從油津捕獲的一百五十公斤鮪魚中背部位取一條赤身肉。邊緣的第一段肉條因為肉質較軟嫩，不適合拿來醃漬。

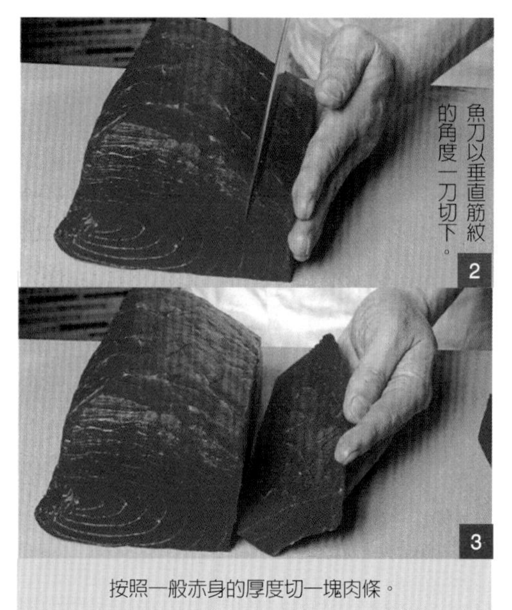

魚刀以垂直筋紋的角度一刀切下。

按照一般赤身的厚度切一塊肉條。

雖然每個部位的刻花方式都一樣，但醃漬出來的結果會因肉質的不同而有所差異。脂肪越多的部位越難醃漬入味。

將鮪魚肉泡在調味醬油（酒和醬油一起熬煮後放涼）裡醃漬。

在常溫下浸泡三十分鐘即可完成。

和普通的赤身一樣切得稍厚一些。如果調味醬油醃得不太入味，就在握壽司成品的配料正中央再塗一層調味醬油。

次郎壽司記事 3

黑鮪魚握壽司

壽司店師父的真心話——

「無論如何都想使用日本近海的魚類」

近海黑鮪魚（指黑鮪的小型成魚）的魅力所在就是那帶著香氣的血味，還有捏成握壽司的豔麗色彩。不過，黑鮪魚尤其是鮪魚大腹價格十分昂貴。雖然貴，但既然經營壽司店就得要有賠錢的覺悟，繼續捏給客人吃。

從江戶前壽司誕生以來，說到「握壽司天王」就是小肌，而「捲壽司天王」就是瓠瓜條。此外，捏握壽司也好、捲成捲壽司也好的黑鮪魚正好符合「壽司之王」的名號。

越是好吃的鮪魚，捏的時候觸感越是不同。特別是晚秋時分到冬季這段油脂豐厚的產季更是如此。

此外，一口咬下後，那微微的酸甜香氣撲鼻而來，溫和的清甜和微澀在口中慢慢擴散。這香氣和滋味正源自於巡遊在廣濶大海中的大型紅肉魚體內的血液。外表看來滿是油脂，閃閃發亮，可是吃起來並不覺得特別油膩，原本應該偏硬的筋一接觸到舌尖就化開了。

可以說近海黑鮪的魅力就在於這清爽的血味。不過，因為那真的是股十分微妙的味道，所以只有在入口時的那一瞬間才能清楚感受得到，咬了幾下後，任誰也再難分辨得出。

不僅僅是鮪魚，其他的壽司配料也是如此。那麼該如何感受這微妙的香氣呢？答案就是在放入口中的瞬間稍稍將配料往上顎壓一下。這麼做，味道就會衝進鼻腔裡，就可以清楚聞到香氣了。用舌頭是嚐不出來的。味蕾品嚐酸甜苦辣鹹等味道的部位各不相同，所以不是用舌頭，而是鼻子。這技能不是向誰學的，只要是廚師就一定要有這樣的本能。

鮪魚的顏色可以視為生命力的展現。那鮮豔欲滴的光澤比任何食物都還誘人食慾。顏色豔麗的紅色魚肉，當表面有小脂肪粒閃閃發亮的鮪魚中腹和大腹，加上做為基座的白色醋飯，如此美麗的紅白配色一擺在眼前，讓人不禁有種「啊，看起來好好吃哦！」的感覺，這正是有別於味覺的另一種享受。

這樣的色調和滋味要如何生成？如何能讓兩者兼俱？這就是壽司店老闆的厲害所在。話說才剛捕撈上岸的「年輕」鮪魚不管顏色如何美麗，它的肉質還是粗糙，筋也偏硬無法咬斷。就血的氣味來說也根本稱不上芳香，反而帶著腥臭。

所以買來的鮪魚如果還不夠成熟就必須泡在水裡幾天，靜待熟成。剛熟成的時候，之前刺鼻的血腥味就變成了香味。大腹帶筋的部份也會濕濕潤潤地帶著油脂，變得柔軟。

味道和香氣到達顛峰的時刻是繼續熟成、生命力旺盛的紅肉部份開始有點褪色的時候，尤其大腹和中腹更是如此。要氧化之前的味道最濃郁，這道理和牛肉一樣，是要選擇美味和香氣呢？還是要選擇誘人食慾的色澤呢？鮪魚也有這麼多令人難以抉擇之處。

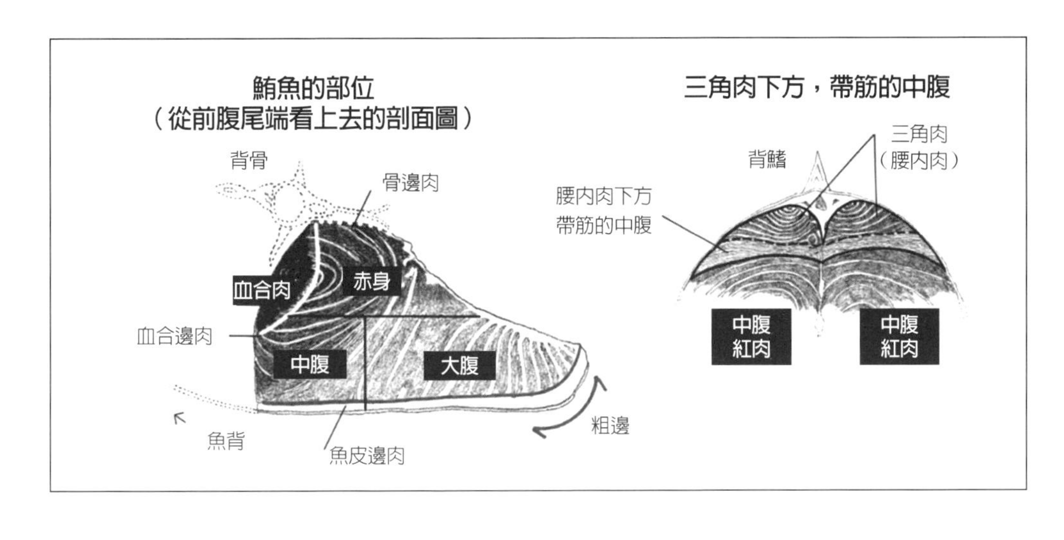

「如果想吃好吃的就要成為熟客」

我最喜歡的部位是像雪花般入口即化、被稱為前腹霜降的部份。它像頂極的牛里脊肉一樣表面有微微凸起的細小白點，總是讓人看得出神。位於魚肚的蛇腹（鮪魚腹部像蛇皮條紋一樣一棱一棱的地方，位在腹部的底端，這個部位脂肪豐腴，有明顯的筋肉）大腹也是無與倫比的美味。筋性強韌的胸鰭下方被稱為是「大腹中的中腹」，但因為有獨特的腥味，所以美味與否就憑各人喜好了。

就中腹而言，最好吃的就是被稱為腰內肉，位在背鰭下方的三角肉。這個部位的魚肉沒有帶筋，油脂清爽不膩。唯一的缺點大概就是數量太少了。在鮪魚背部一帶只能取一到兩條做為握壽司的材料，不是想吃就能吃到，故名「夢幻中腹」。

其實這個「夢幻中腹」繼續往下有一個隱藏版的珍饈。

切開三角肉後正下方就是背側筋，而筋與筋之間有帶一小點的肉。連著骨頭與筋脈的肉都很美味，這塊肉也一樣，有著特別的好滋味。不過這裡的筋格外地硬，很難剔除。

所以，通常它都是用來做為鐵火捲（包有生鮪魚和醋飯的海苔捲）的內餡。因為這些筋只要剁得碎碎的就可以變得入口即化。不過，剔掉這些筋後捏成握壽司絕對是人間美味。這是我再三試吃比較後的心得，所以還是得耐著性子應付這些麻煩的處理工作。

不管怎樣，只要有殘留一點點筋在上面，嘴巴就會感覺得到。如果請店裡的年輕師傅仔細去除乾淨，就算動用到兩個人的人力下去處理也要花三十分鐘的時間。所以我們店裡都是趁著傍晚六點過後比較空閒的時間先把這些處理好，等七點左右客人上門時捏給客人吃。因為這個部位特別容易變色，如果放一個小時顏色就開始變暗了。

這種位於三角肉下方、已經去筋的筋下肉味道濃淡介於與赤身相近的中腹和油脂豐厚的大腹之間，所以我都會一邊回想客人的喜好，

「這個味道重一點，給這個人。」

「這個味道淡一點，給那個人。」

一一區分、選擇後放進冰箱裡。畢竟那是只能捏十五、六貫的珍貴材料。因為不是可以無限量供應的壽司配料，所以我只捏給想給的人吃，也就是說，這是「只限熟客」的中腹。

不是熟客不會端出來的壽司配料還有別樣。

將又油又厚的鮪魚切分成長形塊狀的壽司材料時，中腹的肉塊都要比別的部位要寬。因為要切成壽司配料的薄片，所以為了配合醋飯大小，肉塊的寬度也要修得窄些，不過這種時候我不會去動赤身，而是把帶油的皮邊肉部份修掉，切下來的皮邊肉就成了細細的長條。如果沒有帶點赤身，就吃不出中腹的醍醐味，也就是由淡到濃的層次變化了。

被修掉的部份會切成厚度、寬度兩到三公分，形狀細長的四角形鉛筆形狀。這樣的脂肪含量剛剛好，切好的配料捏成握壽司一放入口中就完全化開來，與醋飯融為一體。之後留在嘴巴裡的，就只有它的美好滋味。

所以啊，喜愛中腹的老顧客一定都心滿意足地說：

「這真是中腹之王。」

聽到這些話或許有人會說：「為什麼只有熟客才有這種特別待遇？」為此忿忿不平。

不是這樣的啦。我是因為想讓客人享受握壽司的美味，所以才不讓它輕易上桌的。因為還不了

解客人的喜好嘛。

就算將數量稀少的「霜降」或「鉛筆」端給第一次來的客人吃，他們也未必開心，也許人家喜歡的是味道清爽的赤身也不一定。若是已經來店裡一段時間的老顧客，他們就會高興得不得了。切好、收著，身為壽司店老闆，會這麼想也是人之常情啦。

而且，鮪魚和同樣是店內招牌的小肌、鯖魚和穴子相比價格高出許多，若客人沒點也不能自己想捏就捏。

「若想吃到好吃的就得成為熟客才行。」

我們店裡的年輕人會經常這麼說的原因就是在這兒。還沒找到喜歡的店家就沒辦法了，但如果是依循著美食指南報導的二十家店按圖索記，之前去了十家，這次想再逛逛剩下的十家，一直這樣不斷造訪新店家的話，像「三角肉下方的帶筋中腹」這樣的稀有部位是永遠也吃不到的，這不是很沒意義嗎？

想吃到這種最美味的黑鮪魚，晚秋是最好的時節。從北海道或青森捕撈上岸的黑鮪魚例年來都是出現在十一月底到十二月初這段期間，一進入十二月後鮪魚就要開始南下，往本州的太平洋和日本海去了。

然後從一月到四月這段期間，主要的漁場就換成是九州外海或四國外海。這裡捕到的鮪魚雖然可以運到紀伊勝浦或油津（宮崎），但要能看中意的實在少之又少，我常常都為這事兒煩惱。也許這樣想不對啦，但我還是認為這是由於用「延繩釣法」(註)的緣故。

（註）延繩釣法是捕取鮪魚的方法；臺灣最主要也最為常見的鮪魚漁法是延繩釣法，延繩釣捕捉方式多採長線多鉤釣法，大規模的捕捉釣線可長達數十公里，釣鉤多達上千個。臺灣東部及東北部海域產量最多。

雖然不是天天採買，但每天早上還是會去鮪魚店裡報到。這是空運的鮪魚。
脂肪含量與肉質好壞都要經過嚴格地鑑定。

從四月、五月的產卵期一直到秋天體力回復的這段期間，鮪魚的脂肪少得可憐。這種「乾澀」又「瘦骨如柴」的鮪魚大家都敬謝不敏，一直要過了晚春時節鮪魚才又回復原本的渾圓飽滿，接著，設置在本州西部日本海海域的定置網開始有中型鮪魚捕撈上岸，這個時候的鮪魚最是美味，自此之後的一段時間內，原木食材盒裡都少不了它。在佐渡或大船渡也會捕撈到品質不錯的鮪魚。

品質最糟糕的是八月。這時的鮪魚顏色看起來是紅色的，但吃起來就像咬蒟蒻一樣索然無味。沒有油脂、沒有味道。偏偏市場裡多的是因為暑熱變色發黑、無法再使用的鮪魚。幸好八月店休的日子多，讓人多少鬆了口氣，接下來進入九月之後鮪魚又開始漸漸回復原本的美味，再不久就要迎接旺季的到來。

喜愛赤身的客人日益增多，真是可喜可賀

最近點赤身的客人變多了。用調味醬油醃漬再捏成壽司的「漬鮪魚」也偶爾有人點單。不過，如果客人是當場要求「漬鮪魚兩貫」，我可變不出好吃的「醃漬鮪魚」。

要捏成壽司的漬鮪魚如果切得薄薄的，浸泡五分鐘即可。可是，我是整塊鮪魚條直接下去醃漬的。會這麼做是因為考量到如果調味醬油完全滲透整片鮪魚，它本身的香味就不見了。「大約什麼時候到，麻煩準備漬鮪魚」，接到這樣的預約電話時，我會看一下當天赤身肉塊的厚度和品質。而且還會依客人到店的時間向前推算，在客人到店的前二十分或三十分鐘才開始醃。

我認為原本就很美味的赤身直接捏成握壽司最能品嚐出鮪魚的香味，滋味最棒。不用任何醬料醃過也很好吃。

話說喜愛赤身的客人有逐漸變多的趨勢，這是值得高興的現象。因為一直到七、八年以前，幾乎沒有客人會因為愛吃而點赤身。

鮪魚的背部有六成是赤身，四成是中腹。於是捏著捏著，中腹開始慢慢減少，而赤身卻漸漸越剩越多。

「哎呀，堆得像山一樣的赤身該怎麼辦啊？」

不論如何赤身是一定會剩下來的，總不能每天每天早、中、晚的伙食都只吃赤身。

於是，我們想了個沒有辦法的辦法，就是在中午做鮪魚飯（日文為「鐵火丼」）外賣。就算有人臨時點單：「五十個鮪魚飯，很急，要外帶。」也能輕鬆應付。因為赤身多得像山一樣，只要把飯煮好就行了。

因為曾經為此所苦，所以我一定要好好地感謝那些積極倡導：「鮪魚的精華是赤身，愛吃握壽司就一定要吃赤身」的美食評論家們，讓越來越多人喜愛赤身，這是我的肺腑之言。

那，為什麼當時的客人都吃鮪魚腹肉呢？這是因為那時腹肉的價格沒像現在這麼貴得離譜。雖然說「腹肉是自二戰之後才開始受歡迎的，以前大家只吃赤身」，但這裡講的以前大多是江戶時代末期或明治時代，進入大正、昭和時代之後，吃中腹就已經很普遍了。

「京橋」的師傅曾經這麼說過。

「我剛當學徒的時候，當然那是離二次大戰開戰很久的以前啦。因為蛇腹大腹的筋散佈各處不容易切，而中腹和赤身即使是初學者都能輕鬆拆解，所以就連外賣的壽司拼盤都會使用像羊羹一樣好切的中腹。可是，大師傅一發現後就破口大罵：

「這個笨蛋，為什麼不用便宜的大腹！」

因為在那個時候中腹是專門捏給單點顧客的上等配料。

本來鮪魚這種魚並沒有像現在這樣又貴又稀罕。在我的記憶裡，昭和三十年代初期一百台兩的價格是二千到三千日圓。用公斤換算大約是五百到八百日圓。比起來車蝦和赤貝要貴得多，鮪魚是最最常見的壽司配料，客人也不會整天「黑鮪、黑鮪」地掛在嘴邊。

此外，一到夏天之後，鮪魚的價格就會掉一半。當時金華山（宮城縣牡鹿半島前端）外海到銚子外海有大批的鮪魚回游，所以若說到江戶前壽司的鮪魚，指的就是金華山外海和銚子外海，不過夏天的鮪魚乾巴巴的不能吃，所以以前的人連看都不看。

這時漁夫的目標是重量不到四十公斤的黑鮪幼魚。鮪魚長到這個階段脂肪也有一定含量了，而且美味的前腹只要想吃的話，不管要多少就有多少。

近年來什麼部位都勉強拿來使用，只有到處是筋的尾巴才不得不丟掉的情況在當時根本難以想像。

所以「京橋」曾說過：「鮪魚一年四季都要賣同樣價錢。就算冬天沒賺頭，夏天的進價也會掉到剩一半，這樣一年下來正好可以取長補短。」

不過近來情況正好相反。一到了夏天，鮪魚的進貨價格不但不降反而上漲。

要想取長補短什麼的，實在是癡人說夢。

事實就是如此。在以前，只有在東京地區鮪魚才被視為是「握壽司之王」。所以需求和供給是平衡的。

我在大阪受僱成為一家壽司店的當家時，京都一帶的市場根本就沒有鮪魚。因為京都有美味的白肉魚，所以當地人認為紅肉的鮪魚是比較低級的魚種。

我不得已只好從築地空運鮪魚中腹部位的肉塊過來，以郵購的方式採買，可是因為運費高，所以價格一直壓不下來。因此，很多人都不會點它。「鮪魚太貴了，不要。」不過現在，就連這樣的大阪地區也尊鮪魚為「握壽司之王」。

不僅僅是大阪。日本各地一流的壽司名店都互不相讓地推出黑鮪握壽司，所以，就算現在日本近海可以捕撈到的鮪魚和以前數量一樣，也不夠應付這麼多的消耗量。

因為這樣，鮪魚的供應量漸漸變少了。曾經是東京壽司店裡最高級的金華山外海黑鮪，這十年就只有捕到一尾。而且品質還不好。也許是在開始回游前的秋天，在北海道或津輕海峽一帶捕撈上岸的緣故吧？不，或許是余市（日本海・北海道）的定置網移除了，初夏時分在本州西部日本海海域過度捕撈的緣故，又可能是潮流方向改變的緣故，大家眾說紛紜，不過日本近海的鮪魚是真的減少了許多，而且看了讓人心跳加速的優質鮪魚是越來越難得了。

討厭「延繩釣法」是有原因的

這幾年來我捏過最好的黑鮪是平成五年十二月在津輕海峽的大間用一本釣法捕撈上岸的黑鮪幼魚。它擁有不同於大鮪魚的微妙香氣和優雅甘甜，那清爽的滋味好吃得教人難忘。

近來大間黑鮪的人氣急遽攀升。在北海道西南外海發生大地震之前，天賣島（日本海・北海道）的鮪魚品質是公認地好，可能是因為海底的魚游路線已經改變了吧？近年都完全捕撈不到了。現在鮪魚只要冠上「大間」的名號，不管體積是大是小，拍賣的價錢都一定是三級跳。

鮪魚在北海道沿岸吃了大量的烏賊，蓄積了充足的脂肪，正開始攝食回游的時候，被大間的漁夫以手釣的方式捕撈上岸，一撈上岸後就立刻運送到港口，不做處理。所以它的鮮度、脂肪含量以及顏色都是一等一的，這其中又以四十公斤左右的黑鮪幼魚品質最優。

大間漁夫用「一本釣法」所抓到的鮪魚與一般捕撈鮪魚最常用的「延繩釣捕漁法」所抓到鮪魚滋味是截然不同的，這是我試吃比較後的心得。

若要論其緣由，用「一本釣法」或是「曳繩」、「卷網」、「定置網」捕抓到的是在較淺海域棲息的鮪魚，不會有大型的鮪魚上勾。若問我最愛哪一種，我最喜歡的是體形稍小的，用「一本釣法」抓上岸的，重量大約一百五十公斤以下的鮪魚。因為這種鮪魚的油脂不會太過厚重，而且香氣清爽。不過，若是在北海道或青森捕撈上岸的當季鮪魚那就另當別論了，因為這邊的漁夫很會處理。

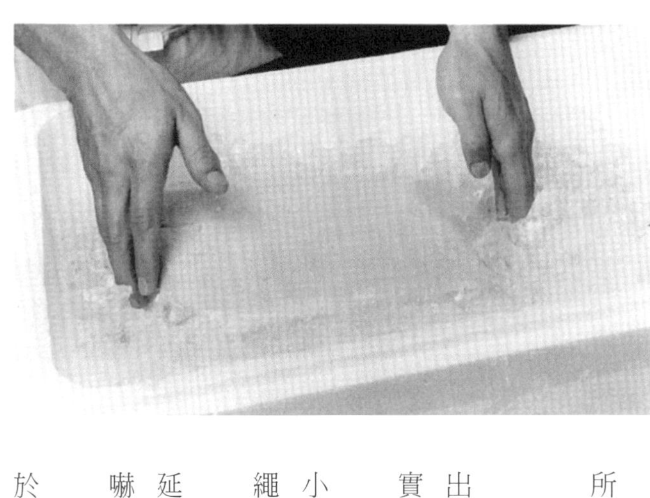

去除掉血合肉的黑鮪塊要用吸水紙捲好，再用紙包起來放進塑膠袋裡，埋入碎冰裡靜置，等待魚肉熟成。

另一方面，「延繩捕漁法」瞄準的是在深海裡體型較大的鮪魚。所以，用「延繩捕漁法」捕獲的鮪魚油脂大多肥厚膩人就是這個緣故。

我討厭「延繩捕漁法」還有別的原因。

鮪魚不是靠魚鰓閉合呼吸的魚，它和鰹魚一樣，都是半張著口在游泳，趁著海水流入魚鰓的過程取得體內需要的氧氣。如果沒有持續游泳它就無法維續生命。

所以，一旦被魚鈎勾住經歷一番猛烈地掙扎衝撞，最後的結果就是痛苦地死亡。細節就省略不說了，反正這時魚的體溫會急速上升，身體好像要燒起來一樣。

再者，「延繩釣捕漁法」是在一百公里到一百五十公里的廣大海域作業，所以從一開始下鈎到最後拉鈎，期間要經歷二十小時的時間。

如果鮪魚才剛放繩時就上勾了，狀況自然不好。

這種黑鮪拆解後取得的肉塊顏色比想像的好。但顏色雖好，一試吃後卻不出所料，根本沒什麼味道，可是油脂卻又奇怪地濃膩。「為什麼會這樣咧？」實在是教人想不透的難吃。

在開始拉繩之際才上勾，也就是最後一刻才上勾的魚因為只經過四、五個小時，所以鮮度就沒得說了，但這種準確的機率實在少之又少，所以我認為「延繩捕漁法」捕獲的鮪魚品質大多不好。

不過事實上，現在已經不是可以挑三揀四，「我喜歡用手釣的，不喜歡用延繩捕的」說這種廢話的時代了。因為近海鮪魚越來越難捕了，所以價格都是嚇死人地貴。

「味道沒什麼差，但價格卻異常地高。」大家都這麼說。我想這應該是由於供給與需求失衡，價格才會漸漸攀高的。

不過就握壽司而已，也不能賣到多貴吧？

在築地市場有史以來的最高價就是平成八年初拍賣的一尾九百零四萬日圓。那是在紀州外海捕獲的兩百八十三公斤的鮪魚。因為當時包含正月休假的兩個禮拜期間都完全沒有近海黑鮪魚入港，所以開始營業的一月五日那天，我已經有了「不得不用冷凍鮪魚」的覺悟。

在這樣的情況下有一條大型近海黑鮪進港了，整個市場一片騷動。專門採購上等鮪魚的兩家盤商爭相競標，互不相讓。

高級餐廳並不是鮪魚店的老主顧。反倒是很多壽司店都一定要有近海黑鮪才能開門做生意。而且，平常有生意往來的不是只有「數寄屋橋次郎」一家，另外有好幾家，所以這個時候就只能豁出去了。

由於長年配合的壽司店都非常渴望能買到手，因此兩家盤商誰也不肯認輸，於是在驚呼連連中，喊價一舉衝破九百萬日圓的整數關卡。

話說得標的鮪魚店買到這麼貴的價錢，應該也沒有什麼好高興的啦。

有實力的盤商都會擁有好幾家連鎖店，所以不管是多麼大型的鮪魚，處理起來仍是小事一件。小事歸小事，還是得經過一番仔細精算，最後設定每家壽司店的最低採購單位為五十萬日圓。不論是大腹所在的前腹，或者到處是筋的尾部，不管哪個部位全都平均五十萬日圓。

雖然這時盤商會用抽籤的方式組合、分配，可是不論如何還是無所適從，不管是哪裡的壽司店都不會樂意買下這樣天文數字的昂貴鮪魚，更何況還是到處是筋的尾巴。

所以得標的盤商不得不減價出售。得標的那一刻就要有賠錢的心理準備了。

「無論如何都勢在必得。」

「希望長期合作的壽司店家開心。」

這是專業的堅持，是賺是賠他們在一開始就已經置之度外了。

不只盤商如此。相關的從業人員大家心裡都在淌血。因為兩個禮拜的時間只捕撈到一尾，這表示在冬天出海的幾十艘幾百艘鮪魚船幾乎全都空手而回。船家要負擔昂貴的油料和生餌，還要支付漁夫的日薪，花了這麼多成本，卻只捕到一尾。

那條鮪魚無論如何也不值那樣「創新記錄」的價格。只不過是因為有兩個禮拜沒有漁獲，數量極為稀少，才會暴漲到九百零四萬日圓的高價。

不過像那樣大型的鮪魚，腹部的筋太硬根本咬不斷。然而這些筋卻占了大腹的三分之一。如果將筋全部去除，單單一貫壽司的配料成本就要五、六千日圓了。還要去皮、還要去骨、還要剔除血合肉，更何況如果赤身太過乾澀不能使用的話也不能算，假若用時價來賣，一貫是一萬日圓、兩貫握壽司就要兩萬日圓。

不能定這種價吧？不過就是握壽司而已。所以就算成本再高，它的價格都還是維持二千五百日圓。我心裡也曉得虧大了，但身為壽司店的老闆，我有自己的堅持。

「有大腹嗎？」

「沒有喔，因為價格貴得嚇死人，所以沒有進貨。不好意思，今天缺貨。」

以近海黑鮪為招牌的我實在開不了這個口。

「這樣子啊，那到底還有哪裡有在賣啊？哈哈哈。」

如果被人這般揶揄，那我顏面何在呀？

那時我抽到的籤是鮪魚的背部中央那塊。「中背」這個部位是沒有大腹的，所以算是虧大了，真的是損失慘重啊。

不過我的心裡早有覺悟了。「就算全部賣完也只能達到這樣的營業額」，至於會賠多少就不在我的掌控之內了。在這種時候，想精打細算根本是不可能的事，而且這樣算也沒有意義。我只是一

早上七點採買完畢，置物架上載著八十公斤重的貨打道回府。這個身影每天出現，已經持續了三十多年。

個小咖的經營者，對於獲利這事兒我不能不考慮。可是當稀有的黑鮪價格被炒得亂七八糟時我實在無法可想，也只能不去細算了。

在取握壽司的肉條時依照大腹、中腹和赤身所占比例以及各自取得的數量為基準，赤身的賣價以大腹價格的五分之一計算，這麼算應該就可以得出每貫的成本。可以是可以啦，但是如果滿腦子想都是這些，切出來的肉就會越來越薄，醋飯就會變得越來越大，如何能捏出美味的壽司呢？

我討厭談到價錢，因為捏壽司的人一旦在意價錢，就會變得小氣。

例如一條鮪魚塊平常的價格都是一萬日圓好了。結果得知「今天的價格一條是四萬日圓。」「啊？貴了四倍啊？那把配料切薄一點，這樣就可以多賣個兩到三貫了。」

難免會變得這樣。是呀，一萬和四萬的差距可不是只有一半而已。一條魚肉多切個四片、如果一貫賣兩千日圓的話，就可以多賺八千日圓了。這樣一來就算進價貴了四倍，落差也可以減小一些。

如果全部心思都在算計這些，切出來的鮪魚配料也會跟著變薄。

在捏鮪魚握壽司時，應該要以配料與醋飯的平衡為考量，斟酌調整切片的厚薄，心裡算計的該是怎麼做才能捏出最美味的壽司。有時候如果大腹切得和中腹一樣厚，捏出來的壽司會太過油膩。這才是切得薄一點的考量。

我店裡的鮪魚、新子還有車蝦、海膽都是以「流血價」供應的。因此，當看到有些客人毫不在乎地專點這幾樣來吃，而且還狼吞虎嚥、嘮叨不休，坐了很久又不肯走，我真的是一肚子火。就算現在已經七十好幾了，我還是一樣。

「可惡！真是白白糟蹋了別人的用心！」

就算年紀再老，我也是個做生意的啊。

不過，九百零四萬日圓的高價也沒什麼好訝異的，一山還有一山高啊。那條紀州外海的黑鮪換算成公斤的話，每公斤的單價是三萬九千一百四十日圓，貴是貴了點，但也還不致於貴到令人瞠目結舌啦。

在築地市場，鮪魚以公斤計算的最高價格是平成八年十一月二十日的四萬六千三日五十日圓。去除魚皮、魚骨和血合肉後的可用部份粗略抓個六成來計算，一百克就相當於七千七百二十五日圓的天價，不過這個記錄大概很快就會被刷新了吧。

今後要努力研究進口鮪魚了

現在還有一個棘手的問題。那就是：

「近海鮪魚最美味。」

「進口鮪魚不好吃。」

現今大眾的普世價值是「唯近海黑鮪為上」。

連我這麼執著近海黑鮪的人都會覺得納悶：

「為什麼大家這麼推崇、讚譽近海黑鮪，對進口的鮪魚尤其是冷凍鮪魚就如此看輕、不屑呢？」

這種近海黑鮪至上的觀念深深烙印在客人和壽司店家的心中，已經可以說是一種信仰了。也不知是壽司店家還是賣鮪魚的盤商造成的印象，「如果不是日本近海的黑鮪就不算是黑鮪。」這種觀念也不知是什麼時候開始形成的。不過這實在是奇怪的邏輯。

因為雖然都說是「進口」的，但像在洛杉磯外海捕獲的黑鮪魚其實就和在日本近海一帶活動的黑鮪一模一樣，如假包換。這些鮪魚只不過是從日本海域游向洛杉磯，在橫渡太平洋游到對岸的時候被捕撈上岸而已。

明明是完全一樣的鮪魚，一被標上了「洛杉磯海域出產」的記號就被人看輕：「什麼嘛，是進口的啊！」真是傷腦筋。在我看來，夏天的日本近海黑鮪正好剛產完卵，瘦巴巴的，而這時對岸的鮪魚還肥嘟嘟的，比較好吃。

不過，就算是清楚這些真相的人，在心裡可能還是犯嘀咕：「洛杉磯的，能吃嗎？」也不一定。壽司店家不就是拚死拚活地非要買到日本近海黑鮪不可嗎？

所以對壽司店老闆來說，被視為主要貨源的近海黑鮪今後會變得怎樣，實在是既切身又實際的問題。

在以前一旦遇到貨源不足的時候，市場裡就會擺滿在產季捕獲、冷凍起來的近海黑鮪。可是最近剛捕獲的鮪魚很快就賣完了，存貨根本不夠。所以市面上的冷凍鮪魚可以說幾乎都是外國進口的了。

不過，就算是冷凍的，大西洋鮪魚或南方黑鮪也比日本的黃鰭鮪魚要好吃多了。

「梅雨季節正值大目鮪魚的產季，所以滋味最棒。」這是從以前一直流傳下來的話。但我不這麼認為。我是實際試吃比較過的。大目鮪魚的脂肪很少，它的蛇腹大腹就算帶有油脂，也沒有味道。打比方說，就像以水代茶一般索然無味。澀澀乾乾的，吃進嘴裡總覺得少了什麼。就好像是在吃「麥飯（混合大麥一起煮的米飯）」一樣。

黃鰭鮪魚在關西地區是很受歡迎的魚。可是以壽司配料的角度來看，它的味道就好比「用剩飯煮的粥」一樣，與「現煮白米飯」的黑鮪是完全不同的等級。不管是新鮮的還是冷凍的，是太平洋捕的還是大西洋捕的，甚至是地中海捕的，不論哪一個海域的黑鮪魚都是「握壽司之王」，它的地位是不會改變的。

假設在一個優質近海黑鮪完全沒貨的冬天，我運用高超技巧將冷凍的進口鮪魚解凍再捏給不知情的人吃，真的有人的舌頭可以分辨得出「這不是日本近海的黑鮪魚」嗎？與非產季期間、吃起來乾澀無味的近海黑鮪比起來，油脂肥美旳當令冷凍鮪魚就算經過冷凍處理也是美味得多。不論是從日本游泳過去的洛杉磯鮪魚或是從紐約空運來的大型生鮮鮪魚都不是重點。

的確，日本近海的黑鮪和國外的鮪魚即使名字都叫黑鮪，種類也不相同。尤其是大西洋黑鮪，就連骨架也不一樣。

日本近海的黑鮪體苗條、身型細長。而大西洋的就比較短胖。此外，不論是大間或洛杉磯的鮪魚把頭切掉後緊接著就是取得中腹或霜降的前腹部位，但大西洋鮪魚卻非如此。因為它中腹部位的腹骨直直嵌入赤身裡，所以大西洋鮪魚沒有日本近海黑鮪的中腹部位，魚頭切掉後馬上接著的部位就是大腹。

當然，它們的味道也不一樣。大概可以用「沙拉油」和「豬油」的差別來比喻吧？只要實際試吃比較後就會知道，日本近海黑鮪的油脂雖厚但是清爽不膩，而且有後韻。

可是大西洋黑鮪或南方黑鮪的脂肪味道就比較濃郁，完全就像豬油的味道一樣。沒有在嘴裡流竄的清爽香氣，肉質較硬，筋也較韌。

雖然情況也會因為鮪魚體型大小的不同而有所差異，但日本鮪魚如果經過一定程度的熟成，它

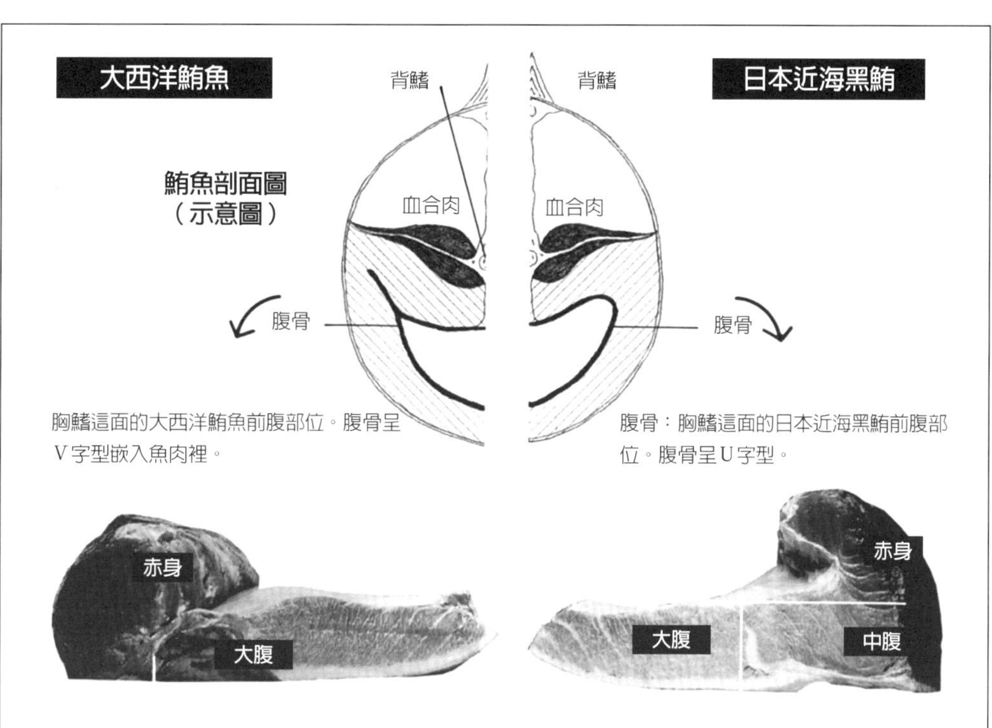

日本近海黑鮪和大西洋鮪魚（俗稱巨無霸鮪魚）

都同樣是「鱸形目鯖科黑鮪」，所以一般人從外觀來看並無不同。可是一旦從中間的斷面來看，就可以看出明顯差異。上方的示意圖是兩種鮪魚胸鰭以下的橫切面，兩相比較後就可以發現大西洋鮪魚的腹骨呈V字型，角度尖銳，直直陷入魚肉深處。也就是說，大西洋鮪魚的腹骨將腹肉和赤身一分為二，所以無法取得脂肪份佈濃淡兼俱的中腹。看一下圖中前腹部位的橫切面照片就能理解。中腹是日本近海黑鮪特有的部位。地中海鮪魚和南方黑鮪的腹骨也和大西洋鮪魚一樣，是嵌進肉裡的。

的筋是完全消失不見的。至於其他鮪魚，不管再怎麼靜置熟成，它的筋還是會殘留下來。

不過呢，油多就切得薄些，筋太硬就把筋剔除。再不然的話就只取筋與筋之間的魚肉來用。的確，這麼做是會浪費很多，但要捏握壽司還是辦得到的。

如果已經吃慣了好比「沙拉油」的日本近海黑鮪，或許第一次吃會有「這是什麼？有點太膩。」的感覺也不一定。不過一旦習慣了之後，就不會注意到好比「豬油」的濃郁味道了。如果多用點心思捏成握壽司，那種不習慣的感覺就會不見了。

我是這麼想的。

不管怎麼說，黑鮪魚都是「壽司之王」。如果少了顏色豔麗、誘人食慾的鮪魚，裝食材的木盒就變了調了。

「日本近海黑鮪如果都沒有了，『次郎』不就要收起來了？」

熟客們都打從心底擔心著，不過，現在的我會這麼回答：

「不會不會，『數寄屋橋次郎』的招牌永遠都不會卸下來的。」

要怎麼做才能將「豬油」處理的和「沙拉油」一樣清爽呢？

其實我正在開始努力研究進口鮪魚的處理方法呢！

第三章

四季握壽司的做法與訣竅

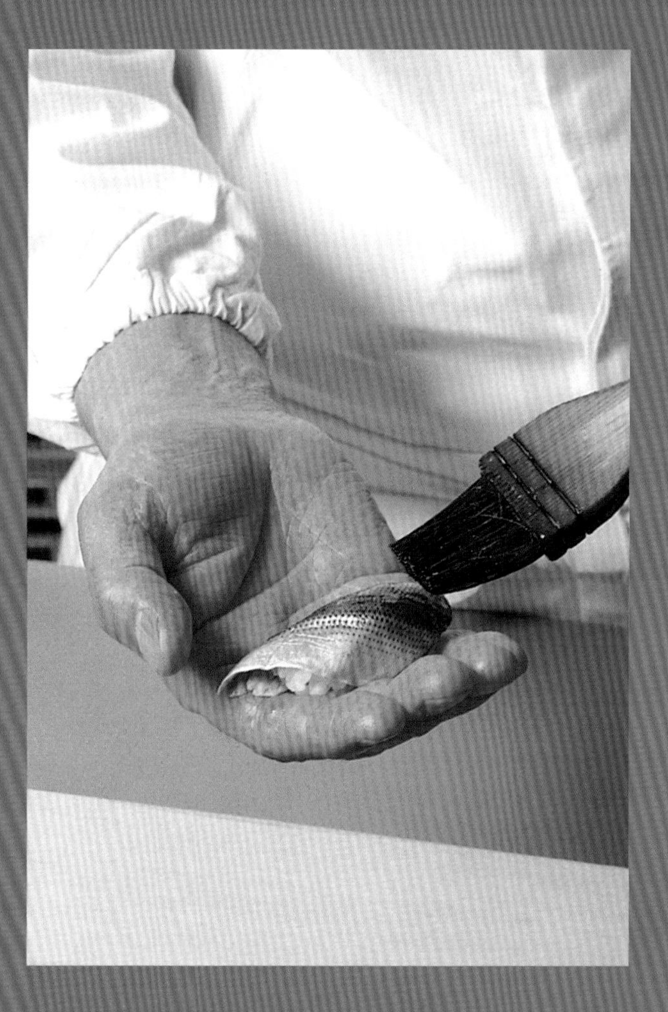

亮皮魚類

握壽司一貫一貫捏好，擺在黑色扁平的板狀漆器上端給客人。

捏壽司之前將小肌斜斜地置於手掌上

稍稍扭轉尾部，呈現躍動的感覺

此頁握壽司均為

原寸

小肌（一尾一貫）

五月　九州

大小剛好一尾捏成一貫的小肌一整年都有使用。

小肌（一尾一貫）一月　九州

一尾捏成一貫，體型較大的小肌就切兩半疊在一起捏。這麼做是考量到小肌與醋飯的平衡。

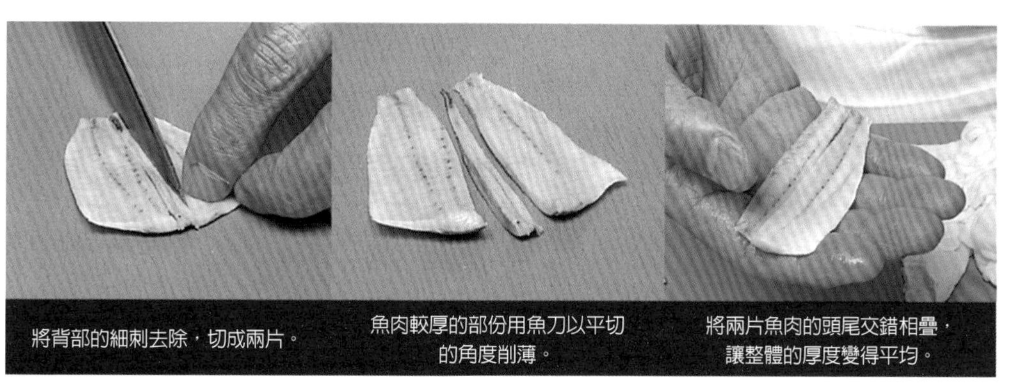

將背部的細刺去除，切成兩片。

魚肉較厚的部份用魚刀以平切的角度削薄。

將兩片魚肉的頭尾交錯相疊，讓整體的厚度變得平均。

小肌（半尾一貫）六月　九州

在新子上市前的一、兩個月，大小剛好一尾一貫的小肌幾乎都抓不到了，市面上尺寸最小的，是半邊魚身捏成一貫的小肌。在表面劃幾道刻紋，讓咀嚼時感覺不出細刺。

小肌（一尾一貫）二月　九州

當小肌的身型與時俱增，市面上只有大尺寸的小肌時，就花工夫用魚刀將頭尾和厚度修整成合適的大小。

亮皮魚類

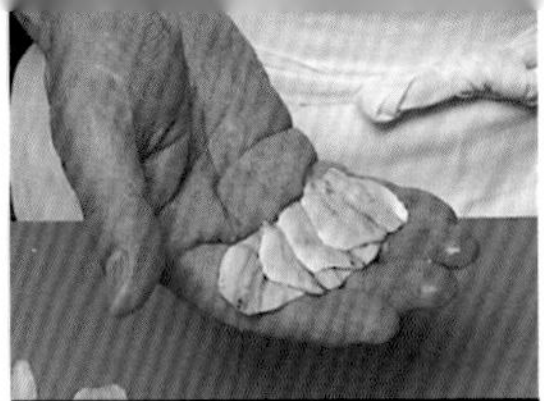

新子（四尾一貫）**八月上旬　有明海（佐賀縣）**

用四條 5 ～ 6 公分左右的鰶魚幼魚捏成的握壽司。處理過的魚片每片長度不超過一貫壽司的寬幅而已。

將魚片一一錯開、層層交疊，讓整體的厚度平均。

以上照片除外，其餘皆為

原寸

新子（三尾一貫）

八月上旬　有明海

這種大小的新子早上處理過後放到傍晚六點到七點的時候吃正好。

小鰭（四尾一貫的大小）

新子（二尾一貫的大小）

小鰶魚

新子（一尾一貫的大小）

新子（兩尾一貫）

八月中旬　有明海

被叫做新子的小鰶魚在這個時候產量最豐。因為就身型來說厚度尚薄，所以幾乎可以透過魚肉看見醋飯的米粒。

新子（一尾半一貫）

八月下旬　有明海

雖然體型大小已經足以一尾一貫，但魚肉厚度不夠，吃起來不過癮。再加上半尾一起捏成一貫。

鰶魚

新子（一尾一貫）

九月　有明海

到了這個時節，雖然同樣也叫新子，但已經俱備小肌的味道了。不過和五月的小肌（第169頁）相比，味道還是淡了些。

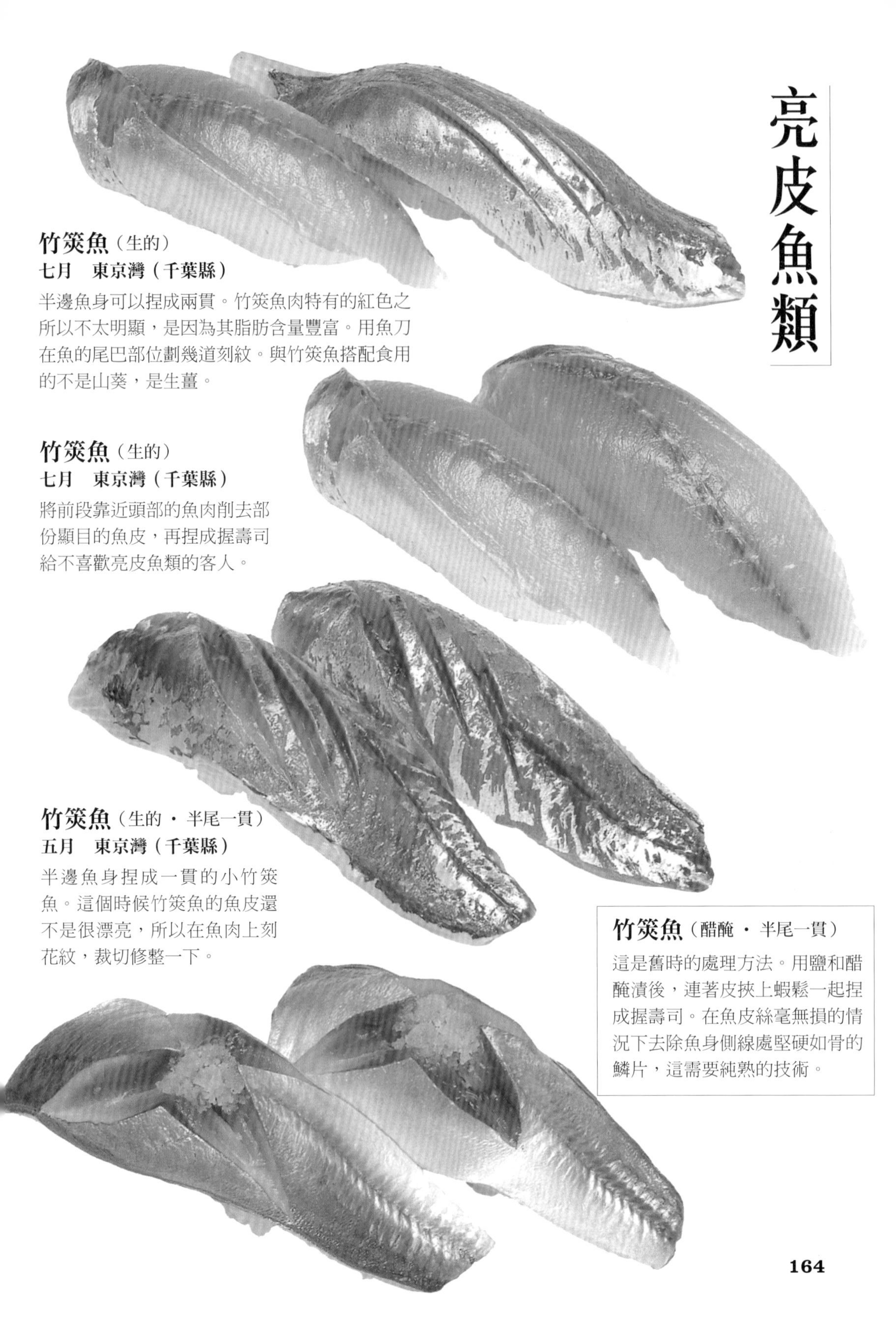

亮皮魚類

竹筴魚（生的）

七月　東京灣（千葉縣）

半邊魚身可以捏成兩貫。竹筴魚肉特有的紅色之所以不太明顯，是因為其脂肪含量豐富。用魚刀在魚的尾巴部位劃幾道刻紋。與竹筴魚搭配食用的不是山葵，是生薑。

竹筴魚（生的）

七月　東京灣（千葉縣）

將前段靠近頭部的魚肉削去部份顯目的魚皮，再捏成握壽司給不喜歡亮皮魚類的客人。

竹筴魚（生的・半尾一貫）

五月　東京灣（千葉縣）

半邊魚身捏成一貫的小竹筴魚。這個時候竹筴魚的魚皮還不是很漂亮，所以在魚肉上刻花紋，裁切修整一下。

竹筴魚（醋醃・半尾一貫）

這是舊時的處理方法。用鹽和醋醃漬後，連著皮挾上蝦鬆一起捏成握壽司。在魚皮絲毫無損的情況下去除魚身側線處堅硬如骨的鱗片，這需要純熟的技術。

沙丁魚（大羽）**九月　銚子（千葉縣）**

沙丁魚的鮮度很重要。客人點單了之後才開始拆解魚身。切得薄薄的，搭配生薑泥一起捏成握壽司。

用平削的方式將鮮紅的血合肉去除。

左右兩張照片除外，其餘皆為

鯖魚（微漬）**十一月**
石卷（宮城縣）

當天早上處理的鯖魚，醋醃的程度尚淺。搭配生薑泥提供給喜歡鯖魚帶點生味的客人。

鯖魚　十二月　福岡

前一天處理好，經過一夜靜置的鯖魚。原則上「次郎」都用這個捏握壽司。

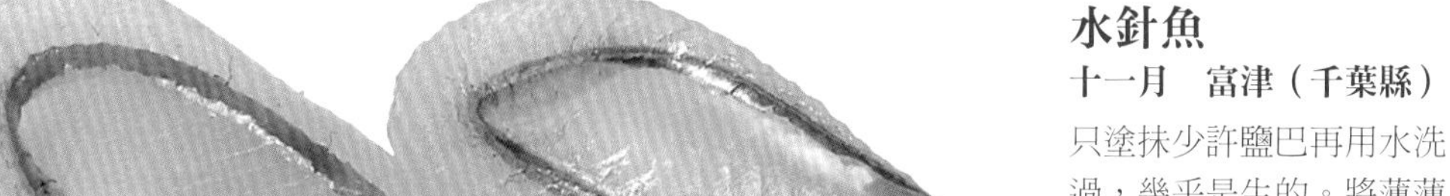

水針魚
十一月　富津（千葉縣）

只塗抹少許鹽巴再用水洗過，幾乎是生的。將薄薄的魚皮剝掉，半尾一貫，搭配山葵捏成握壽司。

鱸魚
八月　常磐

隨著體型日益變大，鱸魚的名稱也跟著不同。從小到大的名稱依序為鱸魚幼魚（日文發音為 SEIGO 指 30cm 以下的鱸魚幼魚）→小鱸魚（日本關東地區的發音是 FUKO，指鱸魚長約 30 ～ 60cm 的幼魚）→鱸魚（指 60cm 以上鱸魚成魚）。吃起來感覺清爽淡雅，又有種獨特的滋味。圖中的鱸魚要比早春的小鱸魚大上一圈，而且脂肪含量豐富。

鱸魚 身長 55 公分，體重 1.5 公斤不到。體型較小的鱸魚。

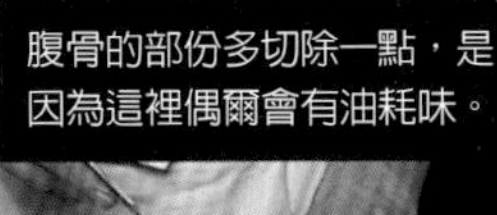

真鰈（上）
比目魚（下）**真鰈　五月　常磐**

當比目魚魚肉混濁發白、味道變差的時候，真鰈的油脂正日益豐厚。是春夏兩季白肉魚類的代表。

此頁握壽司均為

小鱸魚　六月　常磐

一尾 1.2 公斤。小鱸魚從早春開始使用。和肉質偏硬的真鰈比起來，小鱸魚的肉質軟嫩。

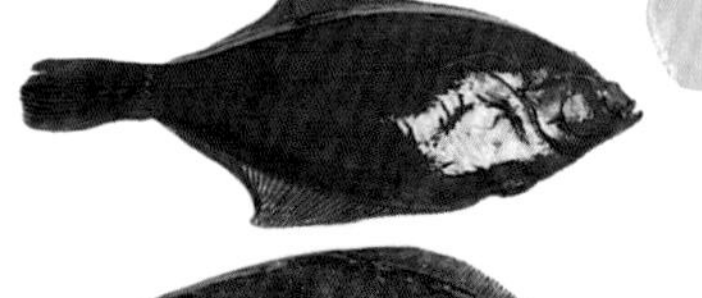

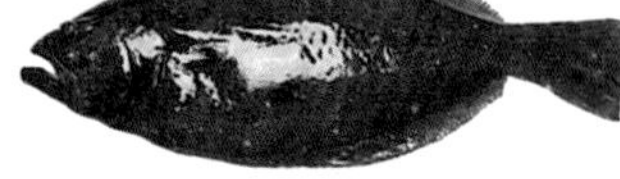

真鰈（上）比目魚（下）

小比目魚　九月　青森

一公斤以下的小比目魚，在比目魚長到兩公斤大小、脂肪變得豐厚之前，就用它來維持供貨。口味較比目魚清淡。

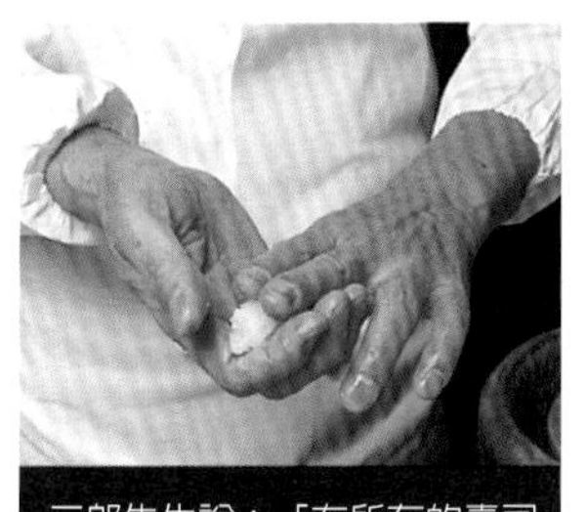
二郎先生說：「在所有的壽司配料中，最值得捏成握壽司的就是比目魚。」

比目魚　二月　青森

秋天到冬天的白肉魚之王。兩公斤上下的比目魚不論是脂肪含量還是肉質厚度都是最棒的。一旦帶有脂肪後，魚肉的顏色就會漸漸變成透明的米黃色。

比目魚的鰭邊肉　三月　青森

兩公斤比目魚只能取得約十四貫的份量，是很珍貴的握壽司配料。因為這塊肉位在活動力強的背鰭根部，所以肌肉發達。口感Q彈。

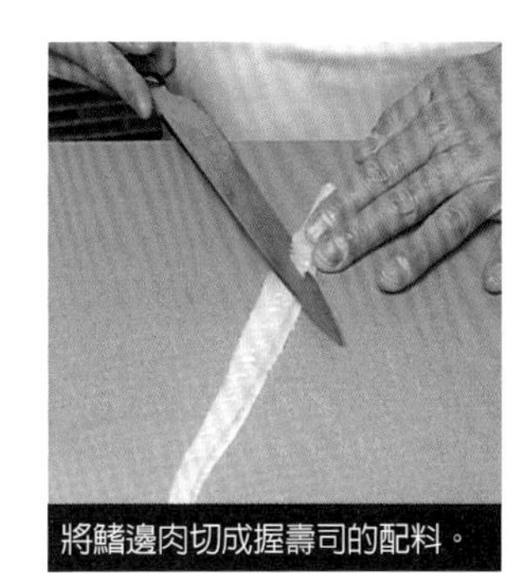
將鰭邊肉切成握壽司的配料。

色肉魚類

＊也有的店家叫牠白身，但是我稱之為「色」

此頁握壽司均為原寸

天然島鰺

九月　勝山（千葉縣）

在養殖島鰺充斥市面之前，它是比鯛魚更高級的壽司配料。雖然它大多被歸類成白肉魚類，但魚肉的色調是介於白肉魚和赤身之間的「色肉魚」。

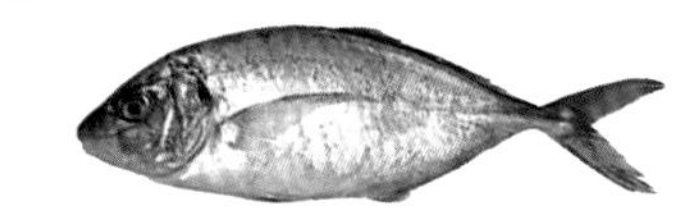
產於東京灣，
重量700公克的天然島

色肉魚類

此頁握壽司均為

原寸

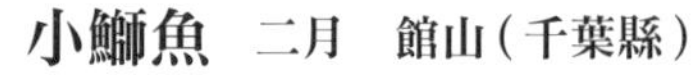

小鰤魚　**二月**　**館山（千葉縣）**

在冬季鰤魚的季節，連小鰤魚（野生鰤魚）都帶有油脂。

小鰤魚

四月　**三崎（神奈川縣）**

和養殖鰤魚不同，天然的野生鰤魚魚肉呈紅色。肉質也比較緊實。

小鰤魚

三浦半島的三崎出產。重量1.5公斤。

鰤魚幼魚　**五月**　**三崎**

隨著體型日益變大，鰤魚的名稱也跟著不同。從小到大的名稱依序為鰤魚幼魚→小鰤魚→鰤魚→大鰤魚。圖中是用1.1公斤左右的鰤魚幼魚背肉捏成的握壽司。它的色調比小鰤魚更紅。

小紅鮒　**十月**　**東京灣**

是紅鮒的幼魚。紅鮒的肉質與鰤魚相似，不過有股獨特的香氣。

小紅鮒

東京灣出產，重量約700公克的天然野生紅鮒。

紅肉魚類

此頁握壽司均為 原寸

鰹魚　五月　勝浦（千葉縣）

4 月半到 5 月初只在有柴魚的季節才有的握壽司，因為這是季節性，而且帶有豐富油質的部分，是表皮有稍微烤過然後是帶皮的握壽司。

四月中旬北上游往房總半島外海的第一批初鰹。雖然脂肪含量略有不足，但卻是剛上市的稀罕配料。

經過了三個禮拜的養成，油脂變豐了，原本皺巴巴的魚皮也變得緊實，香氣也變濃了。

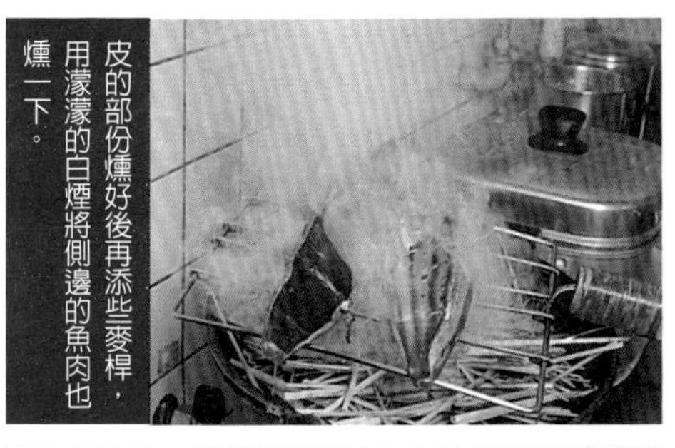

皮的部份燻好後再添些麥桿，用濛濛的白煙將側邊的魚肉也燻一下。

捏壽司之前將小肌斜斜地置於手掌上。

用麥桿煙燻帶皮的那面。因為麥桿的煙比較柔和，所以魚肉不會整個燻透。

烏賊類

墨魚　三月　**長崎**

一尾可以捏成四貫到七、八貫的墨魚在三月的時候可以盡情使用。一到了四月就開始抱卵，就變得沒肉了。

此頁握壽司均為

小墨魚（一尾一貫）

八月上旬　**出水（鹿兒島縣）**

小墨魚的肉薄到可以透出山葵的顏色，肉質軟嫩得好像入口即化似的。

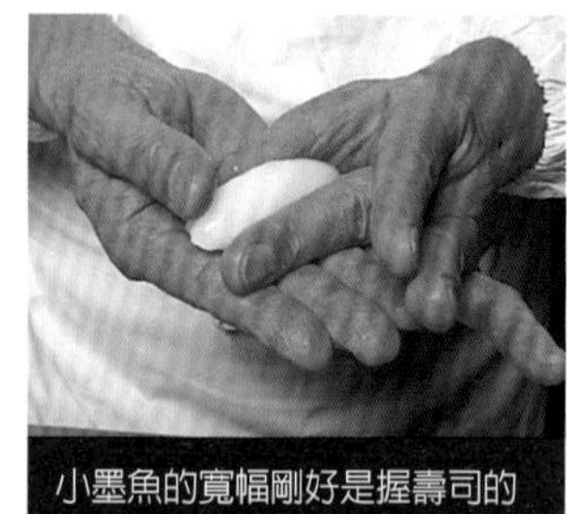

小墨魚的寬幅剛好是握壽司的長度。捏的時候就像要把醋飯包起來一樣。

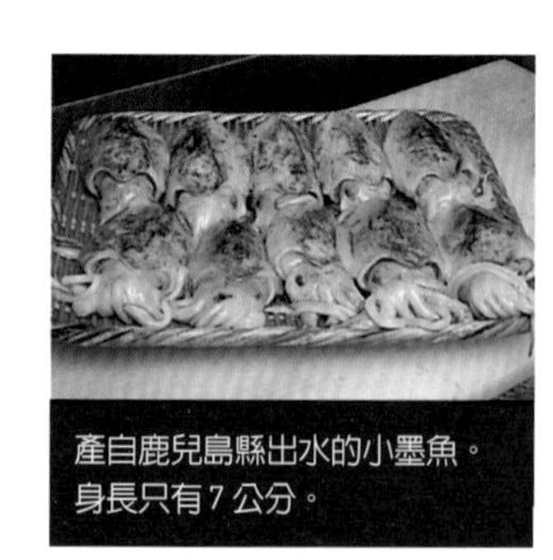

產自鹿兒島縣出水的小墨魚。身長只有7公分。

將身體內外的薄膜去除，縱切成兩半。

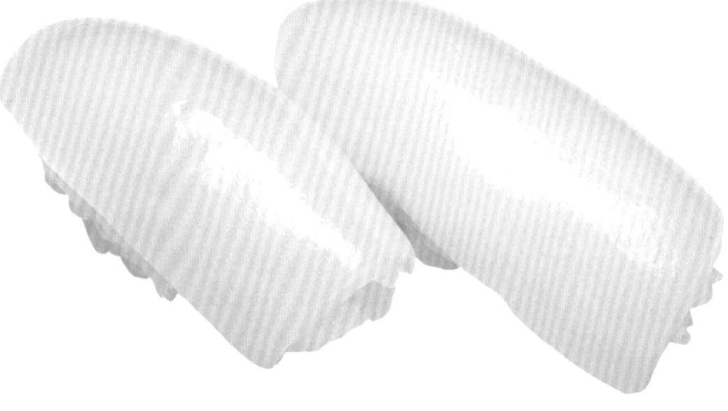

小墨魚（半尾一貫）

八月中旬　**出水**

一尾捏成兩貫的小墨魚厚度夠，口感佳，更能吃出墨魚的美味。

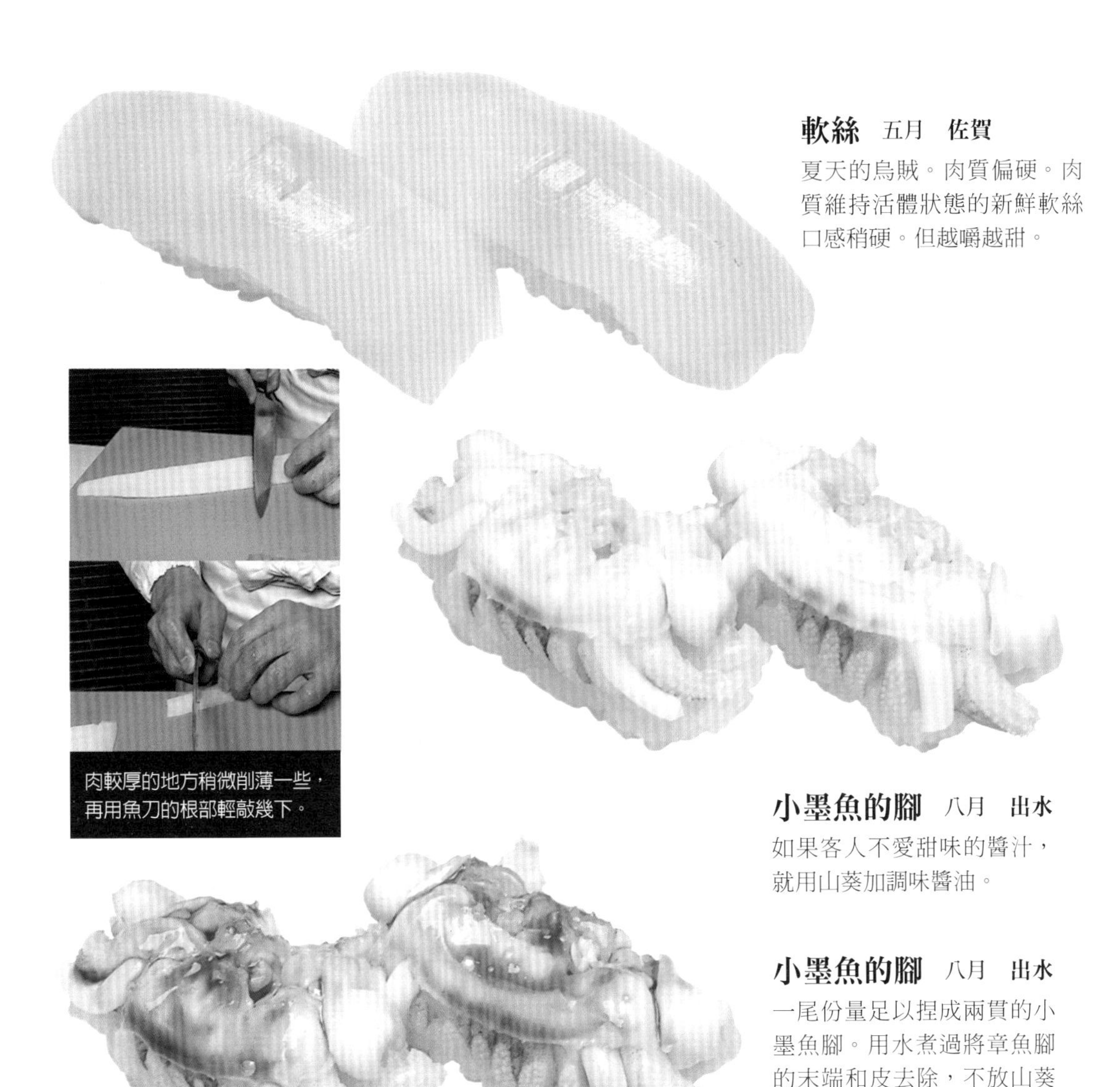

肉較厚的地方稍微削薄一些，再用魚刀的根部輕敲幾下。

軟絲 五月 **佐賀**

夏天的烏賊。肉質偏硬。肉質維持活體狀態的新鮮軟絲口感稍硬。但越嚼越甜。

小墨魚的腳 八月 **出水**

如果客人不愛甜味的醬汁，就用山葵加調味醬油。

小墨魚的腳 八月 **出水**

一尾份量足以捏成兩貫的小墨魚腳。用水煮過將章魚腳的末端和皮去除，不放山葵直接捏成握壽司，完成後塗上醬汁送到客人面前。

小墨魚的腳（兩尾一貫）

八月上旬 **出水**

一尾一貫大小的小墨魚兩尾，取其腳部、兩尾並排捏成握壽司。小墨魚腳不用水煮，只要過一下熱水燙熟即可。

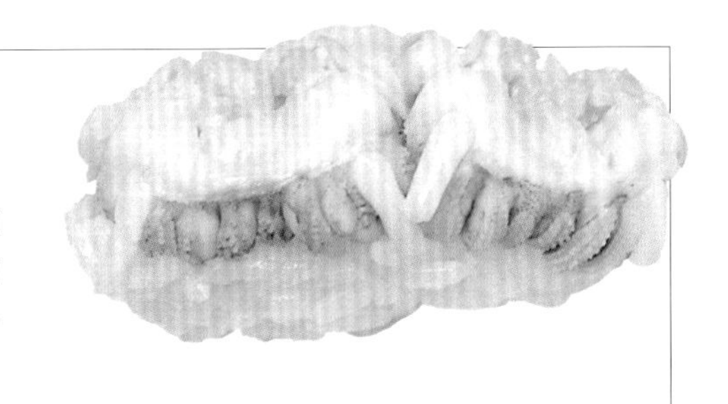

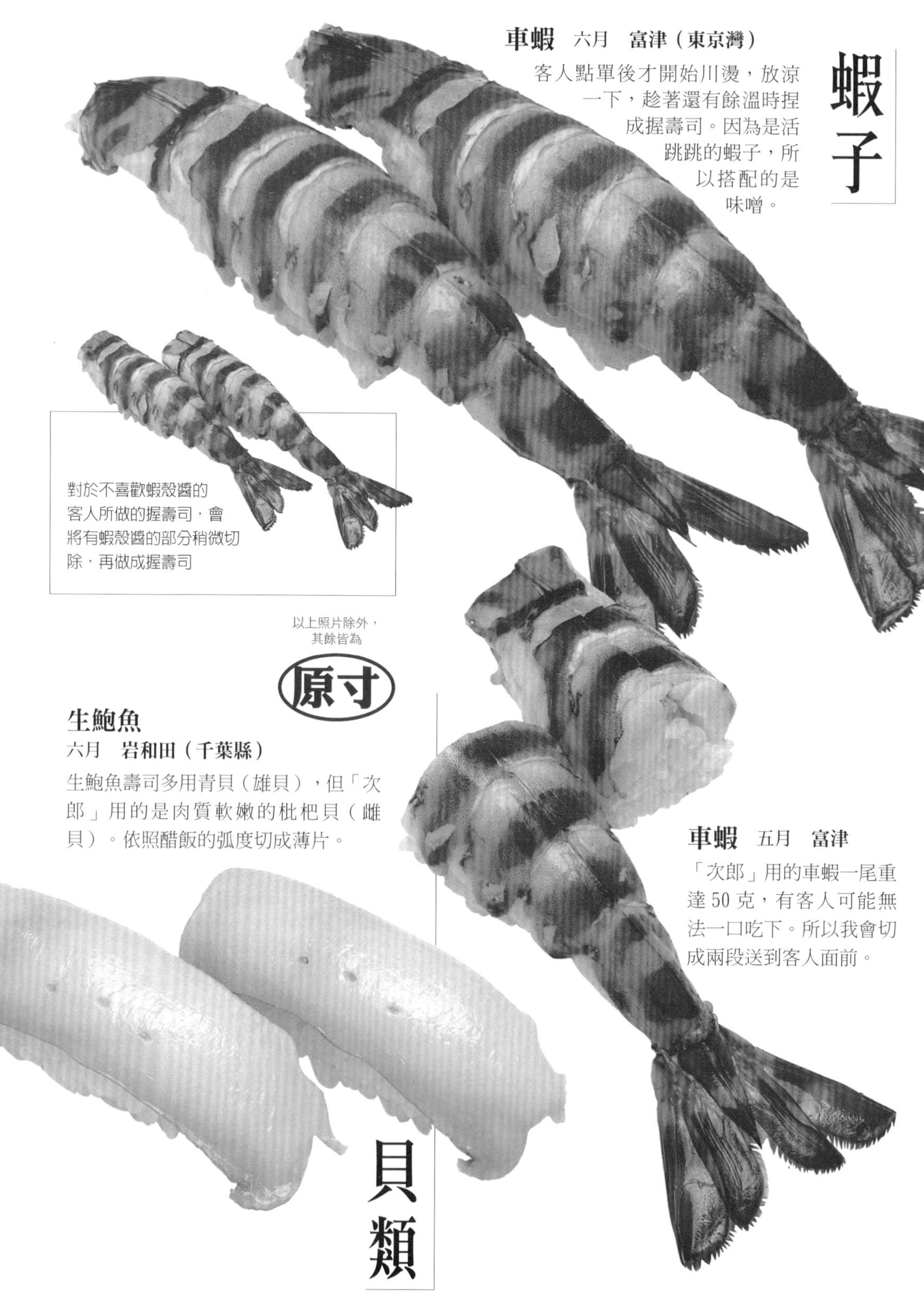

蝦子

車蝦 六月 **富津（東京灣）**

客人點單後才開始川燙，放涼一下，趁著還有餘溫時捏成握壽司。因為是活跳跳的蝦子，所以搭配的是味噌。

對於不喜歡蝦殼醬的客人所做的握壽司，會將有蝦殼醬的部分稍微切除，再做成握壽司

以上照片除外，其餘皆為

原寸

車蝦 五月 **富津**

「次郎」用的車蝦一尾重達 50 克，有客人可能無法一口吃下。所以我會切成兩段送到客人面前。

貝類

生鮑魚

六月 **岩和田（千葉縣）**

生鮑魚壽司多用青貝（雄貝），但「次郎」用的是肉質軟嫩的枇杷貝（雌貝）。依照醋飯的弧度切成薄片。

赤貝　五月　閖上（宮城縣）

色澤自然豔麗。比其他產地的赤貝肉質更厚，更香。為了不讓這寶貴的香氣流失，「次郎」都是客人點單之後才剝殼取肉。

赤貝唇　八月　伊勢

用兩顆赤貝的量捏成一貫赤貝唇握壽司。濃郁的海味與Q彈的口感比赤貝的肉更為甚之。

象拔蚌　五月　渥美（愛知縣）

因為鮮度佳，所以握壽司捏好後，上面的配料會咕地一下翻過來。滋味芳香甘甜。

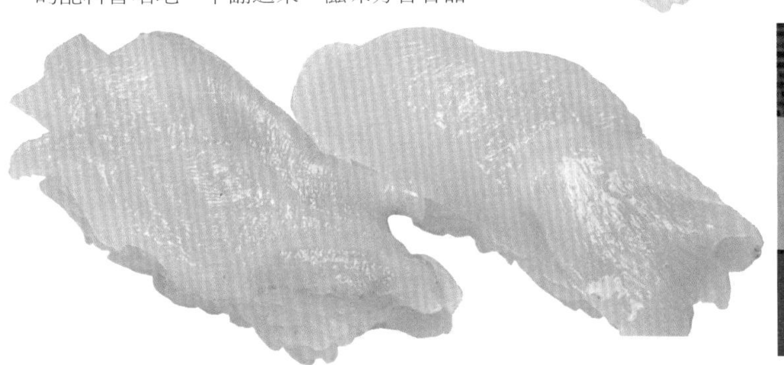

將切開的貝柱並排在中央，再將赤貝唇收攏、環繞於周圍。

鳥蛤　五月　伊勢

四月底到五月這段期間，肉質飽滿肥厚的大個頭鳥蛤開始上市。肉質Q彈帶勁，擁有濃郁的香氣和甜味。

直接斜角切成比握壽司大的大小兩片，握壽司使用的部分是用稱作「黑齒」的黑色部分，剩下的部分則拿去做生捲。

此頁握壽司均為

原寸

燉煮類

穴子 六月 **野島（神奈川縣）**

脂肪含量在梅雨季節期間最為豐厚。
因為肉質軟綿，所以很不好捏。

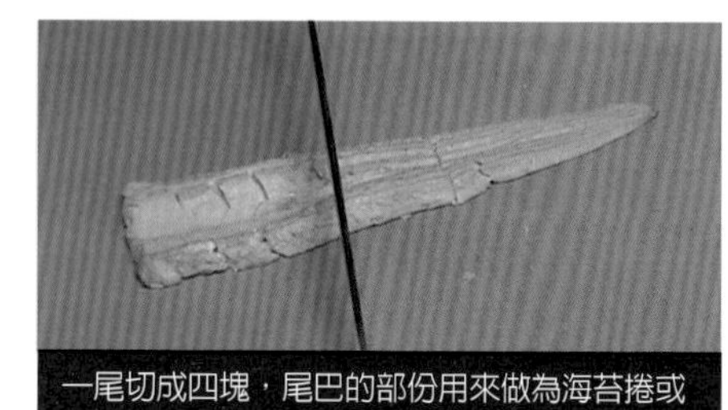

一尾切成四塊，尾巴的部份用來做為海苔捲或散壽司的材料。

蝦蛄 五月 **小柴（神奈川縣）**

這個季節的蝦蛄握壽司都有抱卵。
用口味清淡的醬油浸漬一下，不破壞原味。

這是蝦蛄的剖面圖。橘色的部份是卵。
蝦卵的比例多到幾乎看到到蝦肉了。

文蛤 十二月 **伊勢**

天氣一旦轉冷，文蛤的貝肉就變得軟嫩肥厚，恰恰好吃。用煮文蛤的湯汁做成文蛤醬汁，再將文蛤泡在裡面入味，是從以前流傳到現在的處理方式。

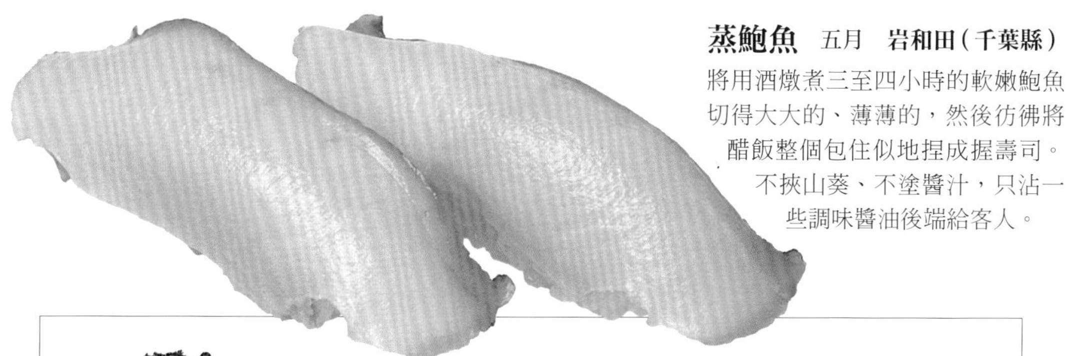

蒸鮑魚　五月　岩和田（千葉縣）

將用酒燉煮三至四小時的軟嫩鮑魚切得大大的、薄薄的，然後彷彿將醋飯整個包住似地捏成握壽司。不挾山葵、不塗醬汁，只沾一些調味醬油後端給客人。

左邊外殼坑坑巴巴的是大原或岩和田產的鮑魚（枇杷貝），右邊是其他產地的鮑魚，外殼較厚較光滑。

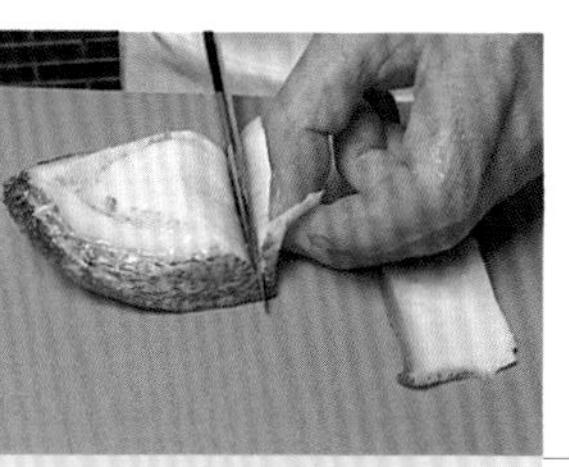

切蒸鮑魚時要彎彎地切，切出貼著醋飯弧度的凹弧。

蒸鮑魚握壽司的橫切面。可以看到鮑魚切片緊緊地貼著醋飯的弧度。

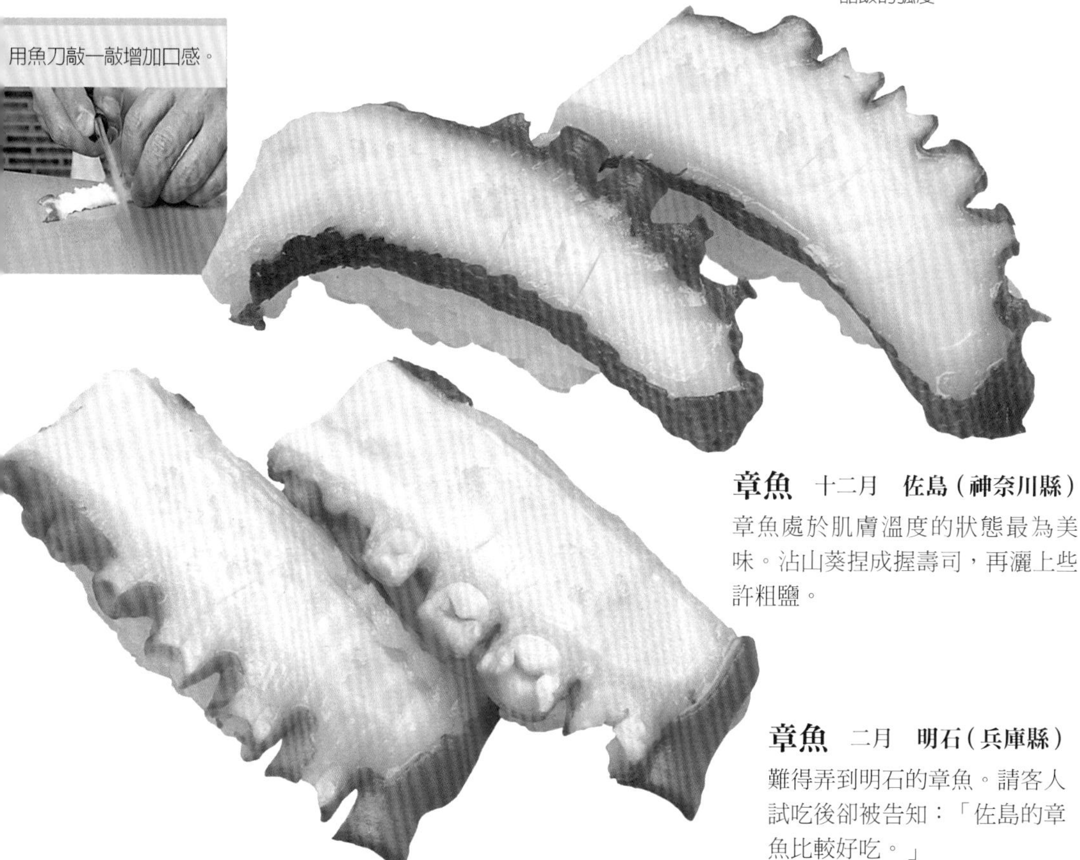

用魚刀敲一敲增加口感。

章魚　十二月　佐島（神奈川縣）

章魚處於肌膚溫度的狀態最為美味。沾山葵捏成握壽司，再灑上些許粗鹽。

章魚　二月　明石（兵庫縣）

難得弄到明石的章魚。請客人試吃後卻被告知：「佐島的章魚比較好吃。」

軍艦壽司

原寸

海膽 六月 北海道

「次郎」使用的海膽主要是北紫海膽。黏稠感較不明顯，味道較為清爽。

海膽可以食用的部份是精巢或卵巢，從殼的內側可以取到五瓣。

下松（德山灣）的海膽。海味濃郁，口感乾爽獨特，可惜海膽大多都會沾附木箱的臭味，這點比較棘手。

原寸

鮭魚卵 十月 三陸

用醬油醃漬的生鮭魚卵。沒有像鹽漬鮭魚卵那種腥味。在這個時節會一次採買一整年的份量，所以一年到頭都可以吃到當令的美味。

原寸

貝柱 五月 北海道

被稱為「大星（日文發音為 OOBOSI）」的淺色大顆貝柱。在富津等地產的貝柱雖然色澤鮮艷、香氣濃郁，但咬起來通常都會有沙，所以近來都不用了。

「數寄屋橋次郎」的處理程序追蹤作業流程

島鰺

（拆解成三片）

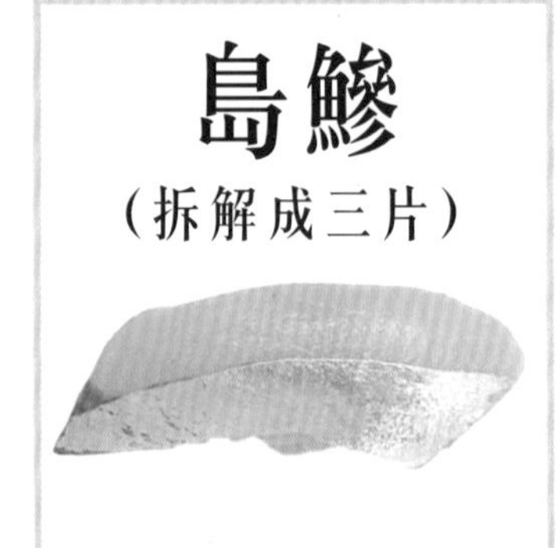

天然野生島鰺。千葉縣勝山出產，重700克。

養殖的鰺魚。比較起來肉質當然是天然野生島鰺比較肥。

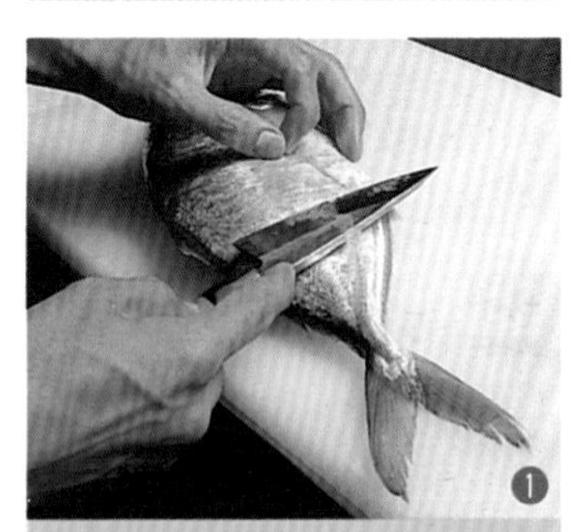

在不損傷魚皮的情況下用開魚刀（厚刃菜刀）去除魚身側線處堅硬的鱗片。

以逆鱗的方向用開魚刀刮去魚鱗。

開魚刀對準胸鰭後的位置將魚頭切下來。

剖開魚肚直到臀鰭，將內臟取出。

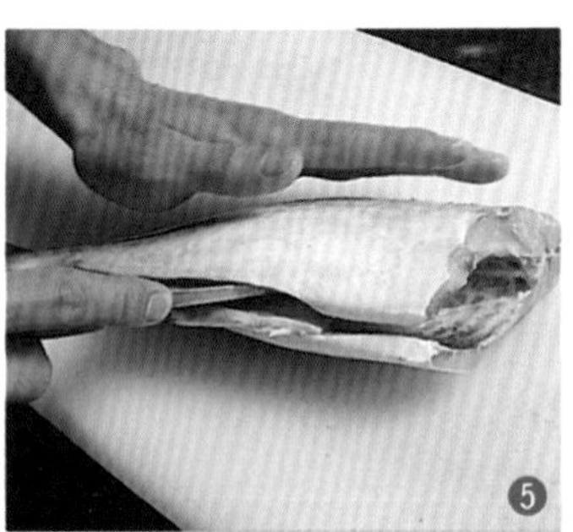

用水清洗腹部，將開魚刀切入脊骨上緣一路劃開，直到魚尾根部為止。

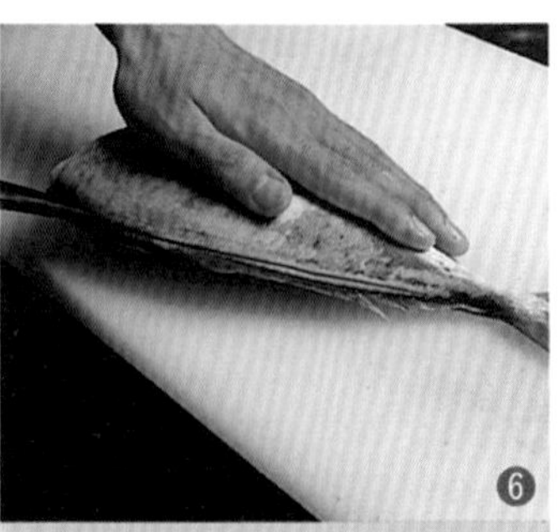

背部這邊也一樣用開魚刀切入脊骨上緣劃開來，將半邊魚身與脊骨分開。

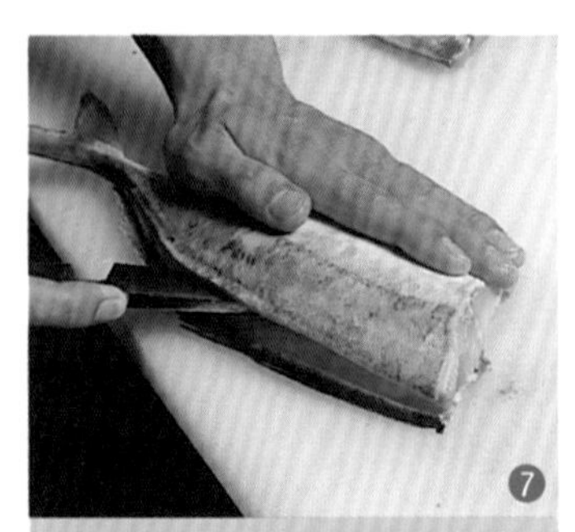

翻過面來脊骨朝下，開魚刀從背側插入脊骨上緣，沿著脊骨劃開。

腹部這邊也一樣，沿著脊骨切開。

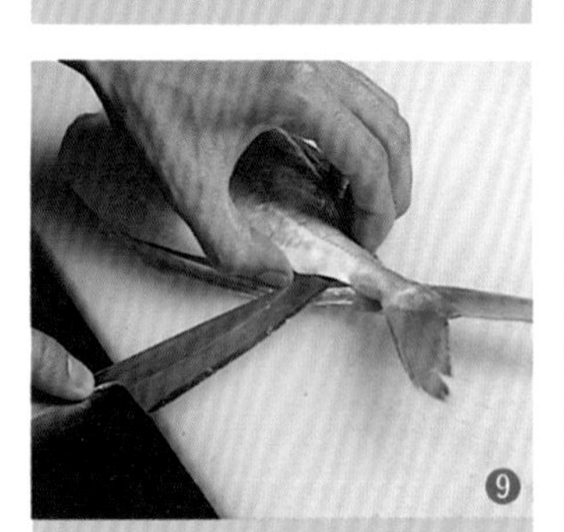

再以反刀劃至魚尾根部，將魚身與脊骨分開。

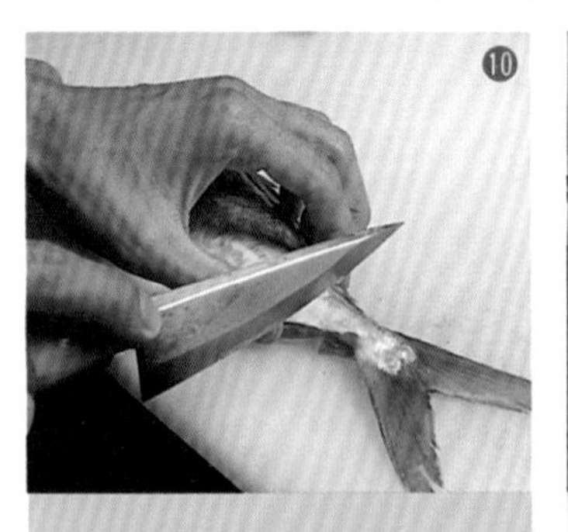

從魚尾根部切斷，取出整面魚肉。

一共兩片魚肉、一片魚骨，三塊拆解完成。

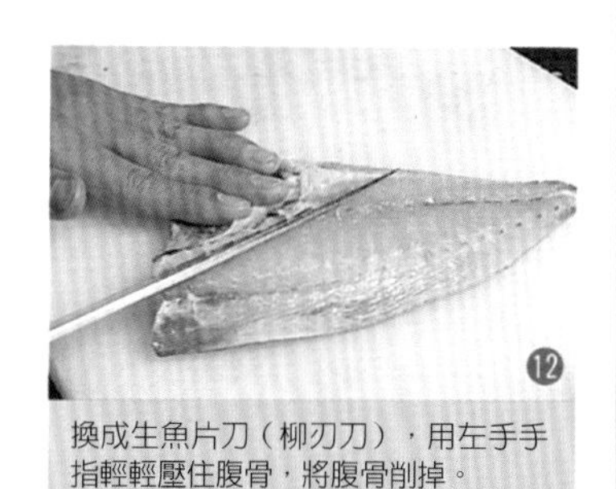

換成生魚片刀（柳刃刀），用左手手指輕輕壓住腹骨，將腹骨削掉。

將腹骨取下，並小心不切除到腹部的魚肉部份。

用魚刀順著中骨切下，將腹側的魚肉切下。

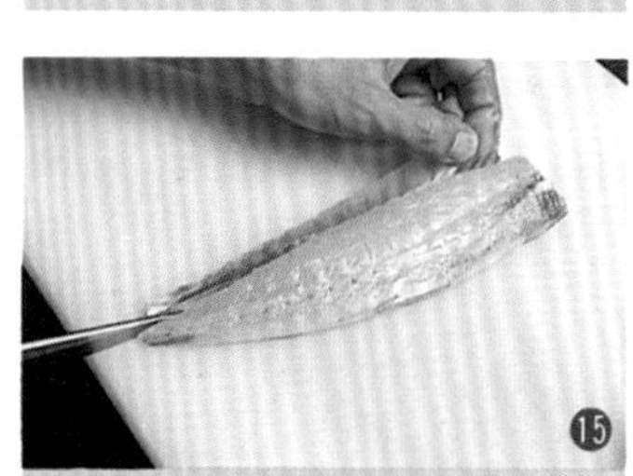

順著脊骨的痕跡下刀將血合肉切掉，將背部和腹部的肉切開。

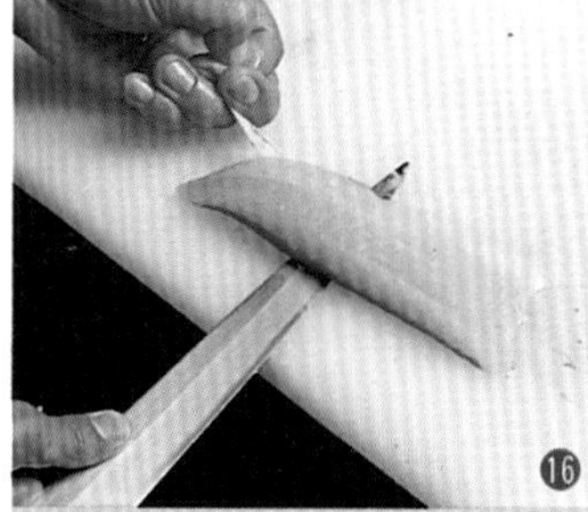

切除尾巴端的魚肉，趁剝掉魚皮的時候將刀插入皮與肉之間的縫隙，將魚皮剝掉。

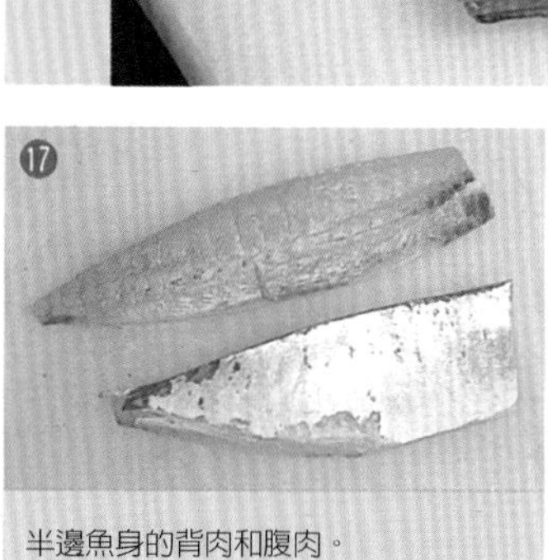

半邊魚身的背肉和腹肉。

養殖的鰺魚上半身部份，和野生的魚比起來少了透明感。

真鰈

（拆解成五片）

真鰈。常磐出產，重 1.5 公斤。

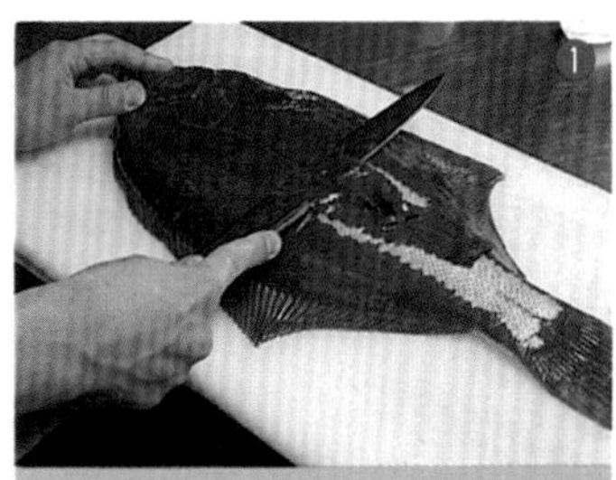

用柳葉型的菜刀將魚鱗刮除。

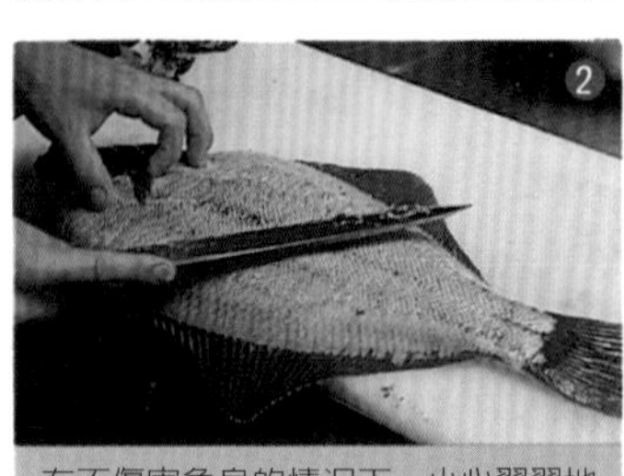

在不傷害魚身的情況下，小心翼翼地除去全部魚鱗。

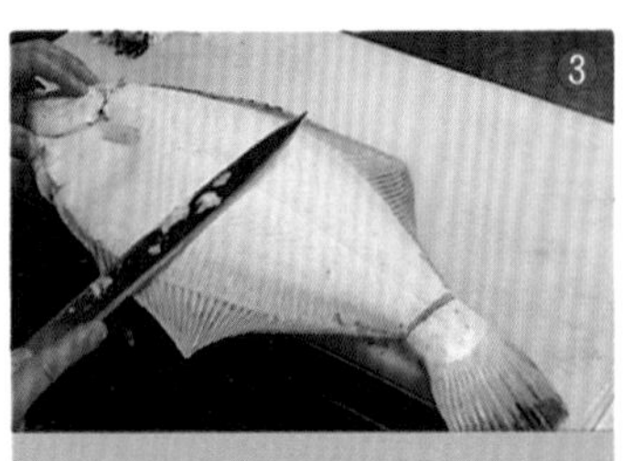

連腹部的魚鱗也要刮除。

將胸鰭挑起來，用開魚刀從胸鰭後方切入，將頭部與身體分開。

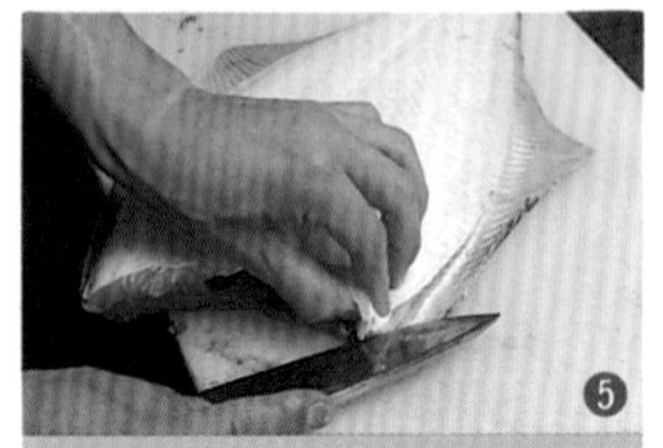

將內臟去除後，菜刀沿著魚脊骨的部分切入。

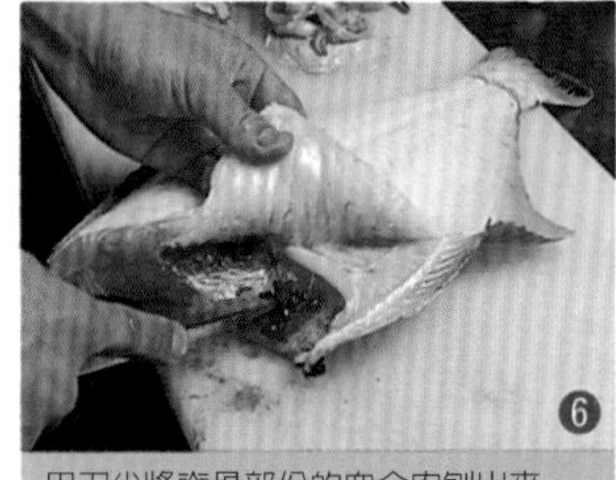

用刀尖將脊骨部份的血合肉刨出來。

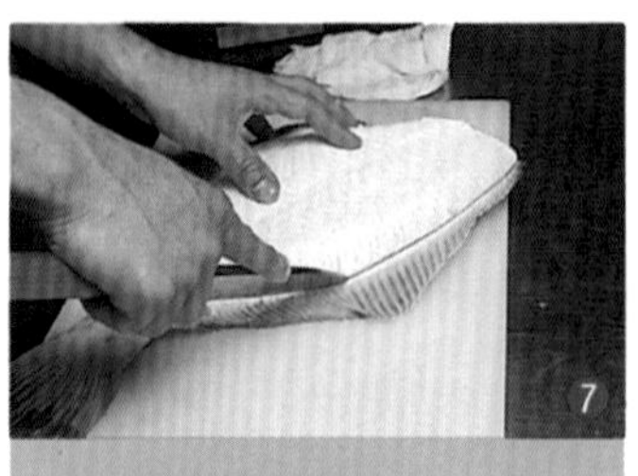

沿著魚鰭的根部切入。

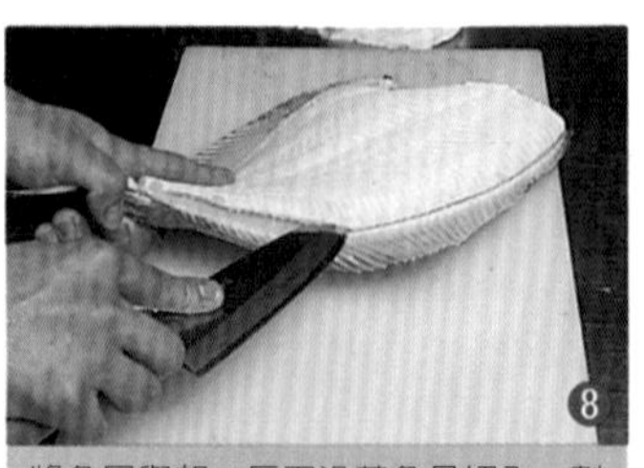

將魚尾舉起，反刀沿著魚骨切入、劃開。

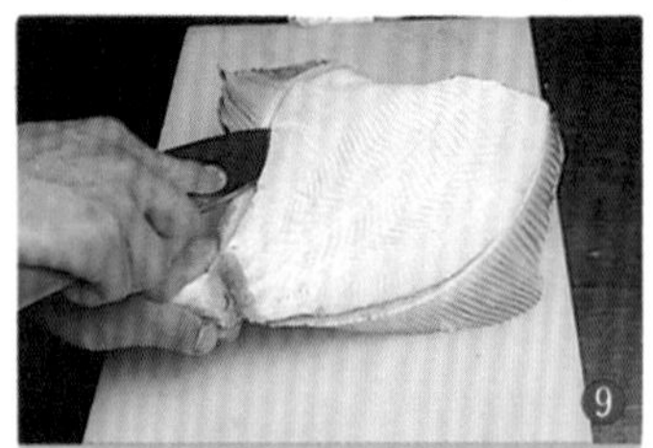

同樣的動作，在魚的另一面反刀沿著尾巴根部，從魚尾到魚頭切入、劃開。

沿著魚身的側線縱切，深達脊骨。

一邊拉起魚尾根部的肉，一邊用刀沿著魚骨上緣切入，將第一片魚肉完整地取下來。

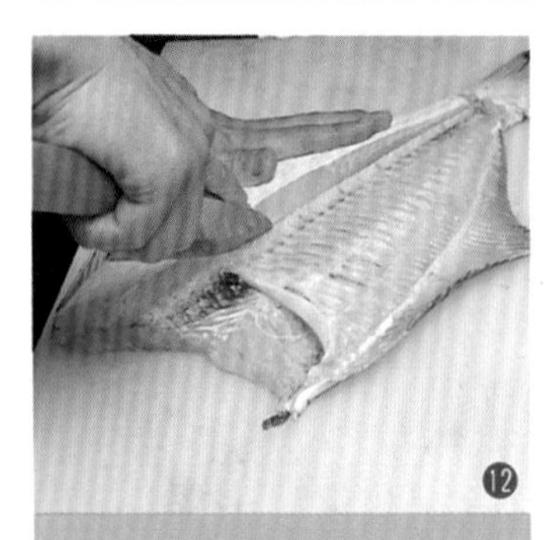

用刀沿著另一側的魚骨切入。

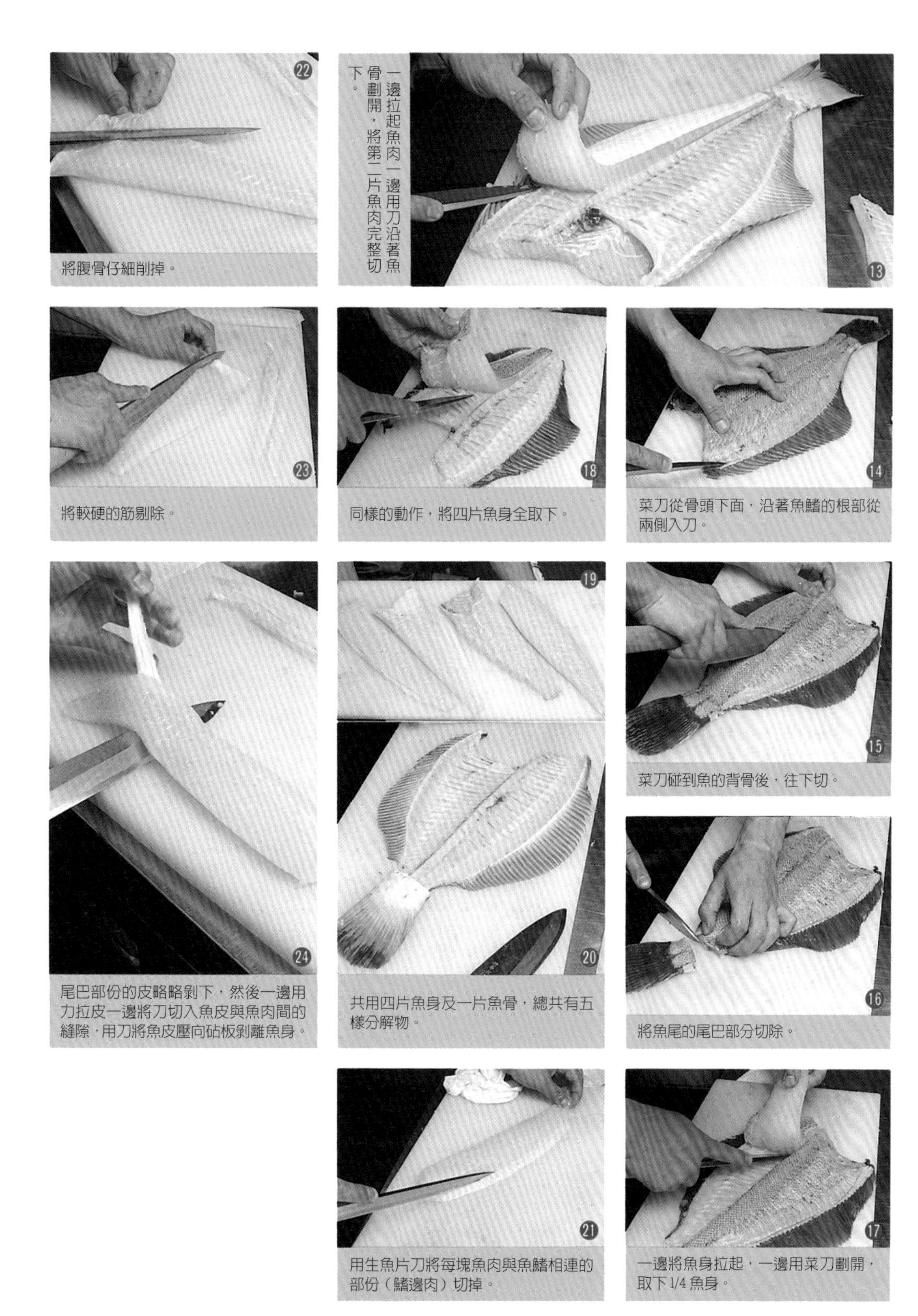

13 一邊拉起魚肉一邊用刀沿著魚骨劃開，將第二片魚肉完整切下。

14 菜刀從骨頭下面，沿著魚鰭的根部從兩側入刀。

15 菜刀碰到魚的背骨後，往下切。

16 將魚尾的尾巴部分切除。

17 一邊將魚身拉起，一邊用菜刀劃開，取下1/4魚身。

18 同樣的動作，將四片魚身全取下。

19 20 共用四片魚身及一片魚骨，總共有五樣分解物。

21 用生魚片刀將每塊魚肉與魚鰭相連的部份（鰭邊肉）切掉。

22 將腹骨仔細削掉。

23 將較硬的筋剔除。

24 尾巴部份的皮略略剝下，然後一邊用力拉皮一邊將刀切入魚皮與魚肉間的縫隙，用刀將魚皮壓向砧板剝離魚身。

小肌

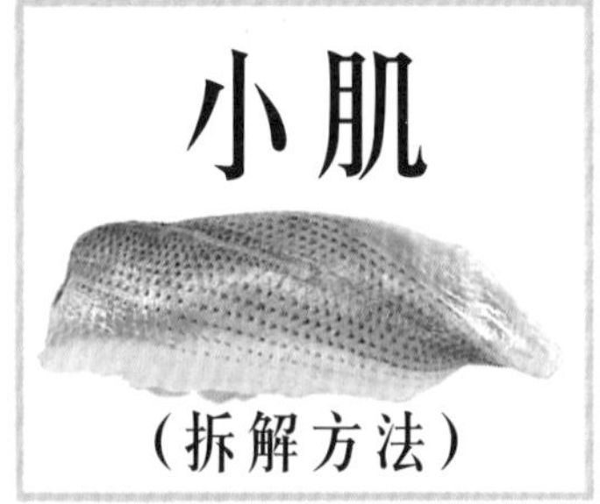

（拆解方法）

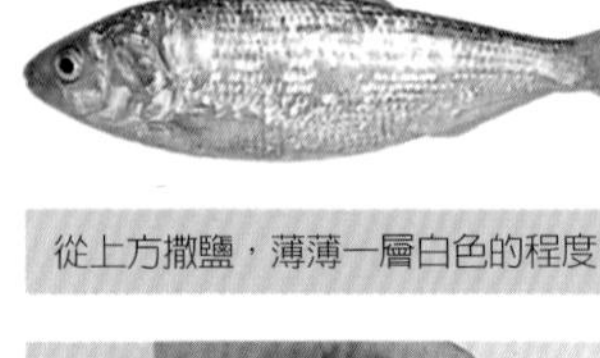

從上方撒鹽，薄薄一層白色的程度

❶ 用開魚刀挑起背鰭，連根切除。

❷ 用刀尖去除魚鱗。

❸ 對準胸鰭和黑點的後方，將頭切掉。

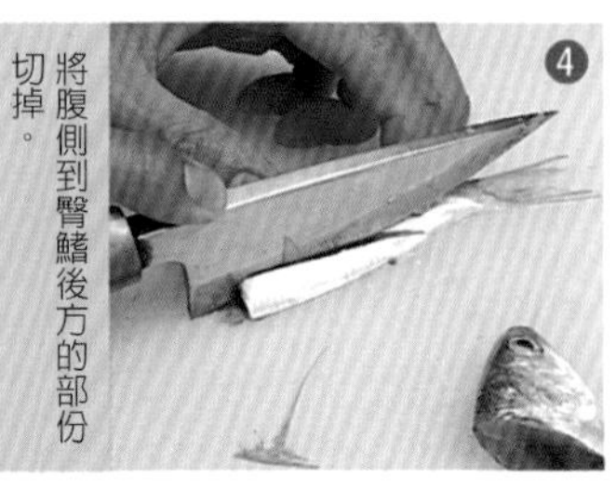

❹ 將腹側到臀鰭後方的部份切掉。

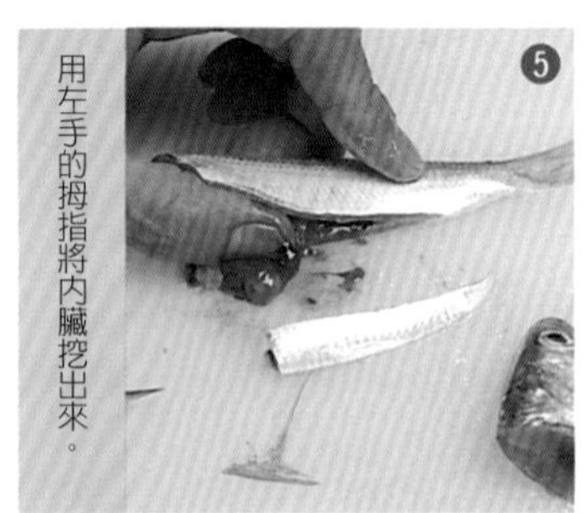

❺ 用左手的拇指將內臟挖出來。

❻ 對準魚尾根部切下，將魚尾切除。

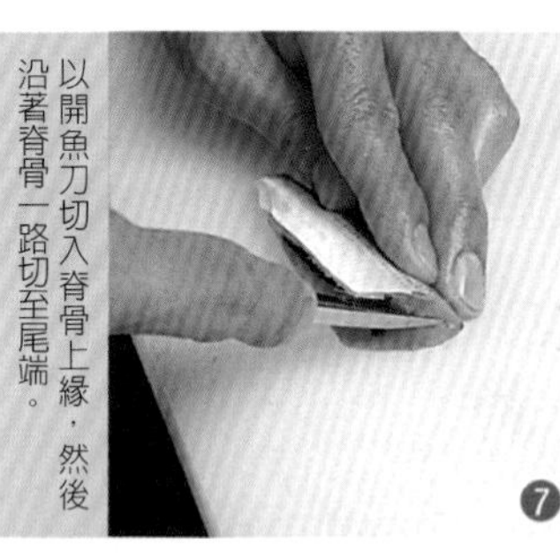

❼ 以開魚刀切入脊骨上緣，然後沿著脊骨一路切至尾端。

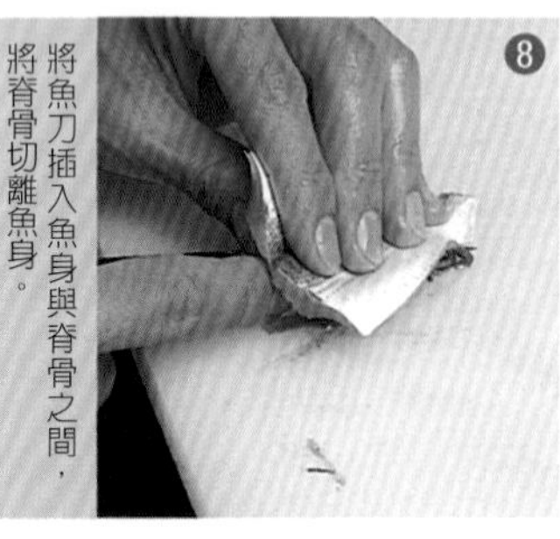

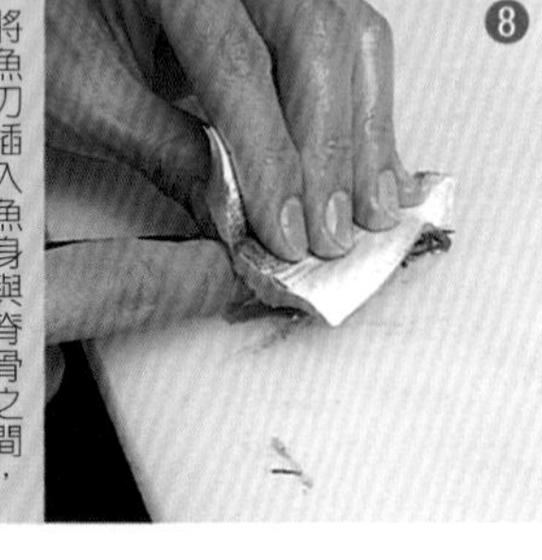

❽ 將魚刀插入魚身與脊骨之間，將脊骨切離魚身。

❾ 削去腹骨。

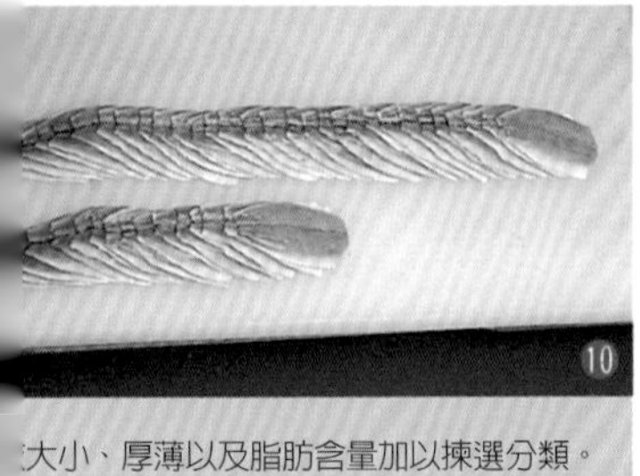

⑩ 大小、厚薄以及脂肪含量加以揀選分類。

⑪ 在竹篩上灑鹽。（小肌醃漬）

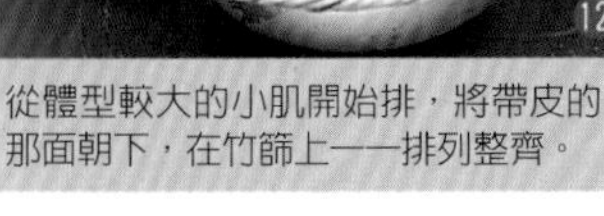

⑫ 從體型較大的小肌開始排，將帶皮的那面朝下，在竹篩上一一排列整齊。

⑬ 從上方灑鹽，大約將表面薄薄蓋住，略呈白色即可。

五分鐘後在另一只竹篩上灑鹽，然後將體型較小的小肌一一排好。

從上方灑鹽，用量比大型小肌略略少些。

保持此狀態靜置一段時間。體型大的約二十五分鐘，體型小的約二十分鐘。

分別用水清洗，將鹽份沖掉。

放在竹篩上瀝乾，大小不可混在一起。

用醋清洗一下，去除腥味和黏液後再放回竹篩上。

將體型較大的小肌浸泡在醋裡醃漬，五分鐘後再將體型較小的小肌浸泡在另一盆醋裡醃。

二十分鐘後魚肉會漸漸發白。

按照體型大小各別晾在竹篩上將醋瀝掉。

將小肌立在瀝水籃上整齊排好，包上保鮮膜放進冰箱靜置一晚。

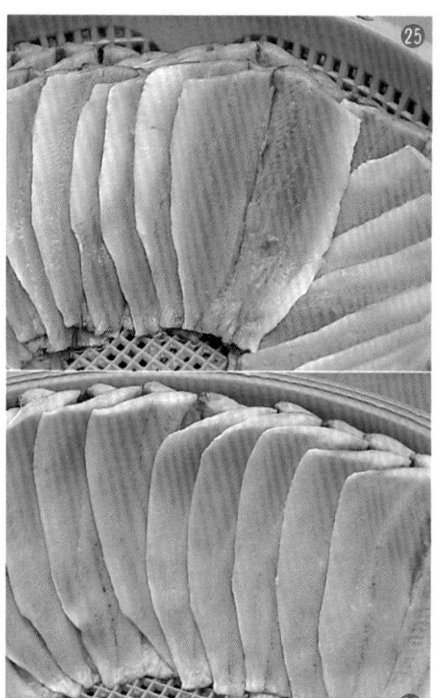

上圖是剛處理好的小肌，感覺還是生生的。下圖是前一天處理、已經可以食用的小肌。

新子

將新子放入加有冰塊的鹽水裡。

將背鰭切掉，去鱗。

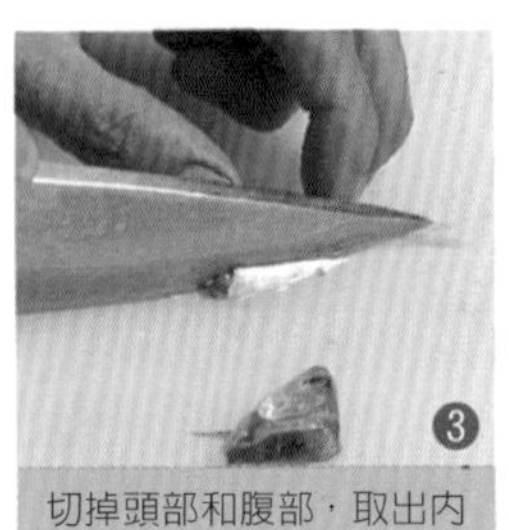

切掉頭部和腹部，取出內臟。

用加有冰塊的鹽水清洗乾淨，魚肉不會感覺濕濕的。

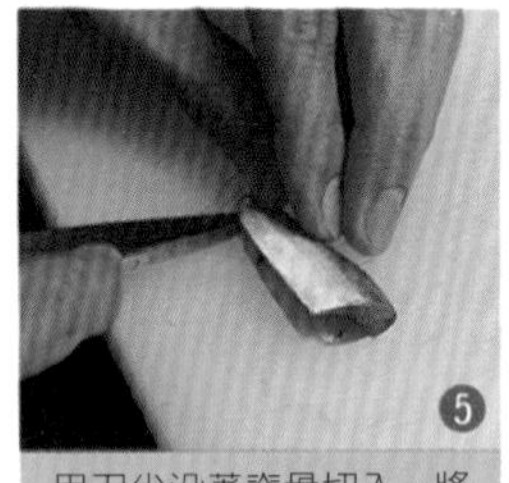

用刀尖沿著脊骨切入，將魚身剖開。

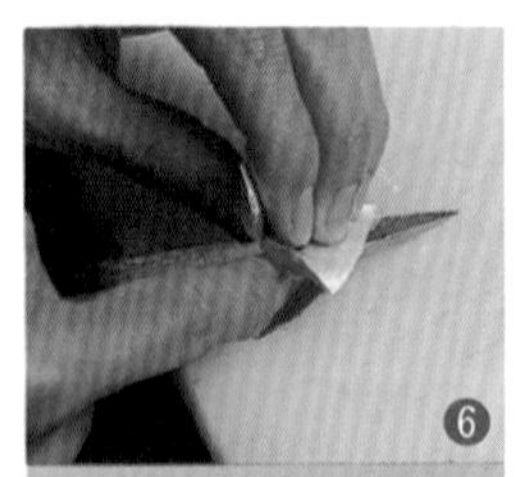

用刀切入脊骨與魚肉之間，將脊骨與魚肉分離。

削掉腹骨。魚肉較薄，要小心不要切過頭了。

依照體型大小、魚肉厚薄以及脂肪含量分成三類。

製作三盆加有冰塊的濃鹽水。

用鹽水浸泡，從大到小的醃漬時間依序是四分半鐘、三分鐘以及兩分半鐘。

將新子放在竹篩上瀝乾。

依體大小分別用醋清洗。

換過新的醋再重新浸泡，大的四分半鐘，中的三分鐘，小的兩分半鐘。

將醋瀝乾，由大到小依序排列在瀝水籃上。早上處理的新子到晚上吃時間剛好。

竹筴魚

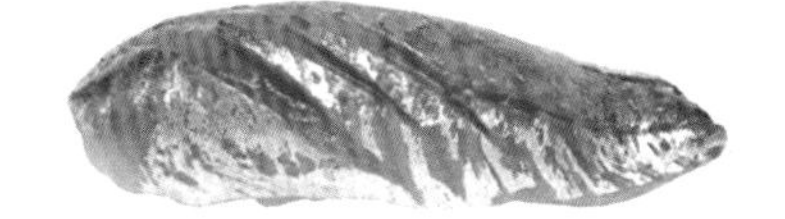

竹筴魚。富津出產的海釣竹筴魚，重120克。

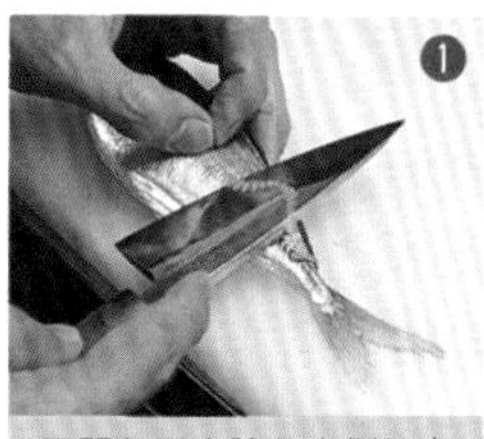

用開魚刀去除魚身側線處堅硬如骨的鱗片，要注意不要傷到銀皮。

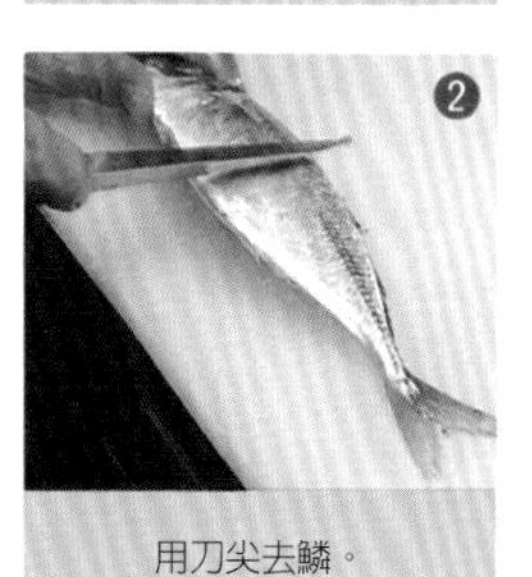

用刀尖去鱗。

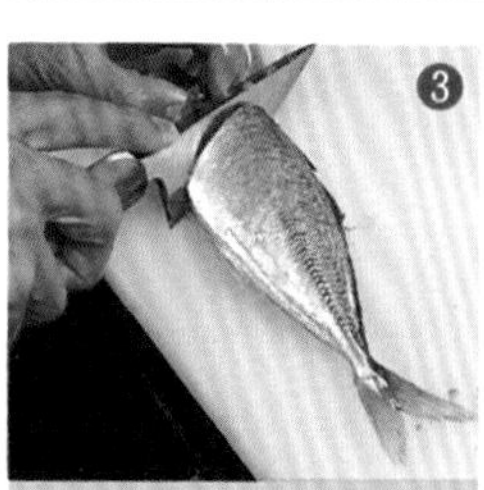

由胸鰭後方斜斜切入，使頭部與魚身分離。

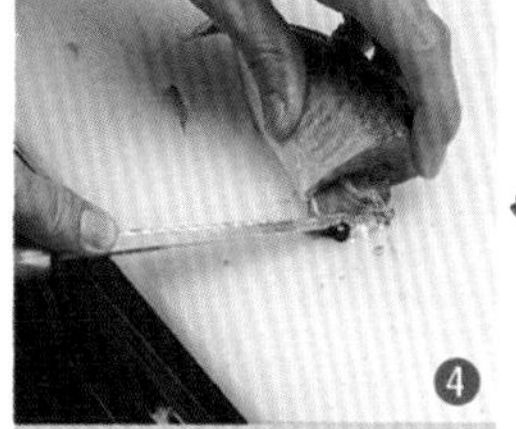

去除內臟。如果鮮度夠，只要輕輕一拉即可簡單取出。

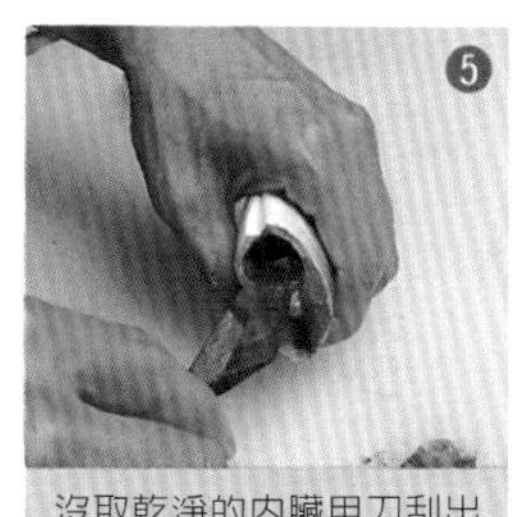

沒取乾淨的內臟用刀刮出來，用水清洗乾淨。

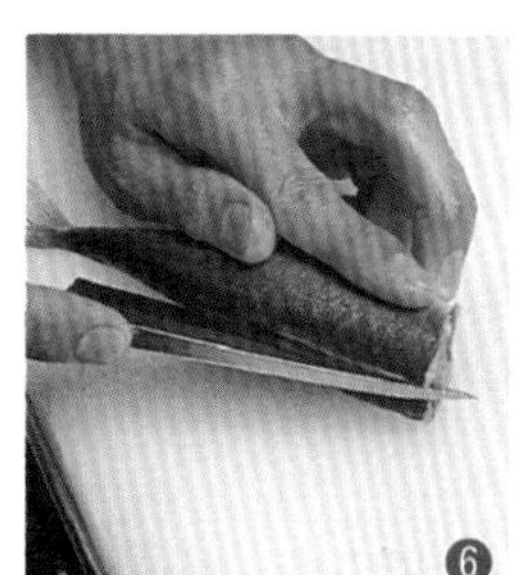

用刀由背鰭上緣沿著脊骨切入，將魚身剖開。

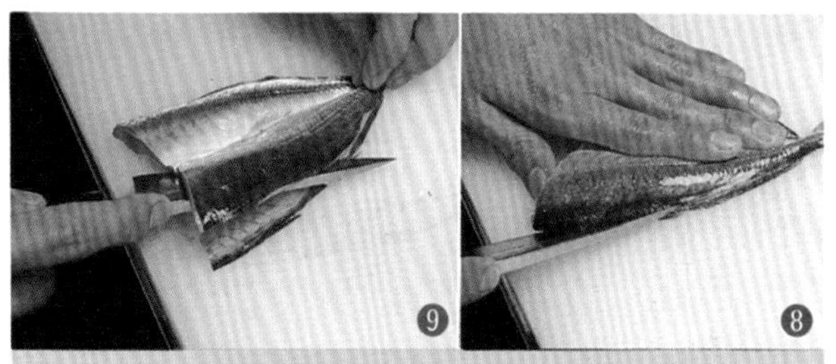

用刀沿著背鰭的邊緣將魚肉和脊骨切開。

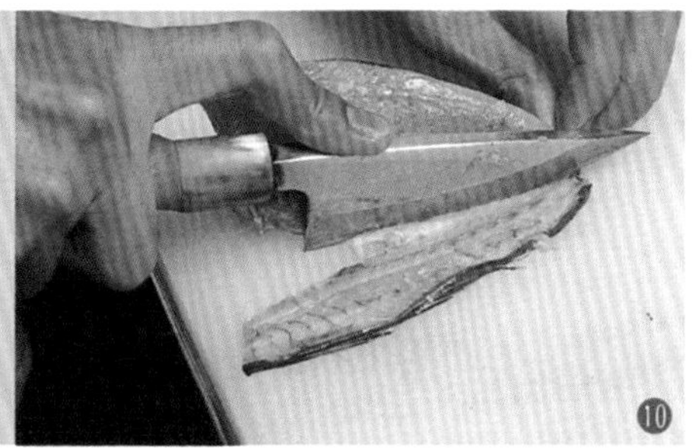

在尾巴根部將脊骨切掉。魚尾不要切斷。

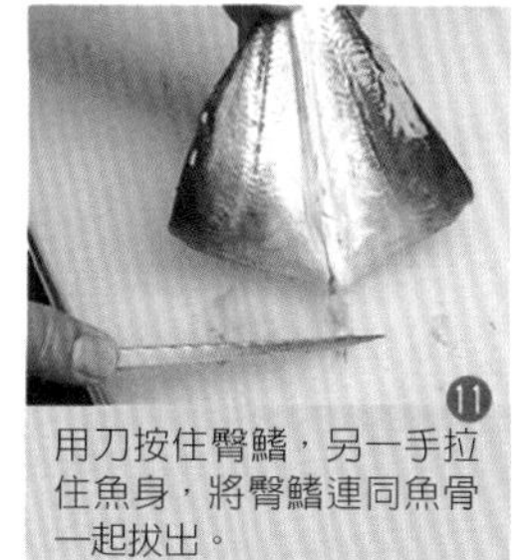

用刀按住臀鰭，另一手拉住魚身，將臀鰭連同魚骨一起拔出。

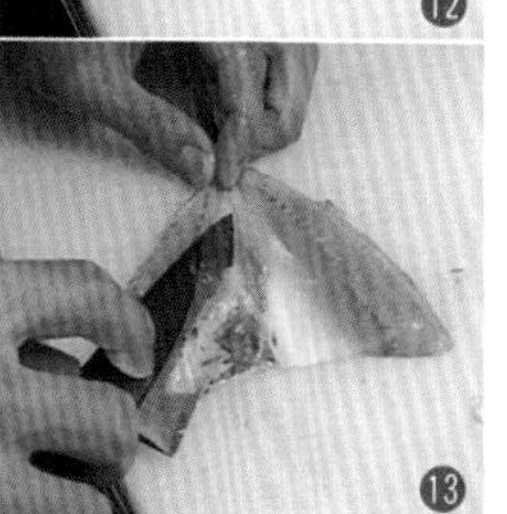

削掉腹骨。用反刀將另一側的腹骨削掉。

切掉魚尾。

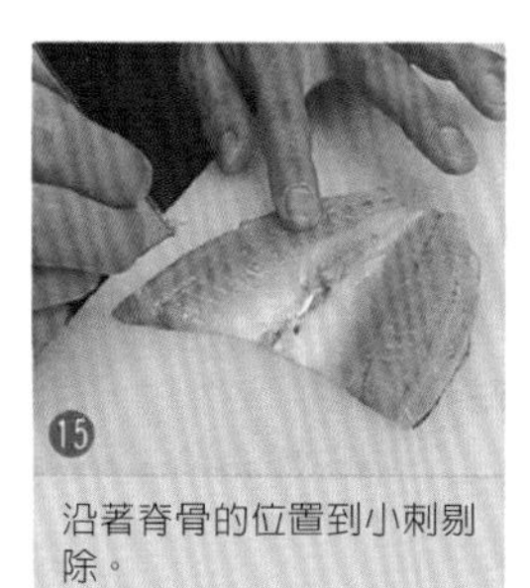

沿著脊骨的位置到小刺剔除。

鯖魚

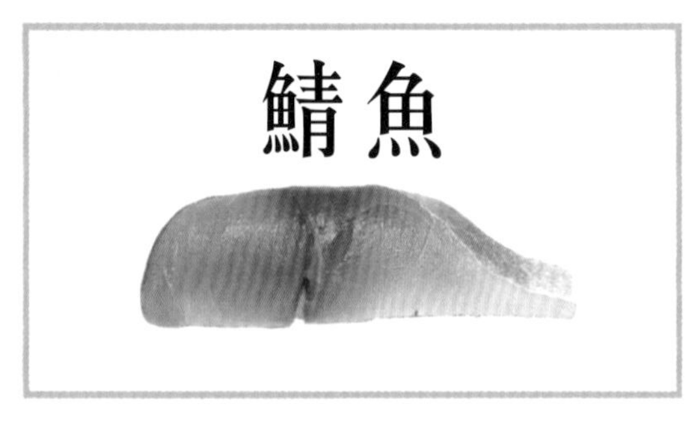

鯖魚。福岡出產，重 800 克。

將鯖魚拆解成三塊。

削去腹骨。

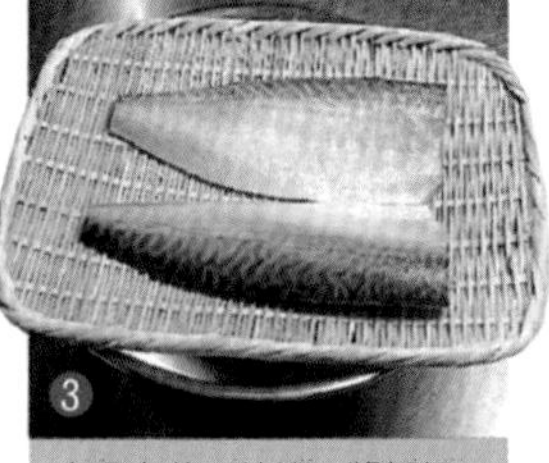

在盆上放一竹篩，將拆好的鯖魚肉並排放好。

從上方灑鹽，用鹽將魚皮完全蓋住。

翻面，魚肉的這面也同樣灑上滿滿的鹽。

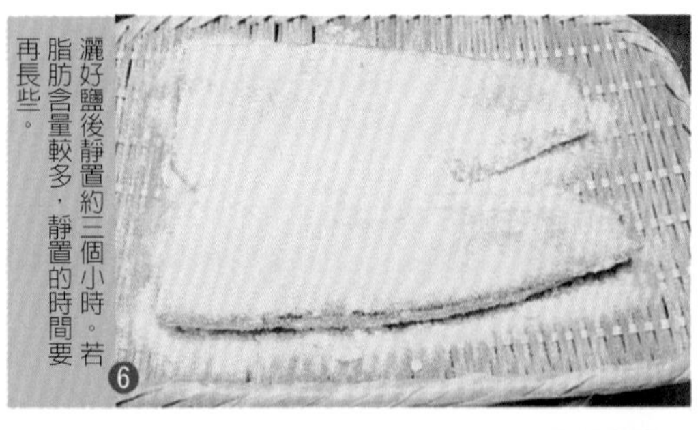

灑好鹽後靜置約三個小時。若脂肪含量較多，靜置的時間要再長些。

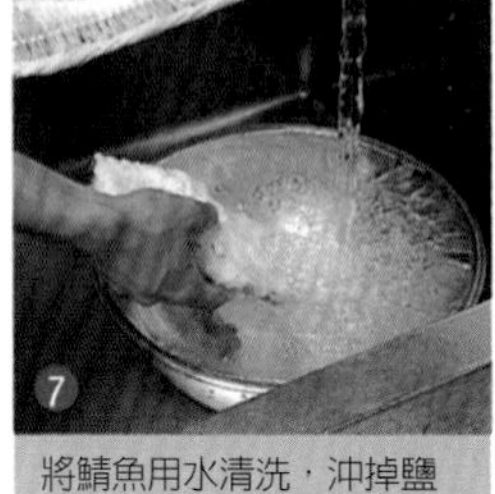

將鯖魚用水清洗，沖掉鹽份。

放在竹篩上將水瀝乾。

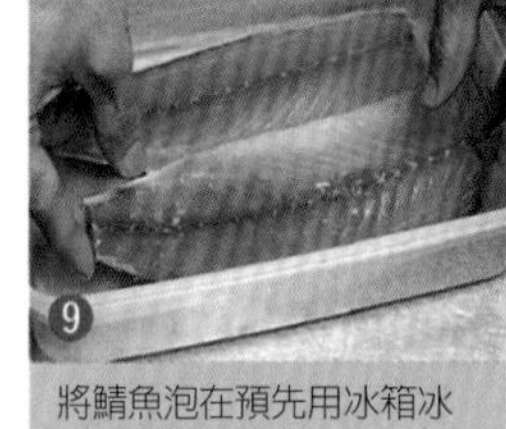

將鯖魚泡在預先用冰箱冰過的醋裡醃漬。

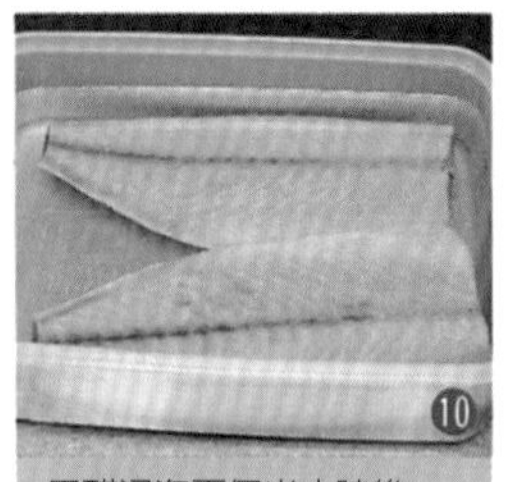

用醋浸泡兩個半小時後，魚肉會漸漸變成白色。

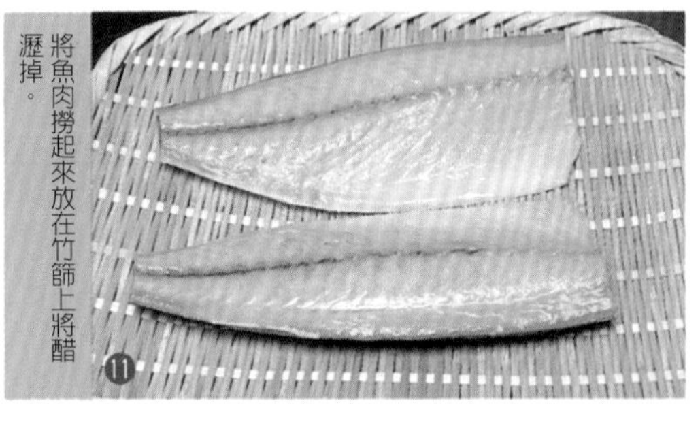

將魚肉撈起來放在竹篩上將醋瀝掉。

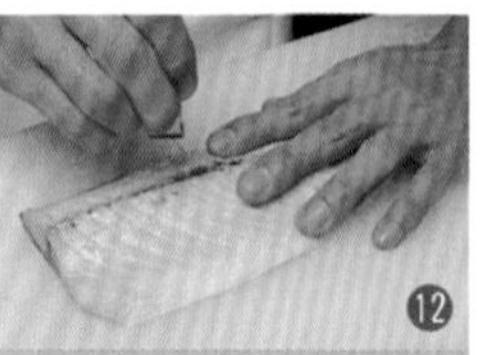

用手指順著脊骨的位置將細刺剔掉。魚肉一旦收縮後細刺會變得很難剔出。

厚度較薄的腹部這邊在上，一一並排在瀝水籃裡，包上保鮮膜放入冰箱靜置一晚。

沙丁魚

沙丁魚。長井出產的大羽沙丁，重200克。

❶ 用開魚刀的刀尖將魚鱗刮掉。

❷ 對準胸鰭後方斜斜切入，將頭部切除。

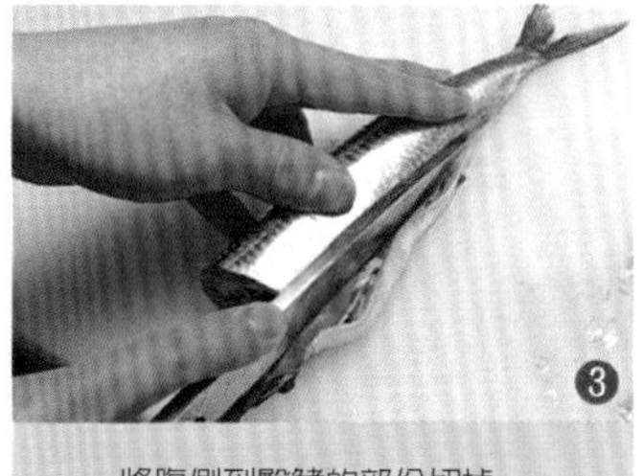

❸ 將腹側到臀鰭的部份切掉。

❹ 刮掉內臟和血合肉。

❺ 從尾巴根部將魚尾切掉。

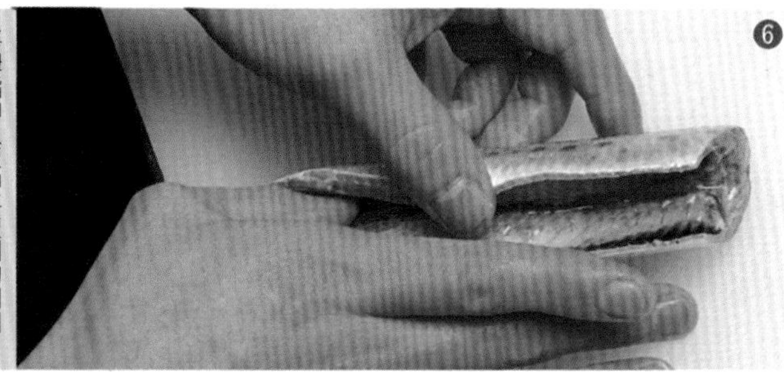

❻ 將拇指伸入腹中將腹側的開口拉到尾端。

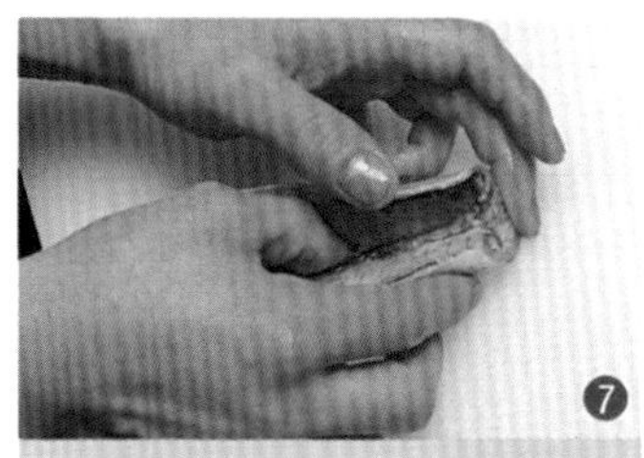

❼ 一邊剔除伸入魚肉的魚刺，一邊小心將魚身掰開。

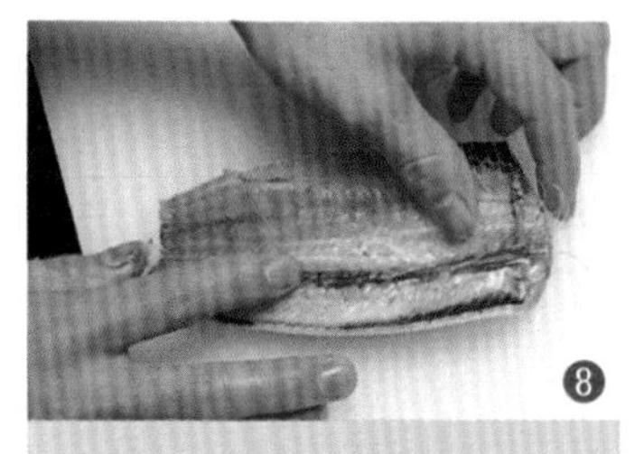

❽ 將脊骨和魚刺挑起。

❾ 將脊骨連同魚刺一起拉出來，小心不要破壞到魚肉。

❿ 削掉腹骨。

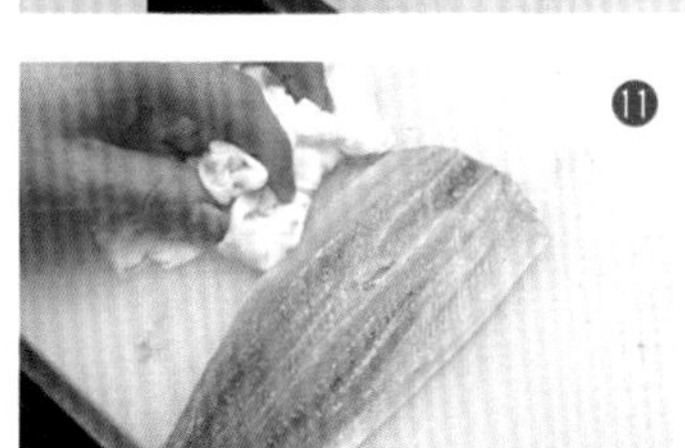

⓫ 用布將血合肉擦乾淨。

水針魚

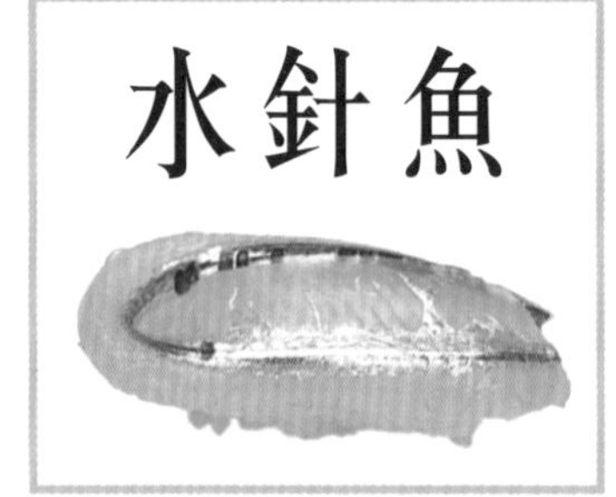

水針魚。富津出產，重70克。

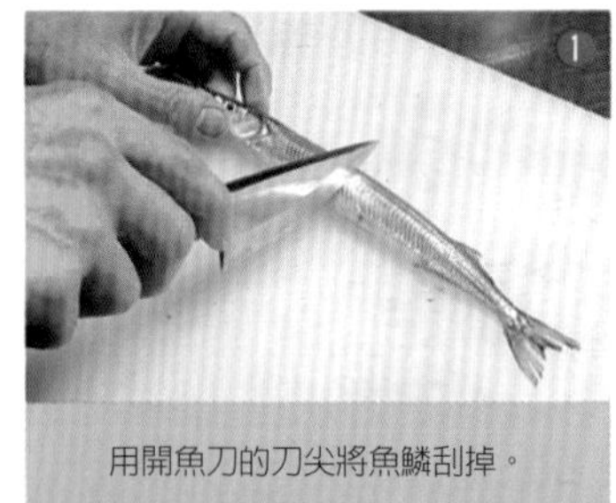

用開魚刀的刀尖將魚鱗刮掉。

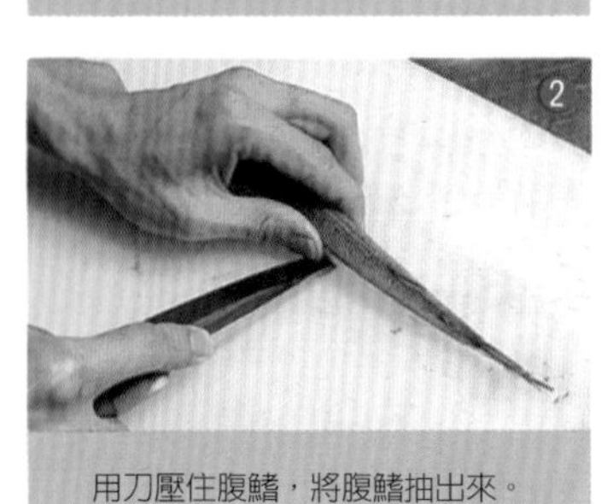

用刀壓住腹鰭，將腹鰭抽出來。

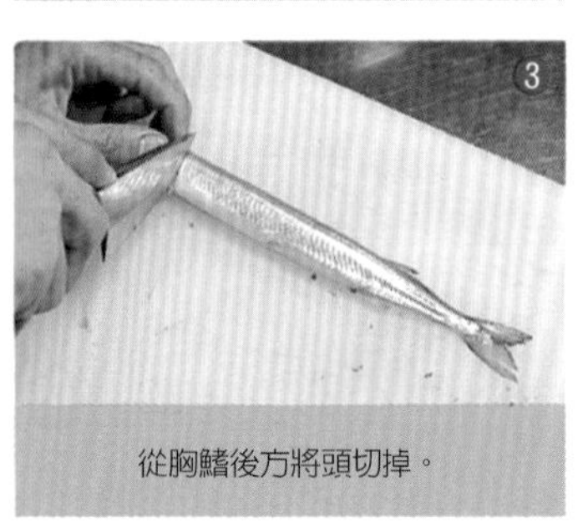

從胸鰭後方將頭切掉。

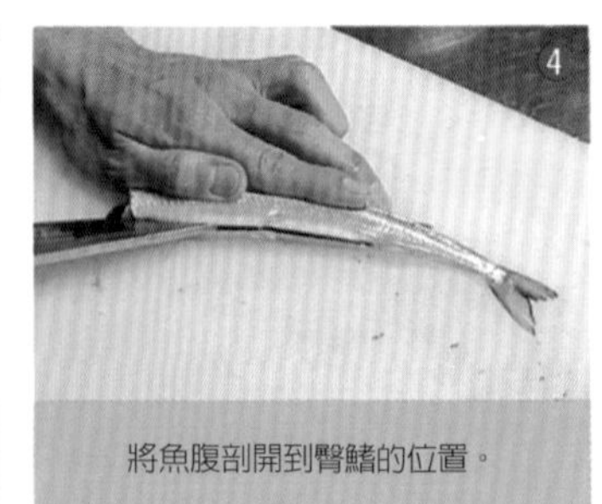

將魚腹剖開到臀鰭的位置。

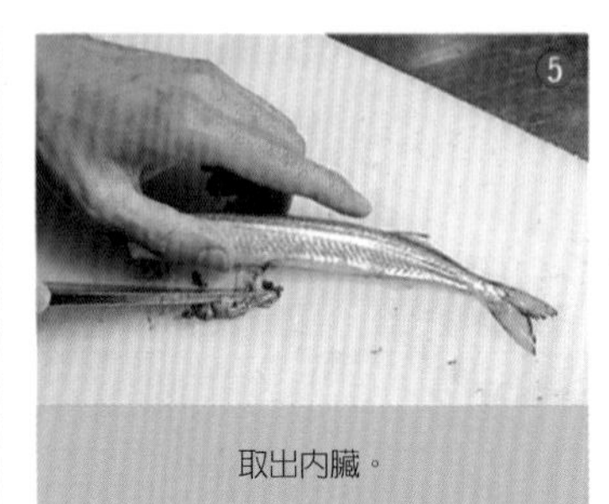

取出內臟。

將開魚刀切入魚身，沿著脊骨將魚肉切開來。

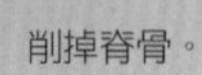

削掉脊骨。

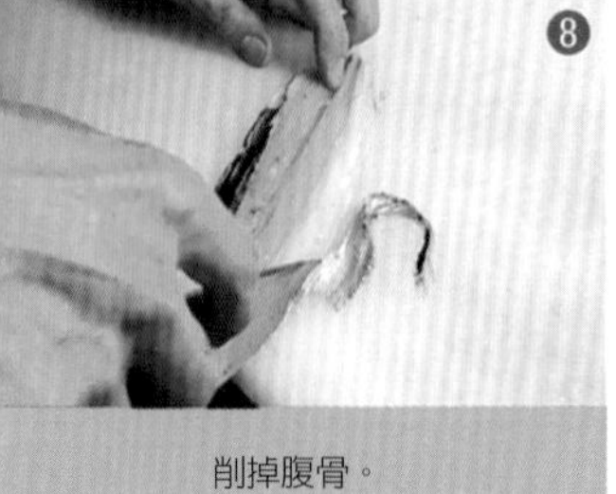

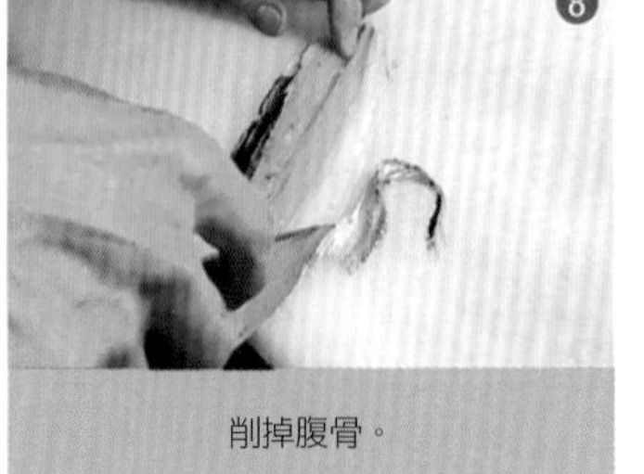

削掉腹骨。

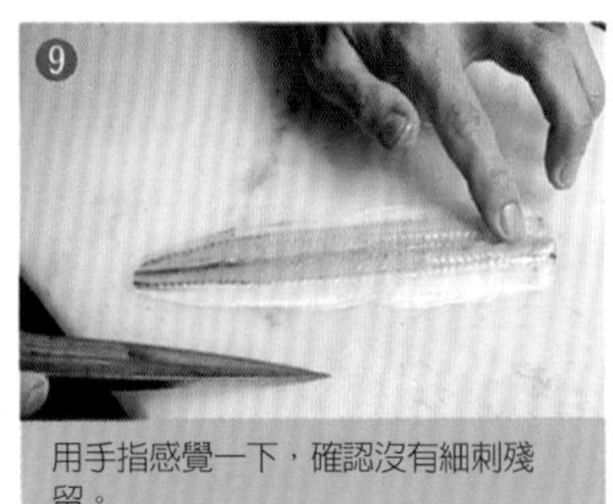

用手指感覺一下，確認沒有細刺殘留。

在水針魚的正反兩面輕輕灑鹽。

若魚肉有些微出水的情況就用水洗乾淨。

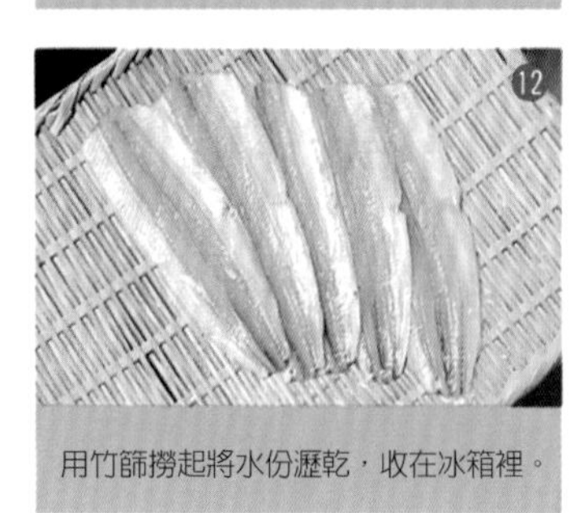

用竹篩撈起將水份瀝乾，收在冰箱裡。

車蝦

帶蝦膏的車蝦握壽司

無蝦膏的車蝦握壽司

活跳跳的車蝦。東京灣的天然野生車蝦，重 50 克。

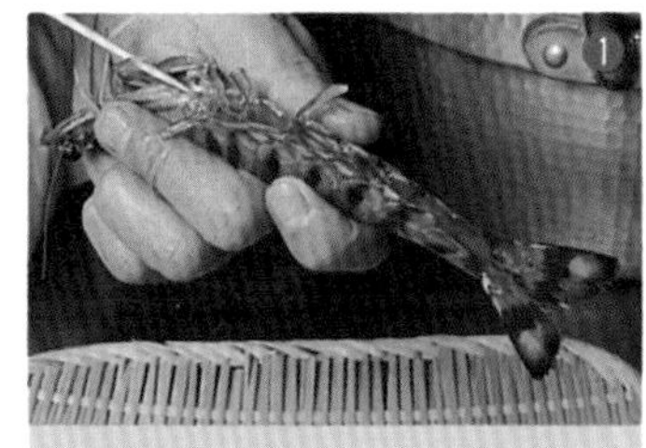

用竹籤插入蝦腳根部，將蝦子串起。

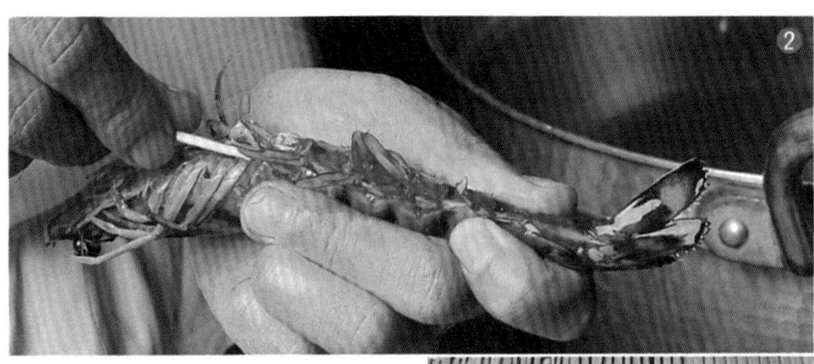

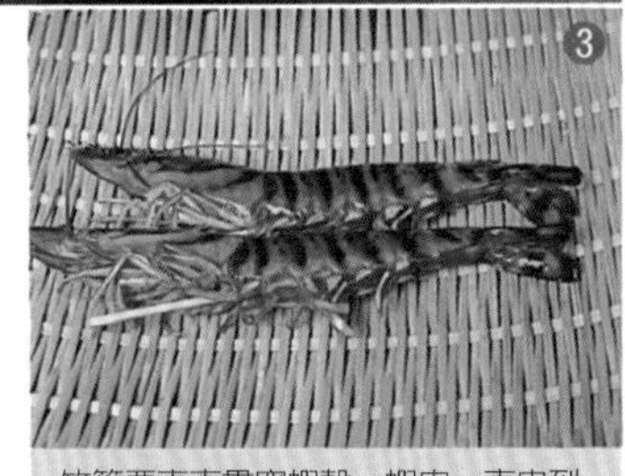

竹籤要直直貫穿蝦殼、蝦肉一直串到蝦尾，讓尾部不會捲起。

將鹽水煮沸，將蝦子放入。

用水煮三分半鐘到四分鐘。

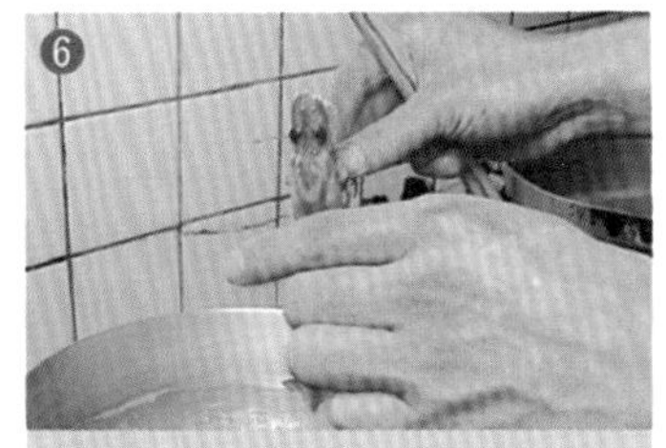

掐掐看試試肉質彈性，以確認熟透的程度。

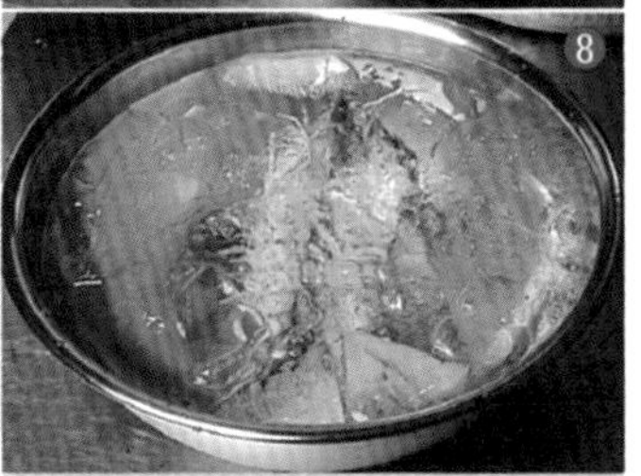

立刻放入冰水裡急速冷卻，讓顏色固定。

不要讓蝦肉過度冷卻，在蝦肉降至肌膚溫度的時候就從冰水中撈起來。

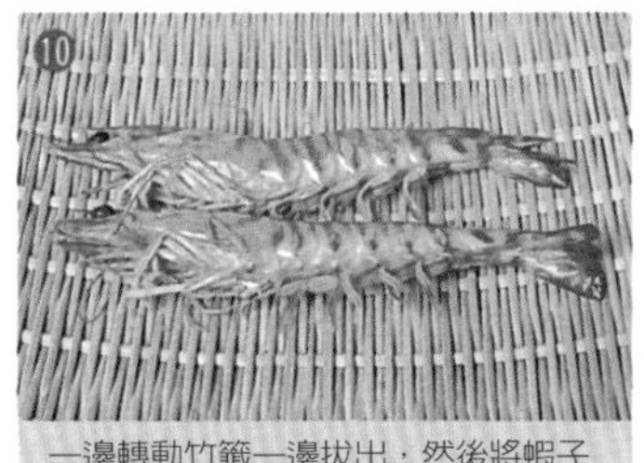

一邊轉動竹籤一邊拔出，然後將蝦子送往壽司檯。

墨魚

墨魚。長崎出產，重 300 克。

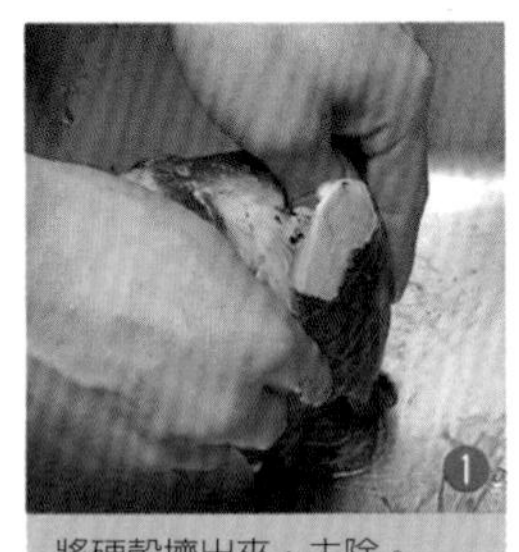

將硬殼擠出來，去除。

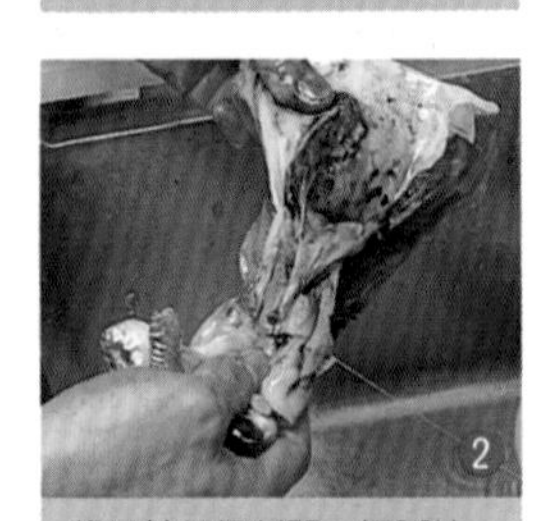

將軀幹部份剖開，把腳拉出來。

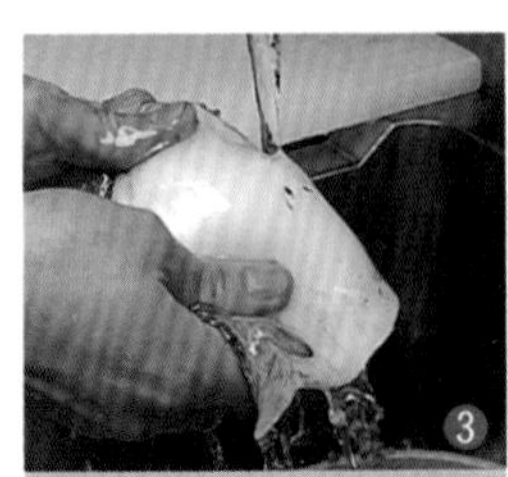

將軀幹部份用水清洗，把墨汁沖乾淨。

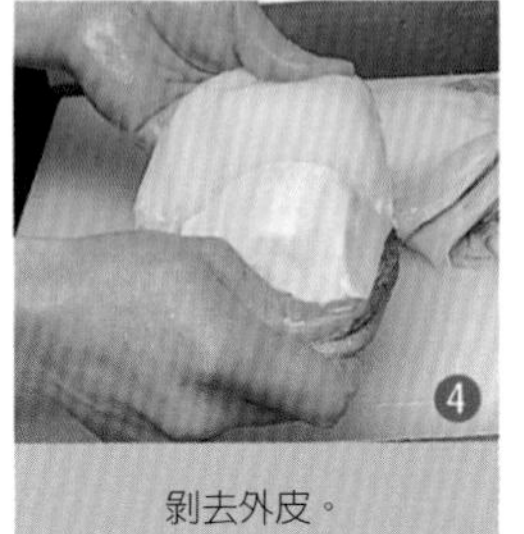

剝去外皮。

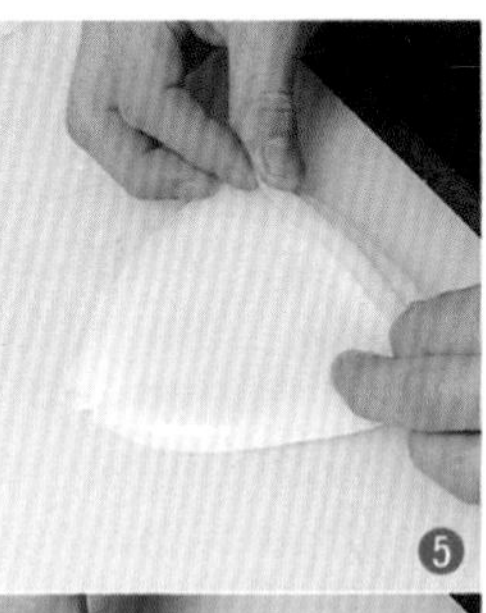

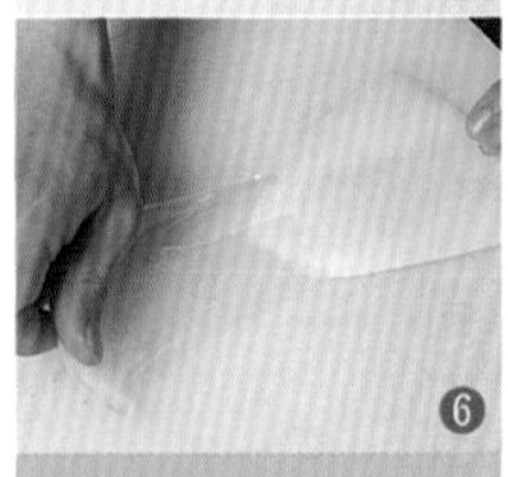

在軀幹邊邊劃一刀，以此為始將薄膜剝離。

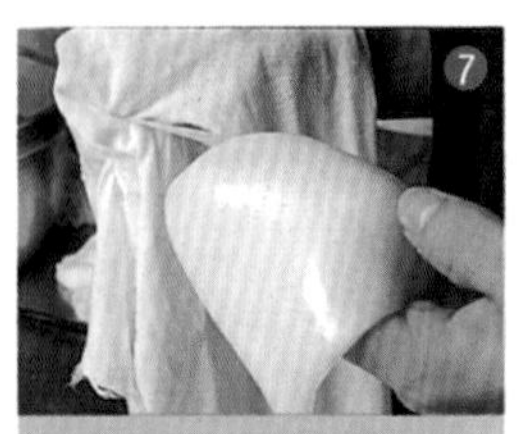

沒剝乾淨的地方用濕布去除。

將剝好的墨魚軀幹並排放在竹篩上，包上保鮮膜放進冰箱。

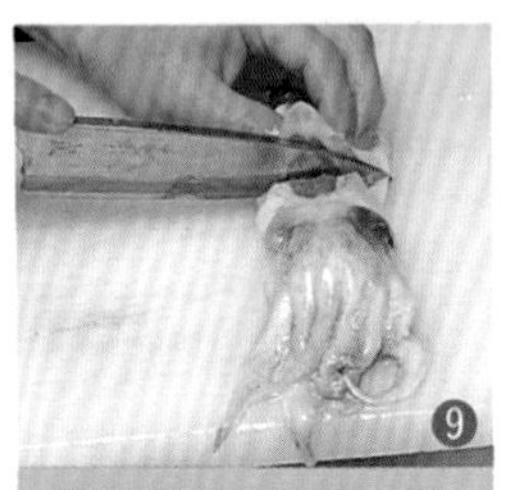

將墨魚腳的根部切開，取出內臟和墨袋。

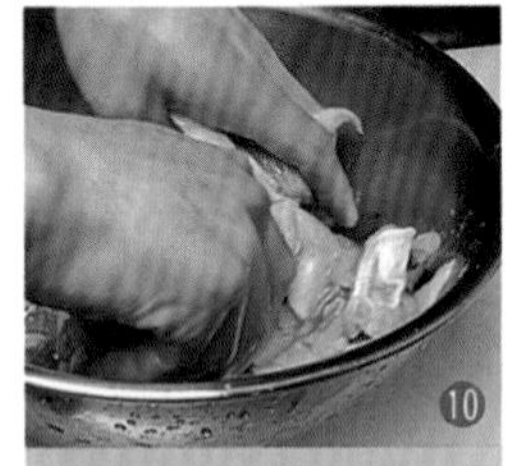

搓揉足部讓黏液跑出來，再用水清洗乾淨。

在沸騰的熱水裡加少許的鹽，將墨魚腳放進入去煮。

再度沸騰後將墨魚腳撈起放在竹篩上。

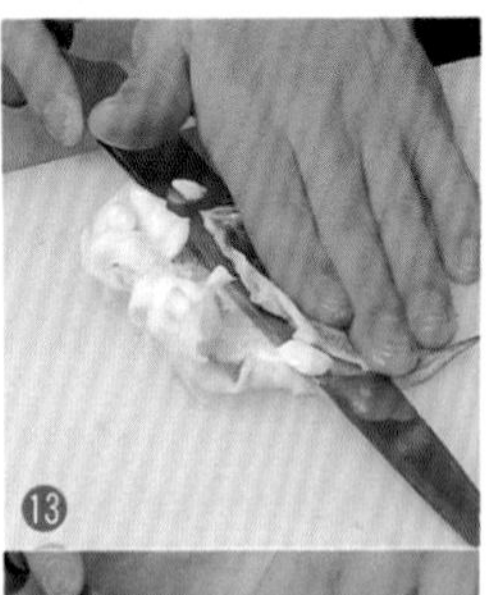

將皮削掉，把墨魚腳的末端切整齊。

軟絲

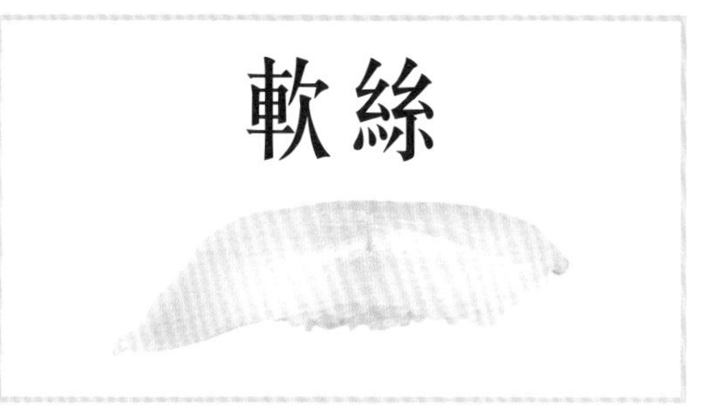

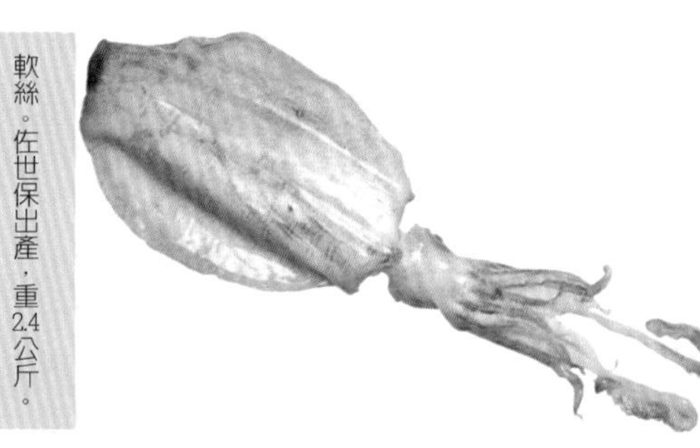

軟絲。佐世保出產，重2.4公斤。

1 用刀從軟絲軀幹的正中間切開。

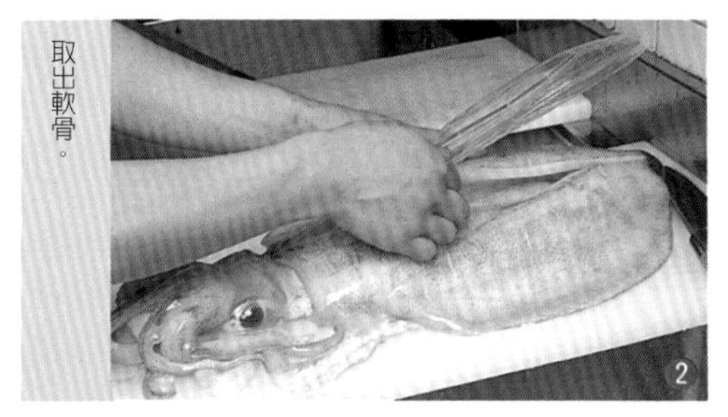

2 取出軟骨。

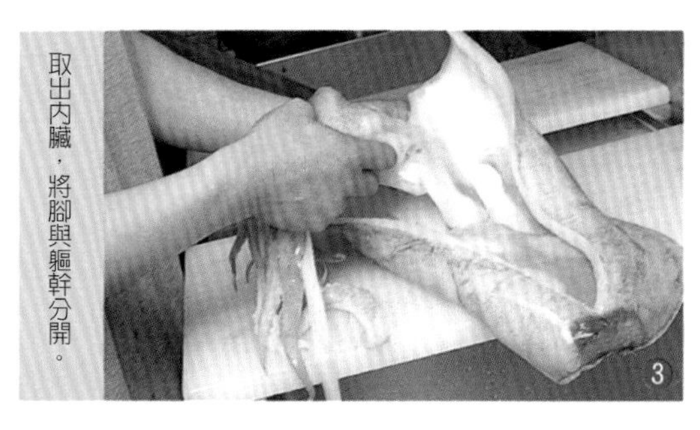

3 取出內臟，將腳與軀幹分開。

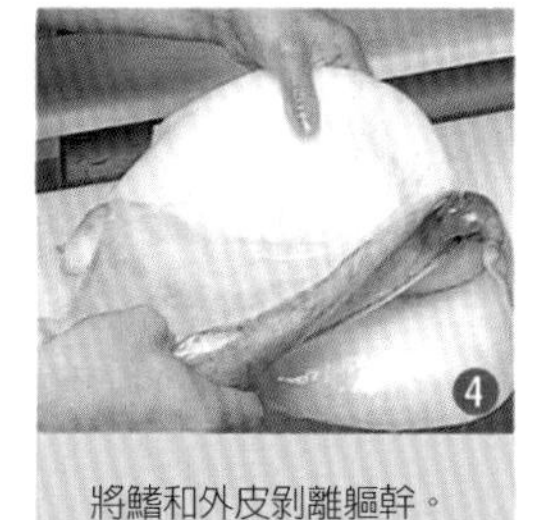

4 將鰭和外皮剝離軀幹。

5 將軀幹縱切成四等分。

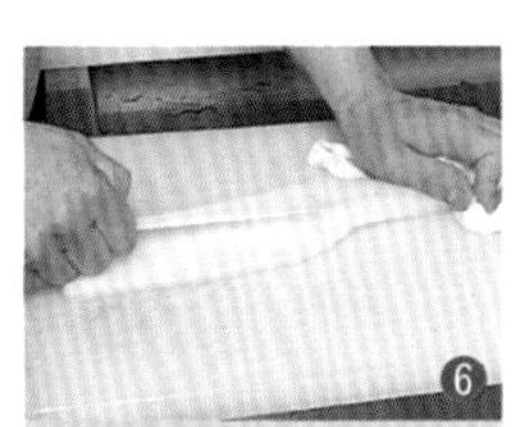

6 用濕布將薄膜去除。越新鮮薄膜越好剝。

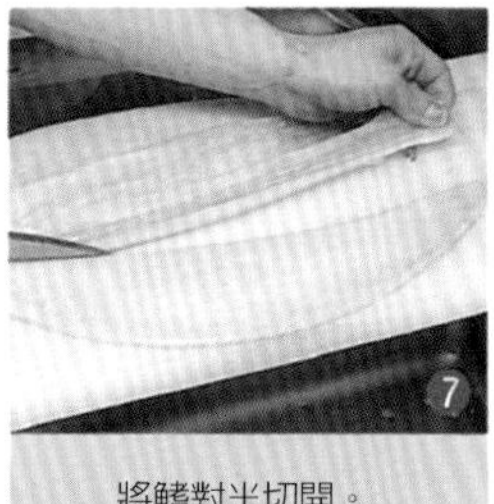

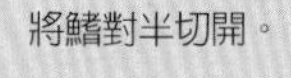

7 將鰭對半切開。

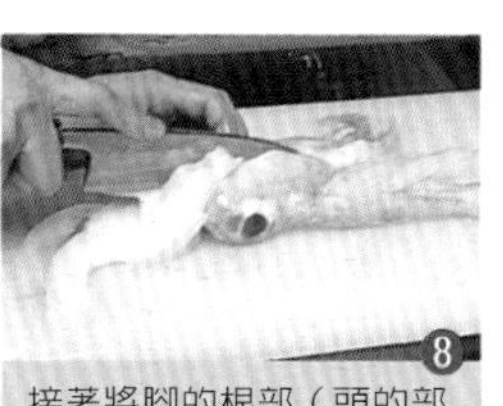

8 接著將腳的根部（頭的部份）切開。將眼睛挖掉，把墨袋和內臟之類的東西拉出來。

9 用清水洗，把髒污和黏液去除。清水煮沸後將軟絲腳放進去煮。沸騰後再煮將近一分鐘的時間。

小墨魚

＊處理方法和墨魚一樣

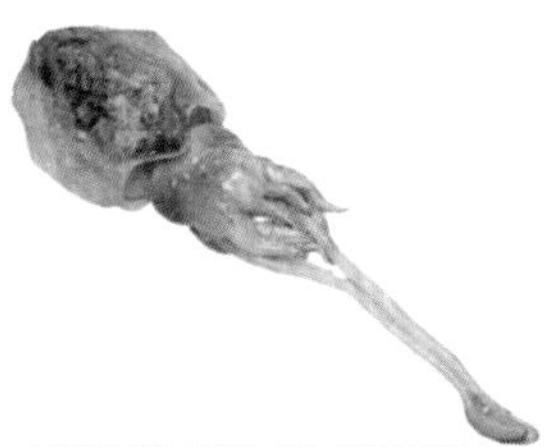

小墨魚。鹿兒島縣出水出產，重50克。

1 軀幹部份，尺寸約半尾捏成一貫的大小。薄膜要等用的時候才剝。

2 因為墨魚腳很小所以不用鹽水，直接用清水水煮。

赤貝

赤貝。閖上出產。

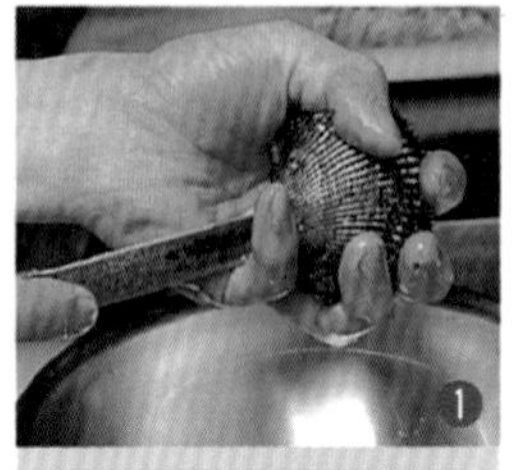

1 將開殼器插入兩殼間的接合處。

2 將附著在貝殼上的貝柱用開殼器拆下來。

3 取出貝肉。

4 用水沖洗乾淨。

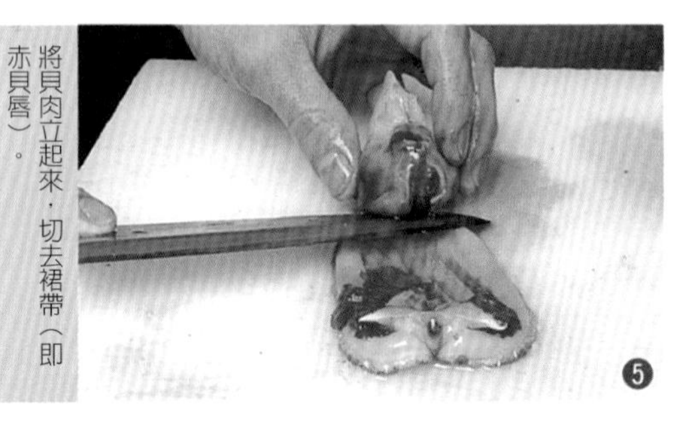

5 將貝肉立起來，切去裙帶（即赤貝唇）。

6 將附著在裙帶上的腸子削掉。

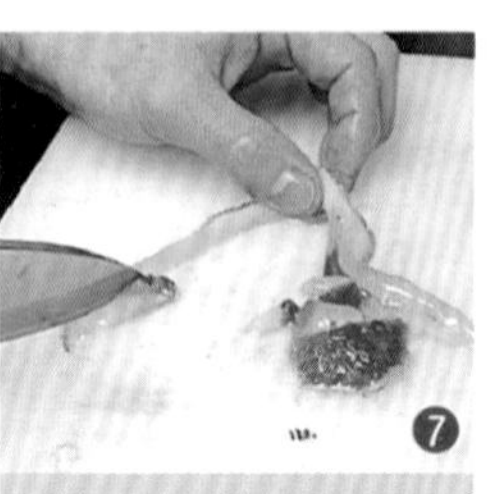

7 將裙帶邊緣切整齊。

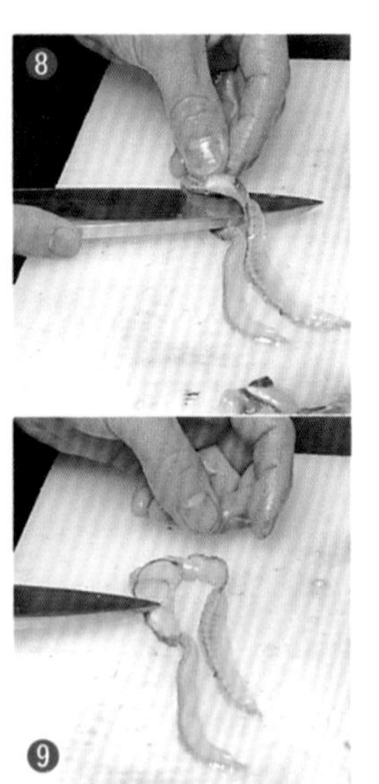

8

9 把貝柱切開，但不要切斷。

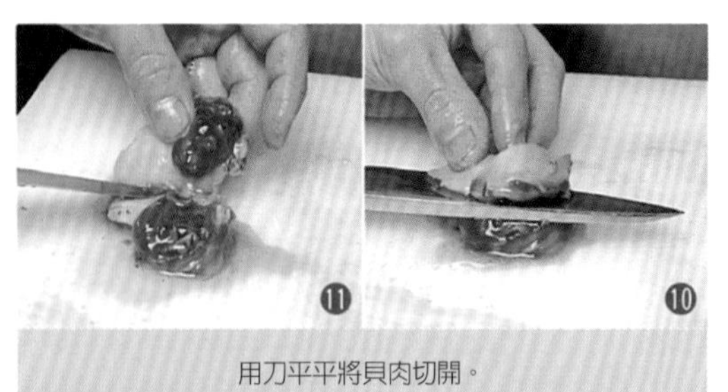

10 11 用刀平平將貝肉切開。

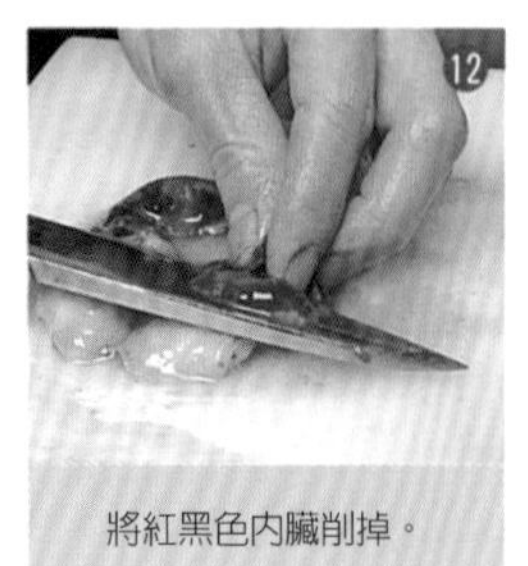

12 將紅黑色內臟削掉。

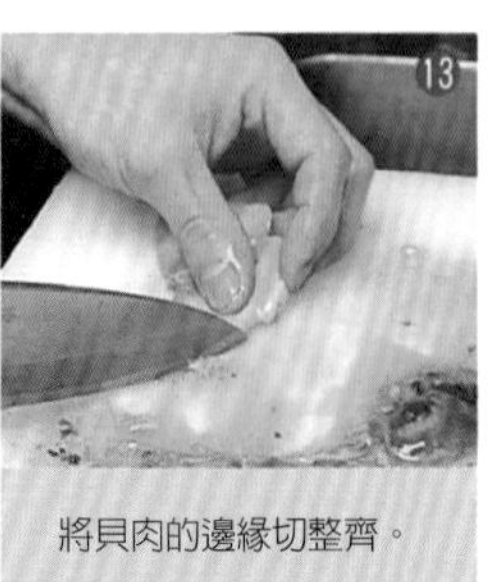

13 將貝肉的邊緣切整齊。

14 放在竹篩上，用流動的水邊搖邊洗。

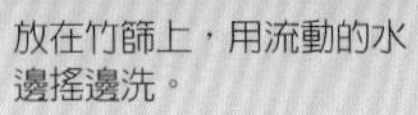

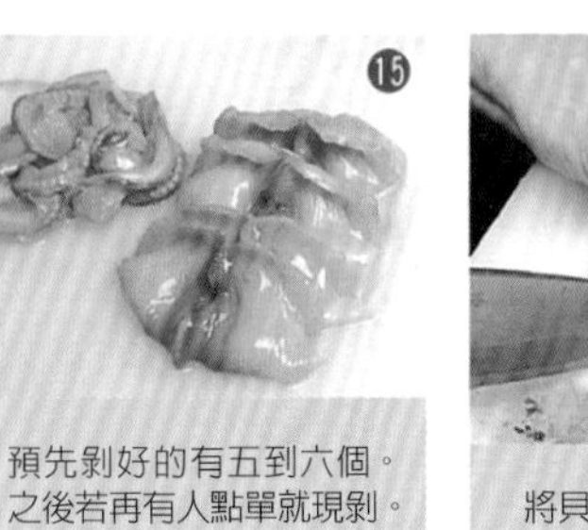

15 預先剝好的有五到六個。之後若再有人點單就現剝。

象拔蚌

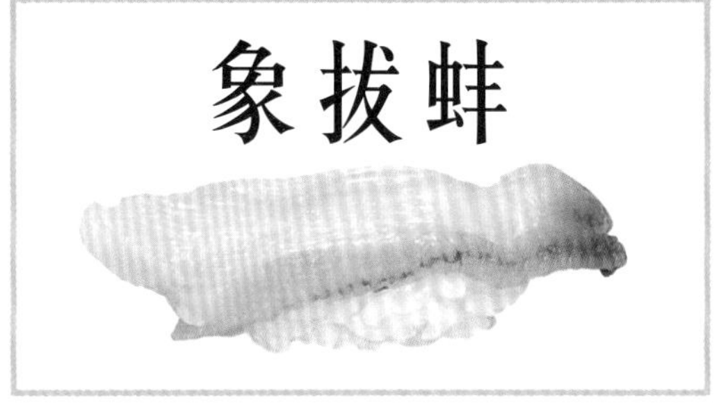

象拔蚌。伊良湖岬出產。

1 用開殼器將殼撬開。

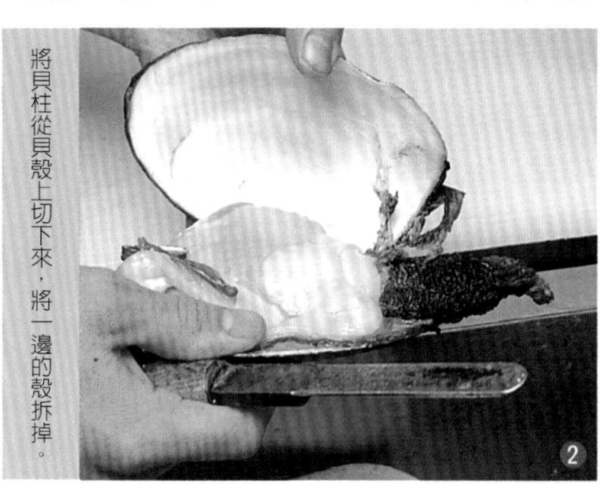

2 將貝柱從貝殼上切下來，將一邊的殼拆掉。

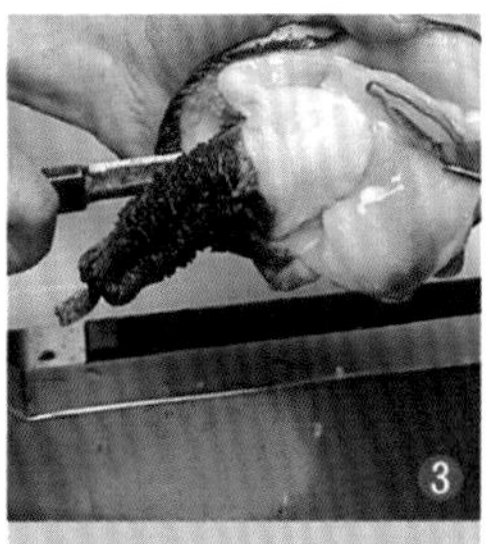

3 將黏在另一邊殼上的貝柱也切開來，將貝肉取下。

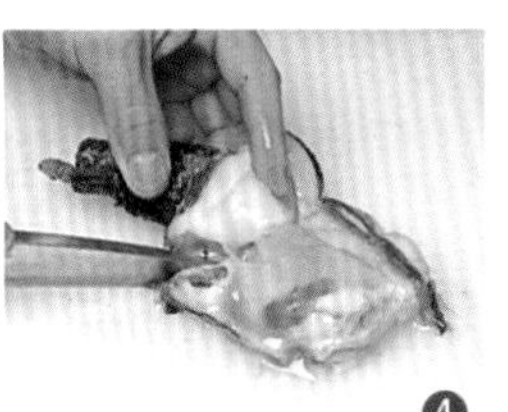

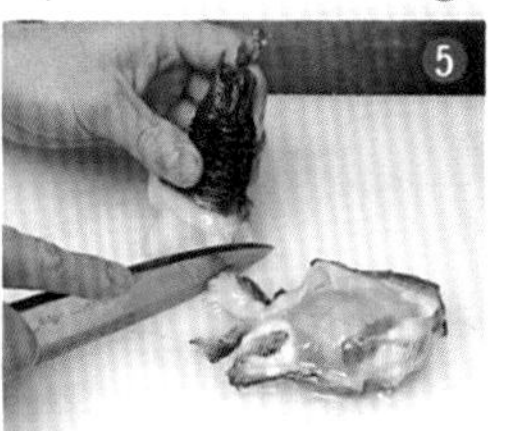

4、5 將貝肉分切成水管（也稱為觸鬚）、裙帶、內臟。

6 由右側起分別是水管、裙帶，貝柱和肌肉（保護內臟用）或腸子。

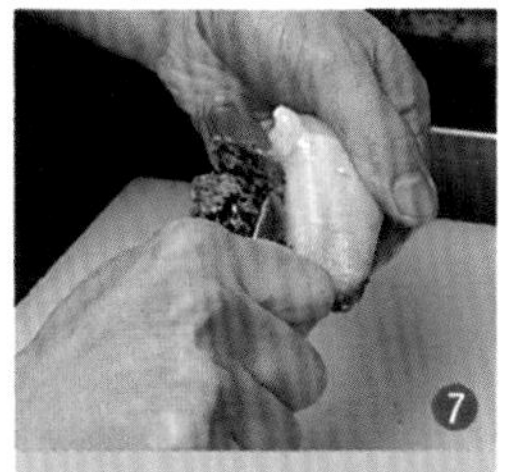

7 用剝殼器將水管的皮剝掉。

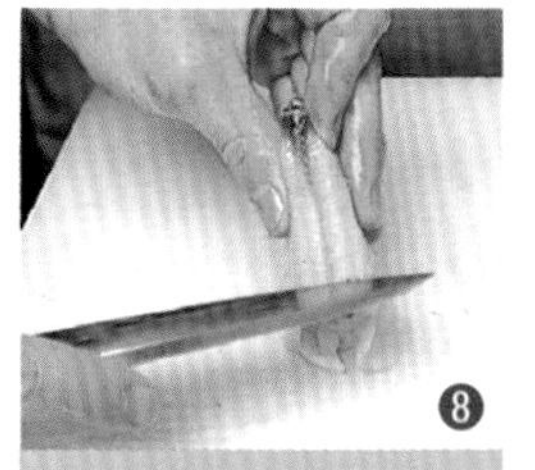

8 用魚刀的刀尖將沒刮掉的皮削乾淨。

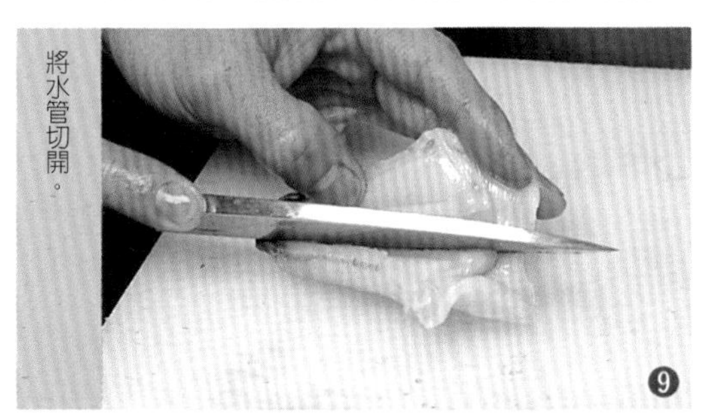

9 將水管切開。

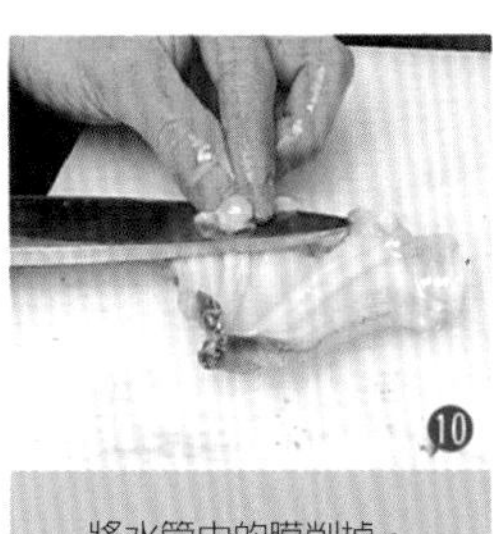

10 將水管中的膜削掉。

11 將水管前端較硬的部份切掉。

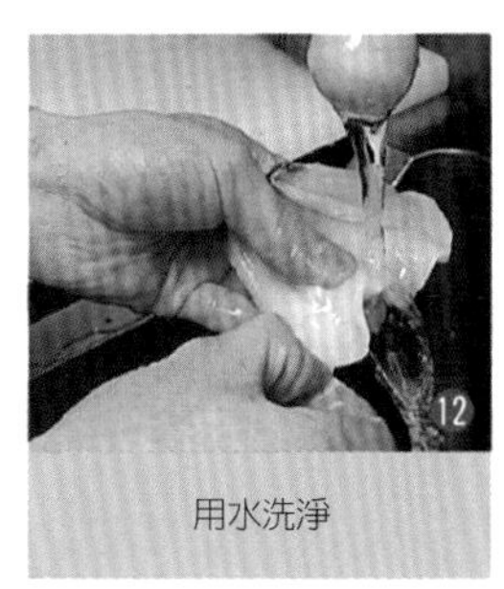

12 用水洗淨

13 可捏成六貫握壽司的大小。去除水氣後，放入原木盒裡。

穴子
（拆解成三片）

穴子。野島出產，重 120~130 克。

1 將穴子的背朝著自己，在胸鰭上釘入錐子，讓穴子固定。

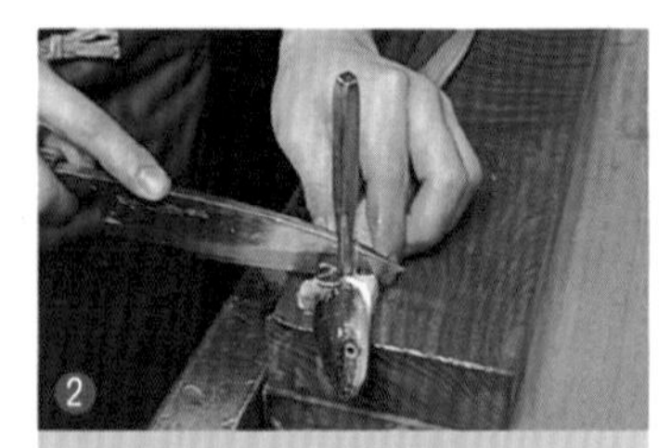

2 用開魚刀切入胸鰭後方。

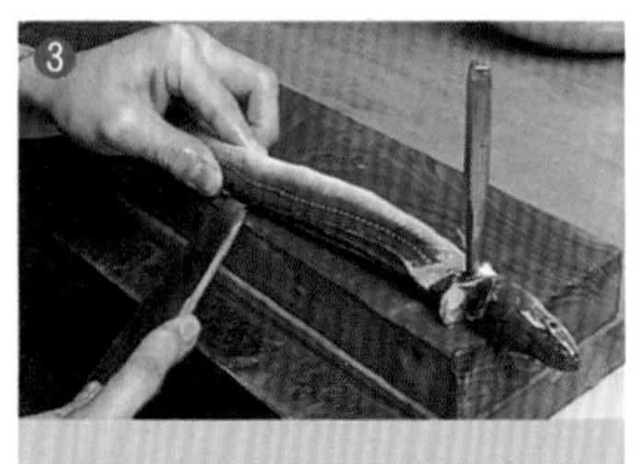

3 魚刀沿著脊骨切入，將背部劃開。

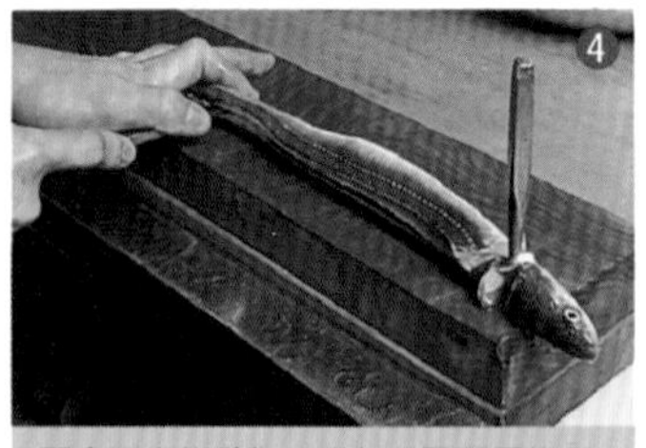

4 配合刀尖的動作，用左手緊緊壓住魚身，一路切開直達尾端。

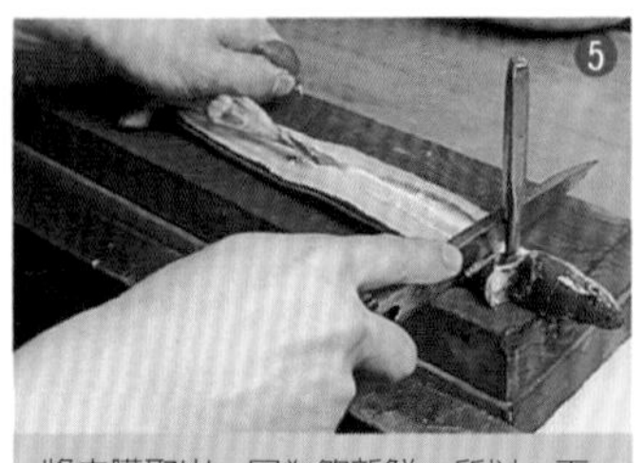

5 將內臟取出。因為夠新鮮，所以一下子就能取出來。

6 用刀沿著脊骨下緣切入，將脊骨削掉。

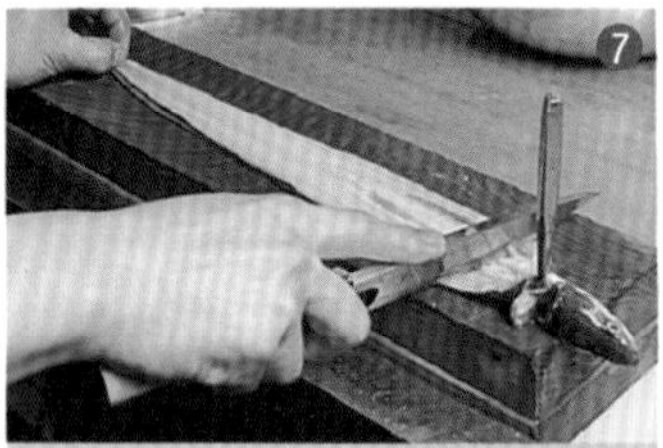

7 用魚刀把髒污刮乾淨。

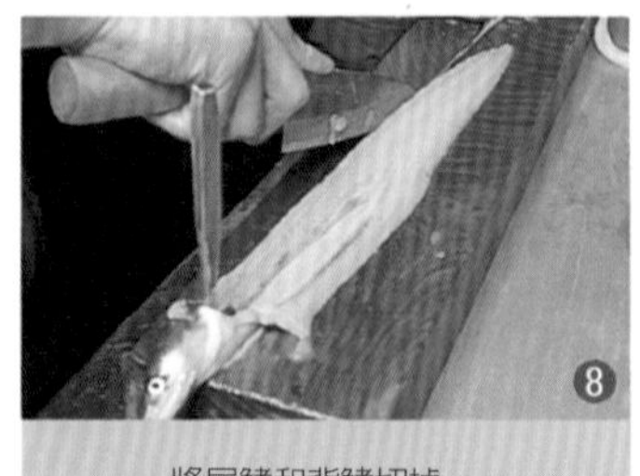

8 將尾鰭和背鰭切掉。

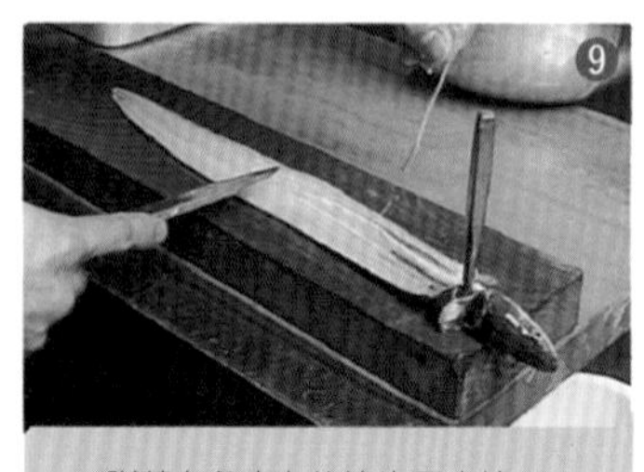

9 附著在魚肉上的筋也要去掉。

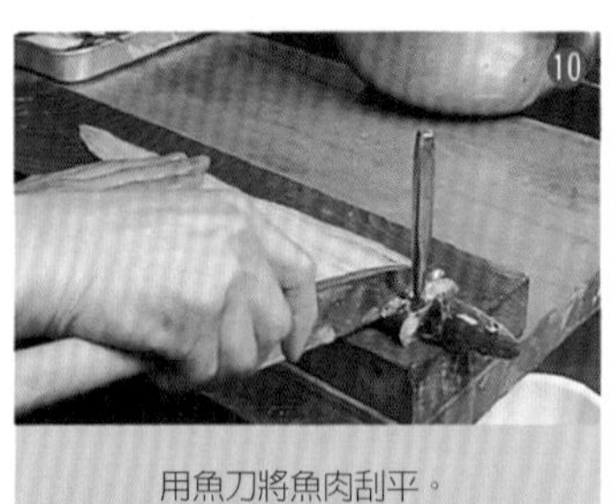

10 用魚刀將魚肉刮平。

11 用刀切入胸鰭後方，將魚頭和魚身分開。

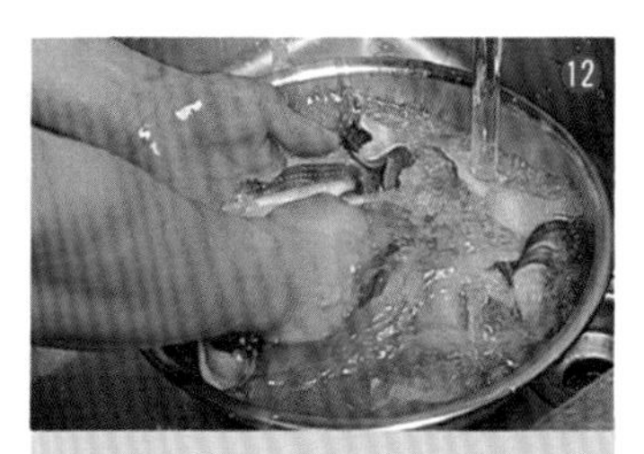

用水仔細清洗，將黏液去除。

換一盆乾淨的水再輕輕搓洗。如此反覆三次。

在鍋裡裝滿水加熱，放入白粗糖。

加入味醂。

加入醬油。

水滾後放入穴子。

蓋上直接壓在食物上方的蓋子（比鍋子小的鍋蓋），讓穴子不會在鍋裡翻動。

用中火煮，不要煮到沸騰。有灰水泡沫浮上來的時候就把它撈掉。

一尾尺寸大約可捏三到四貫的穴子，要煮二十五分鐘。

煮好的穴子肉質軟綿，用筷子夾不起來，要用飯勺在下方捧著。

將魚肉的這面朝上，每條頭尾交錯並排，蓋上濕布放在室溫下。

章魚

章魚。佐島出產，1.5 公斤。

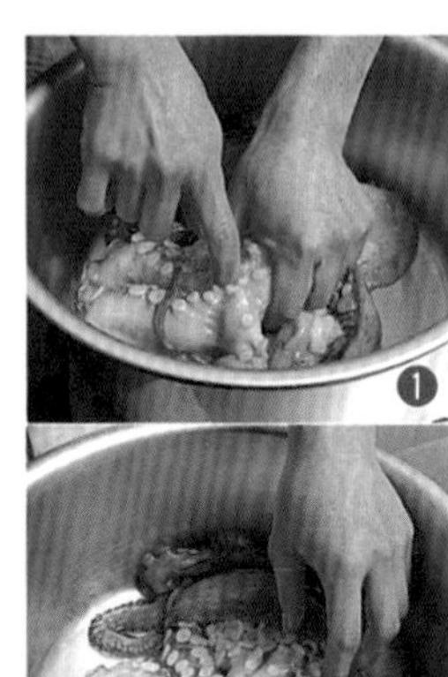

雖然一早已經在市場取出了頭部的內臟，但身體依舊滿是活力，動個不停。

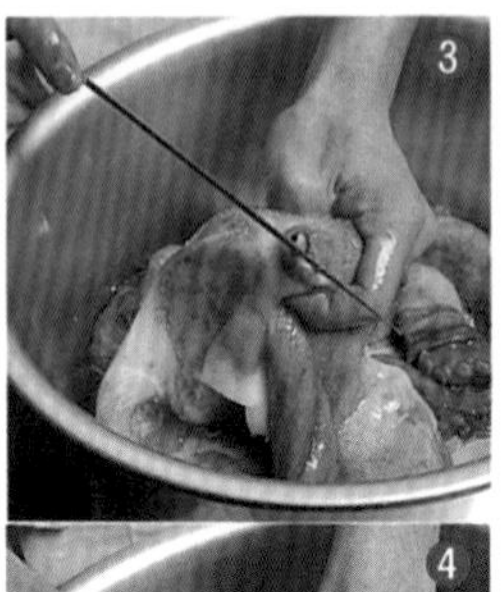

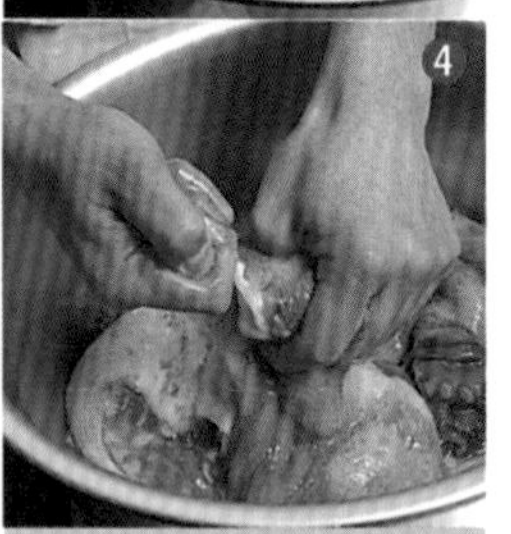

用刀切入頭部根部眼睛所在位置，將眼睛挖掉。

放在清洗的盆子裡什麼都不加，開始用力搓揉。

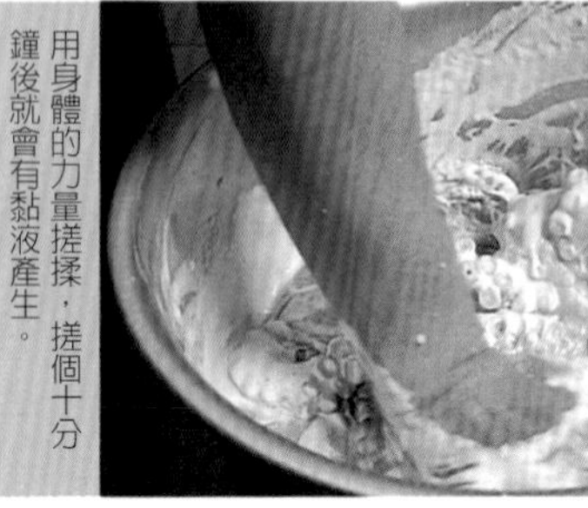

用身體的力量搓揉，搓個十分鐘後就會有黏液產生。

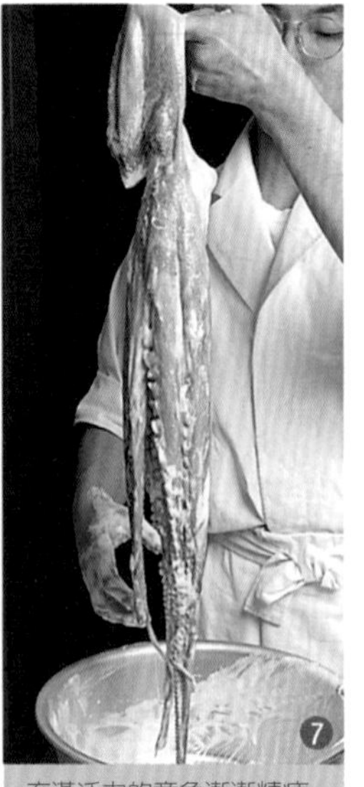

充滿活力的章魚漸漸精疲力竭了。

再繼續慢慢搓洗。

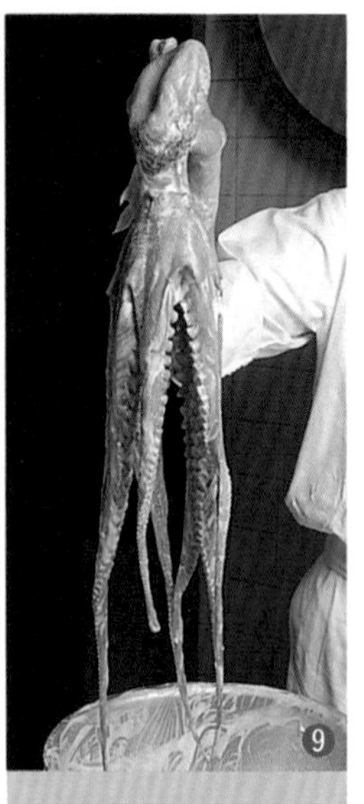

章魚會漸漸失去張力。

黏液和皮會慢慢不見。

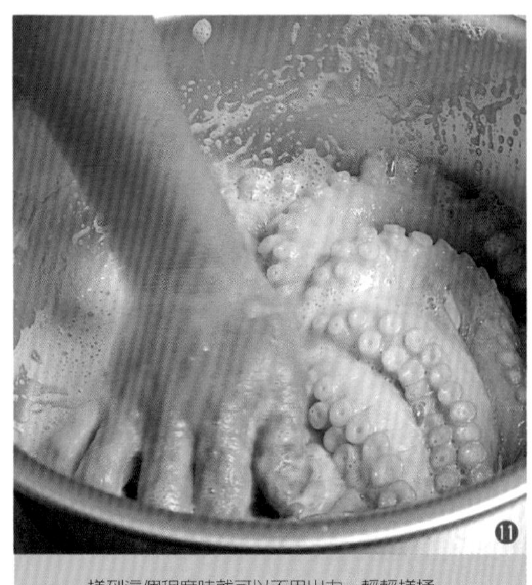

搓到這個程度時就可以不用出力，輕輕搓揉。

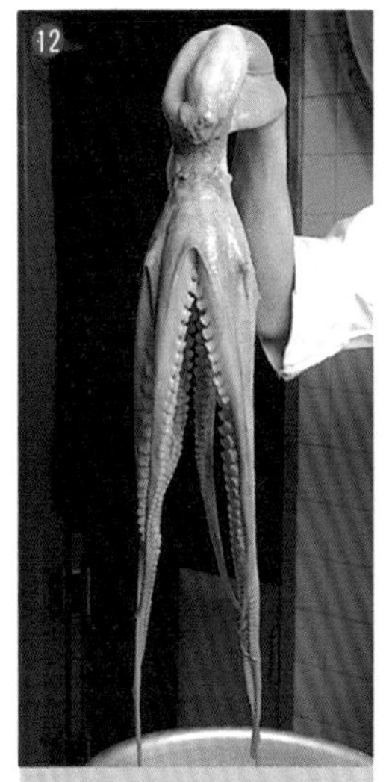

仔細搓揉三十到四十分鐘，連腳的末端都要搓到。最後終於可將黏液去除。

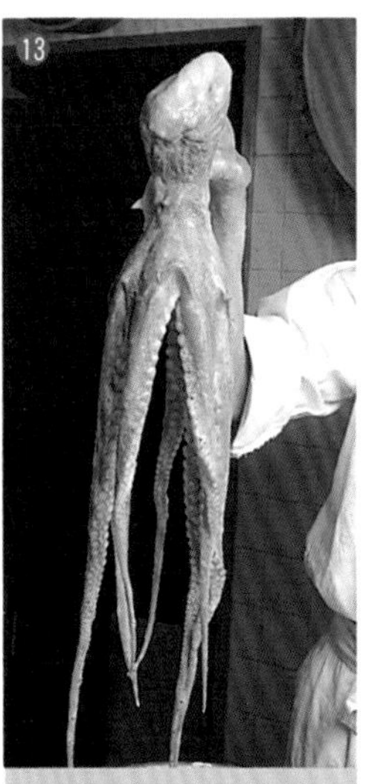

繼續搓揉可以發現章魚的腳好像要拱起似地撐開來。

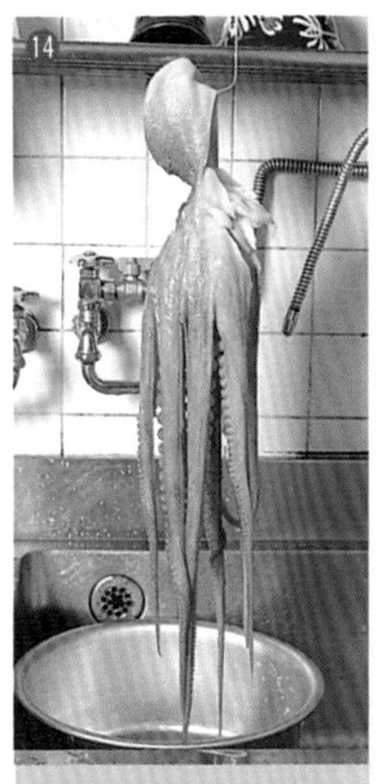

再搓揉後章魚腳漸併攏收回。到此結束。

煮一鍋滿滿的水，沸騰後用鐵絲勾著章魚，以吊掛方式由腳先入鍋。

提起來又放進去，如此進出沸水兩到三次，直到章魚腳向外捲成一團為止。

當腳捲成一球之後，將整隻章魚沈入熱水裡煮。

用大火煮十六分鐘。煮章魚的湯聽說對凍傷很有療效。

因為皮會自己褪下，所以不用沾手。用鐵絲勾著頭部從鍋裡吊起來。

就這麼吊著在室溫下放涼。

文蛤

去殼的文蛤。伊勢出產，帶殼的重量一顆約 80 ～ 90 克。

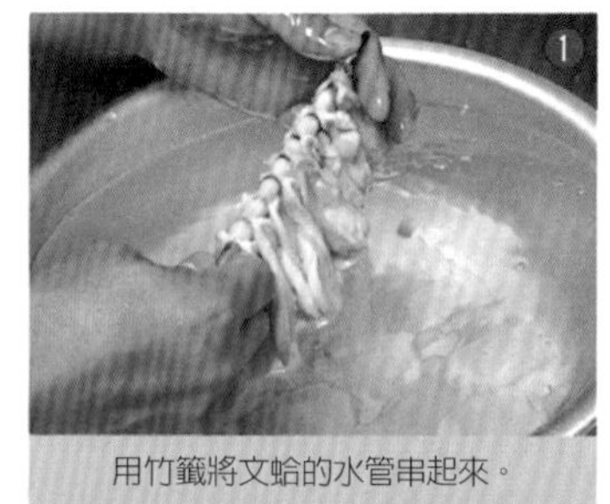

用竹籤將文蛤的水管串起來。

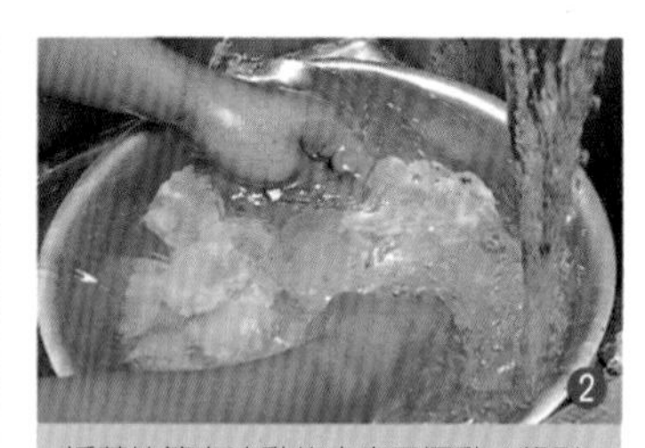

抓著竹籤在流動的水來回擺動，將剝了殼的文蛤清洗乾淨。

洗去細砂和黏液後放在竹篩上把水瀝乾。

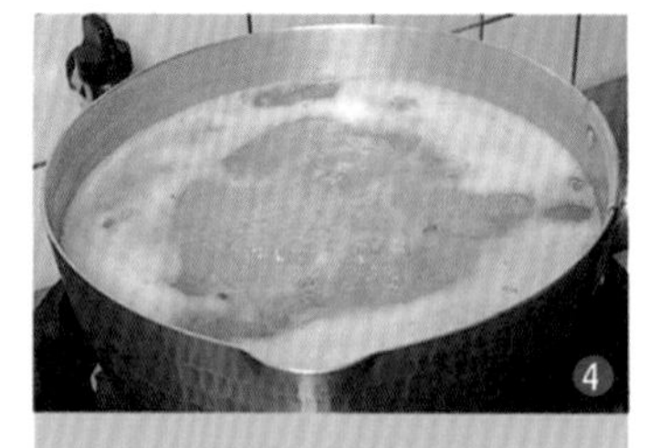

放入沸騰的水中煮滾一下。

撈起來放在竹篩裡放涼。利用餘熱讓文蛤整個熟透。

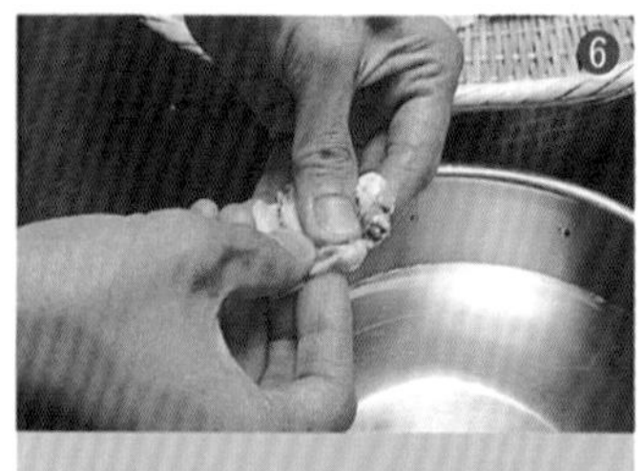

用手指掐一掐，將腸子擠出來。

筋也要小心去除。

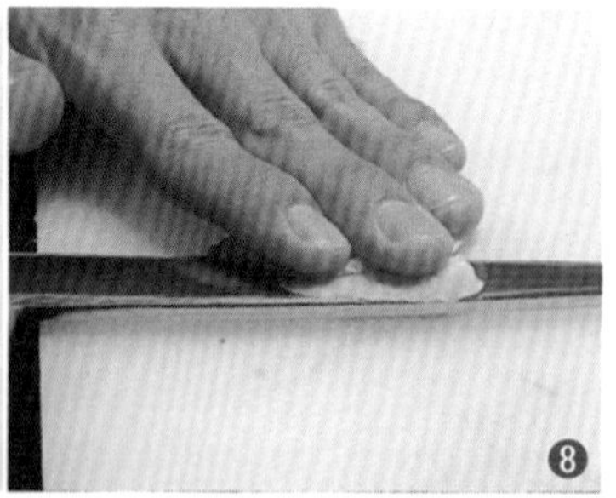

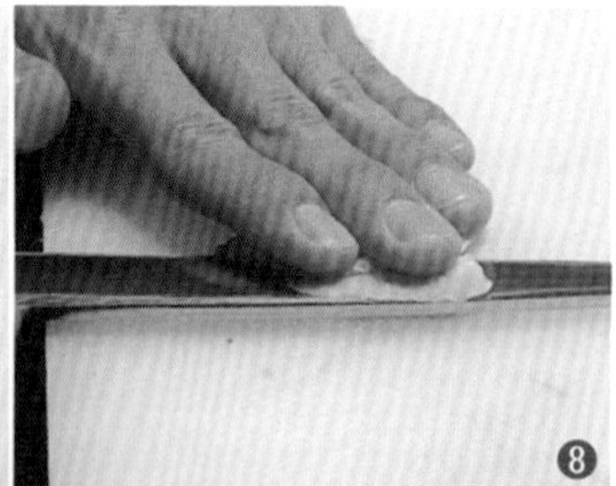

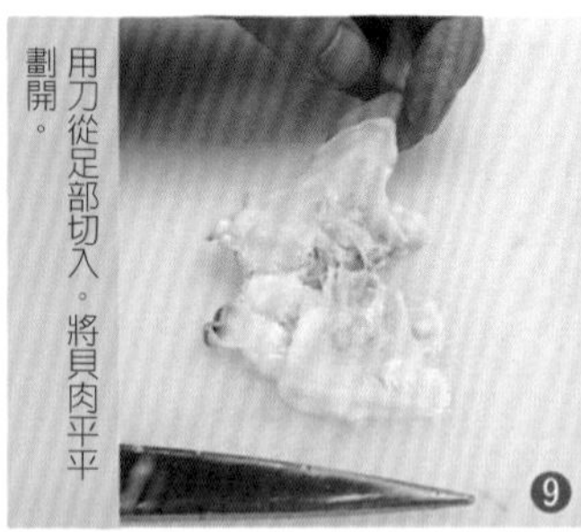

用刀從足部切入。將貝肉平平劃開。

文蛤醬汁。用煮文蛤的湯汁加砂糖、醬油和味醂煮成醬汁。

將文蛤攤開重疊排列，由上方淋上文蛤醬汁。

蝦蛄

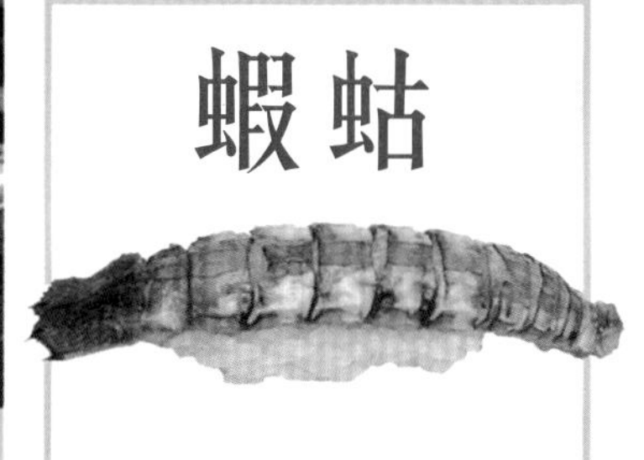

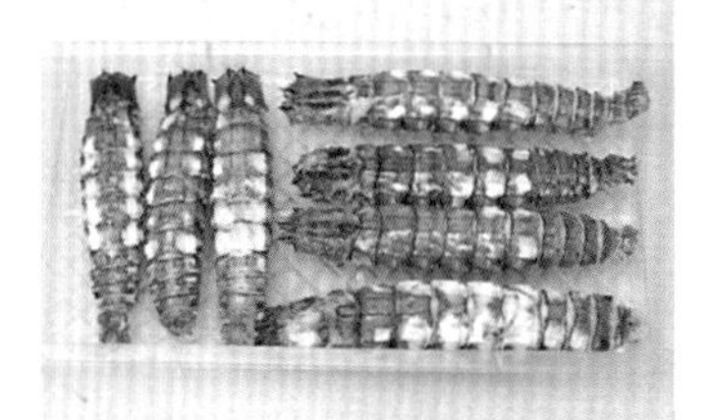

蝦蛄。小柴出產的抱卵蝦蛄。

將熱水煮沸，加入白粗糖。

加入味醂。和酒相比，加味醂能讓蝦蛄的餘味更豐富。

加入醬油煮沸，讓酒精揮發。

沸騰後將灰水的泡沫撈掉。

放入蝦蛄。

滾一下後把泡沫撈掉，關火。

將蝦蛄浸泡在湯汁裡，放在室溫中冷卻。完全冷卻後撈起來就完成了。

靜置時蓋上濕布，避免水份流失。

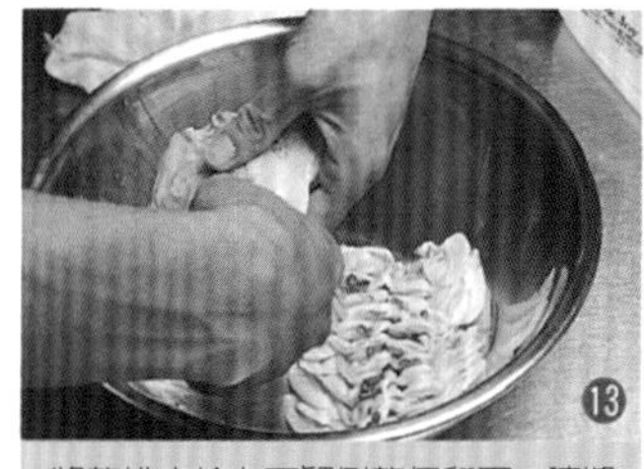

將整排文蛤上下顛倒整個翻面，讓醬汁能均勻地入味上色。

要翻面兩次。文蛤本身也會出汁，這樣做更容易入味。

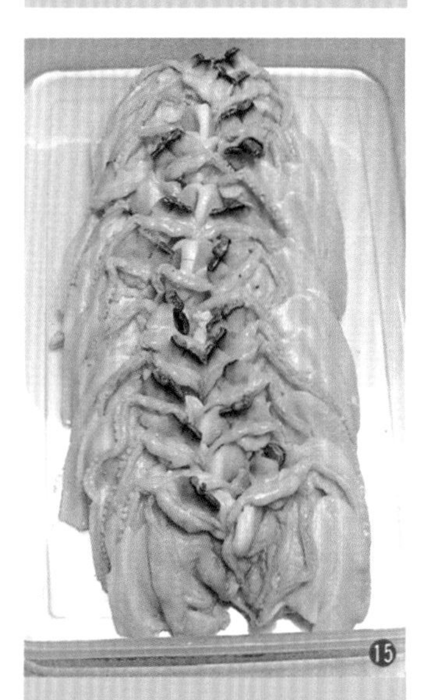

浸漬幾小時以後，就可以吃了。

鮑魚

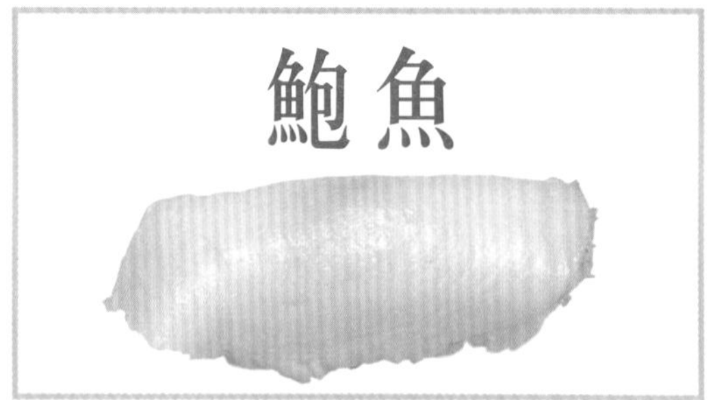

鮑魚。岩和田的枇杷貝，800克。

用金屬磨泥器的柄插入殼與貝肉之間，將貝柱拆開。

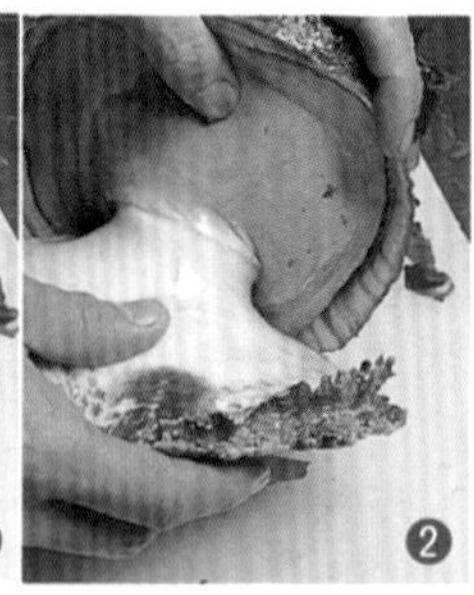

取出貝肉，用手刀施力將殼與貝肉分開。

取出留在殼裡的薄膜和腸子。

將附著在貝肉上的薄膜等雜物切除。

用刀尖刮掉鮑魚嘴。

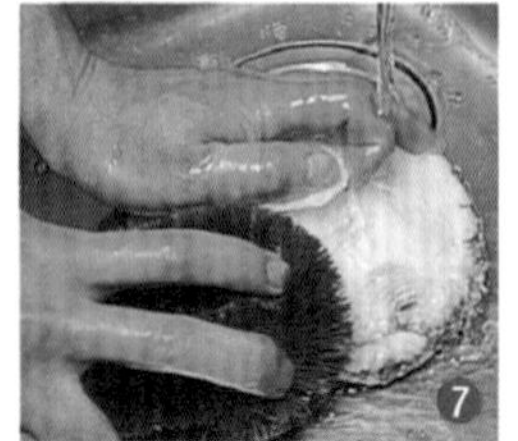

用棕刷搓洗貝肉，洗掉黏液和髒污。

表面皺褶部份的髒污也要充份刷洗乾淨。

在鍋放入水和鮑魚，之後再加入酒，酒的量略少於水，接著用大火加熱。

沸騰後將灰水的泡沫撈掉。

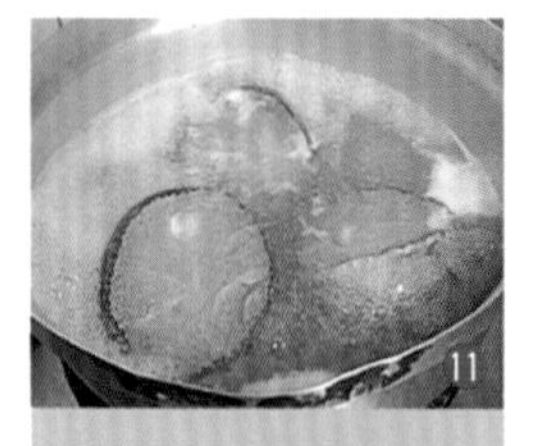

轉小火，一邊加水一邊勤勞地撈去泡沫。

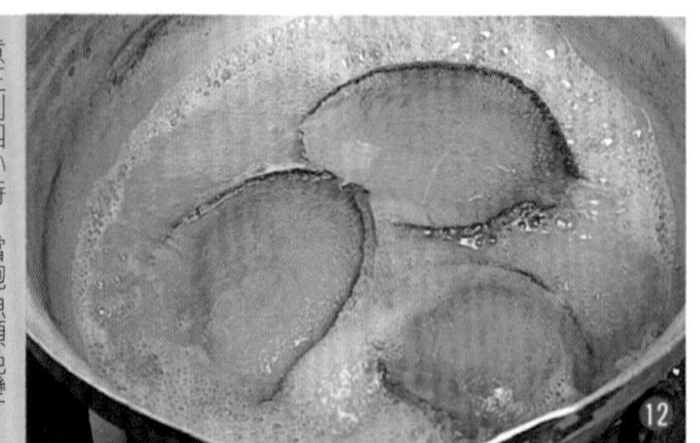

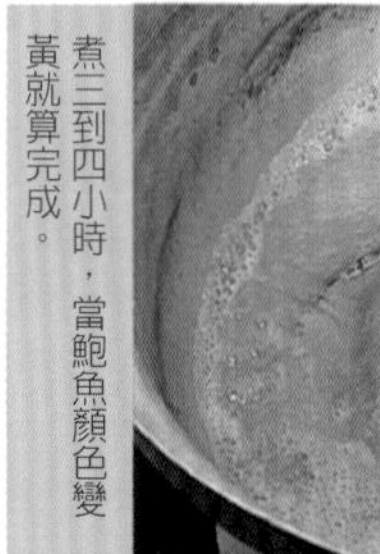

煮三到四小時，當鮑魚顏色變黃就算完成。

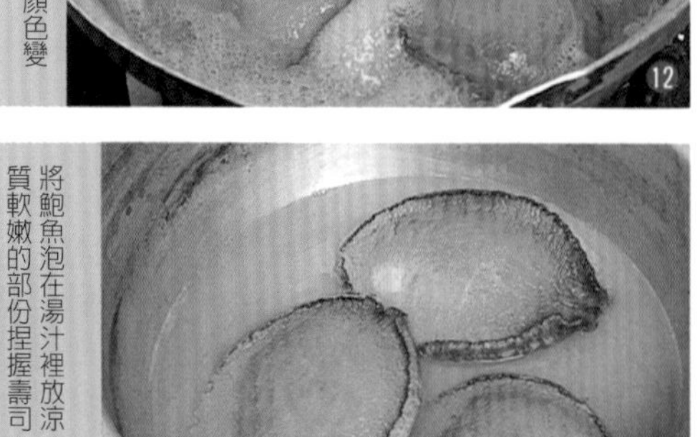

將鮑魚泡在湯汁裡放涼。用肉質軟嫩的部份捏握壽司。

鮭魚卵

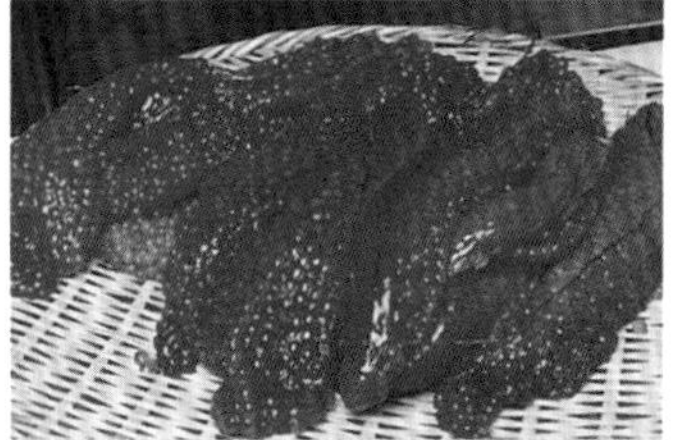

生鮭魚卵。三陸出產，經試吃選出、表面柔嫩的鮭魚卵。

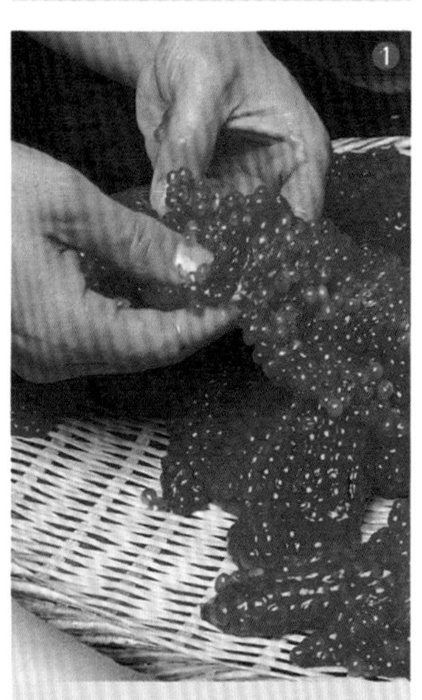

將魚卵的薄膜割開。

在溫水（比洗澡水再熱些）裡加入鹽。

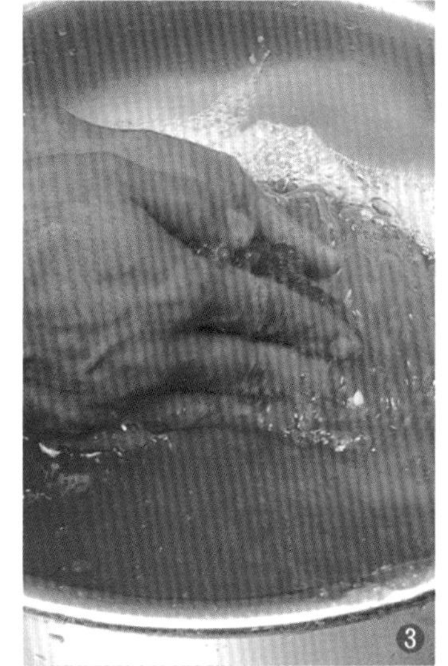

放入鮭魚卵，用手搓揉開來。

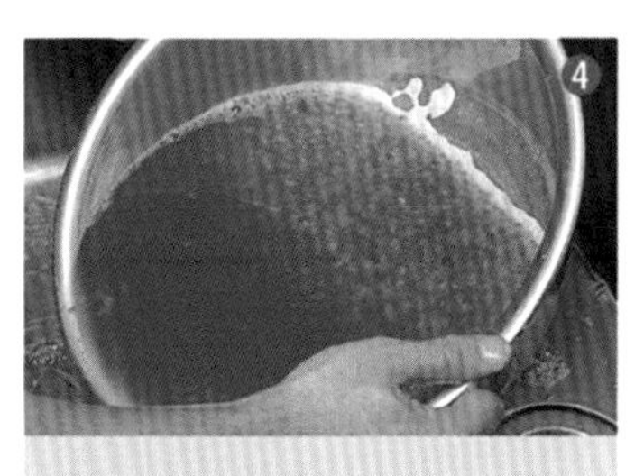

將髒污和皮屑沖洗乾淨。

添加水、熱水和鹽，繼續把魚卵搓開，讓魚卵粒粒分明。

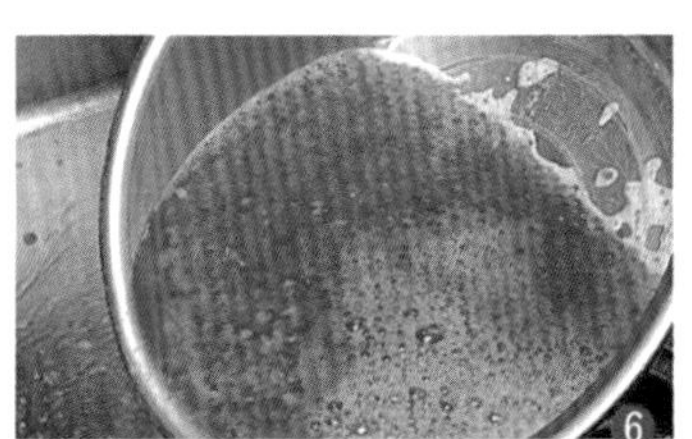

將破掉的屑屑和較硬的顆粒挑掉。如此反覆作業直到所有的鮭魚卵都完美無缺為止。

將鮭魚卵放在竹篩上，送進冰箱裡瀝乾水份。

將酒、醬油和鹽混在一起煮沸後放涼，將鮭魚卵浸泡在煮好放涼的醬汁裡醃漬。

靜置兩到三小時後測試味道，如果味道太淡再加醬汁。

玉子燒的做法

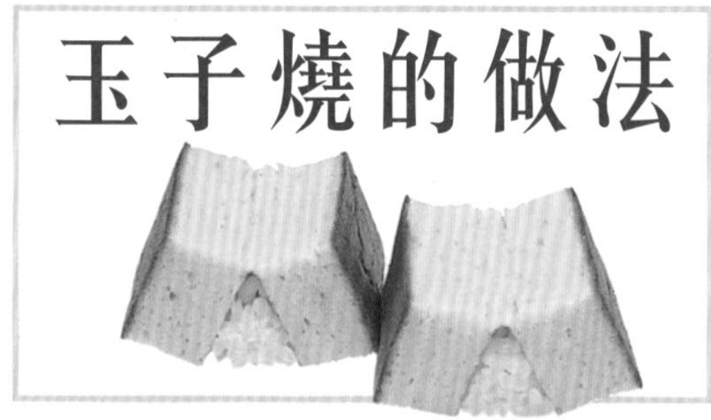

蛋、青蝦（三河出產）、山藥、砂糖、鹽、味醂

將剝殼完的青蝦壓製成蝦漿。

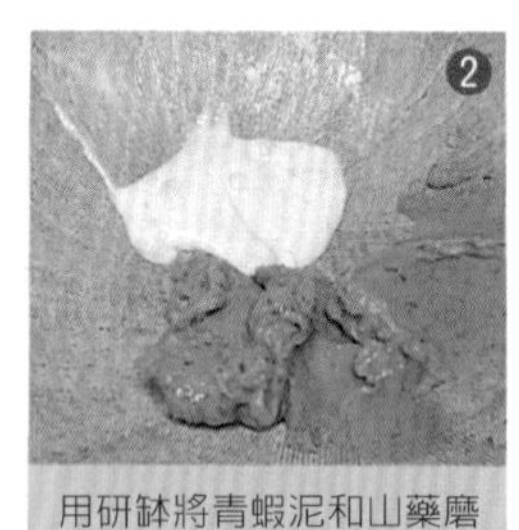

用研缽將青蝦泥和山藥磨成泥。

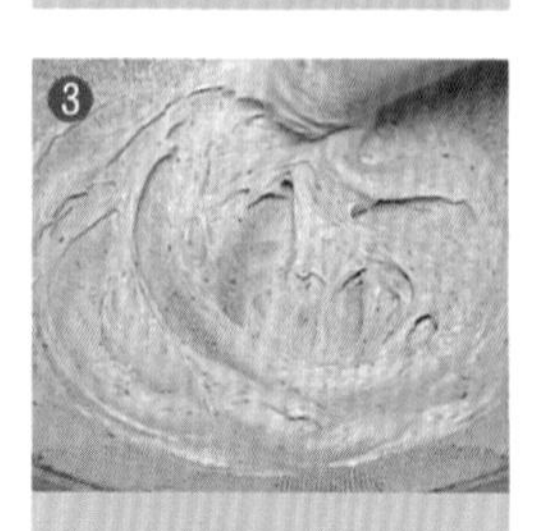

用杵充分攪拌成泥。

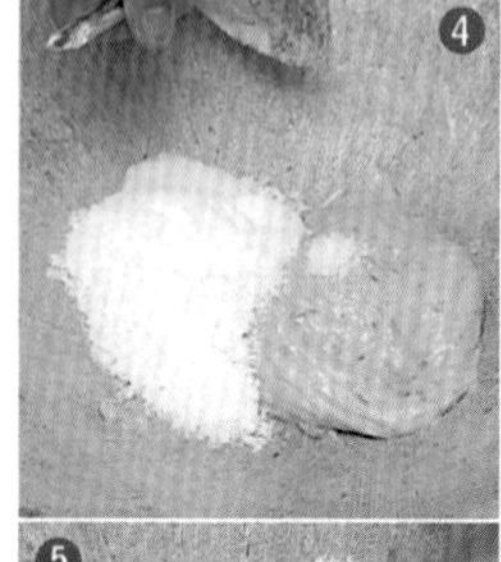

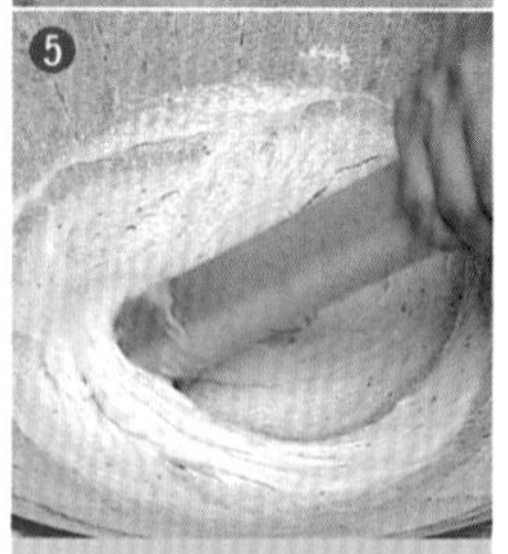

加入一小撮鹽和砂糖，充份混合均匀。

如果太黏，就加入味醂中和一下。

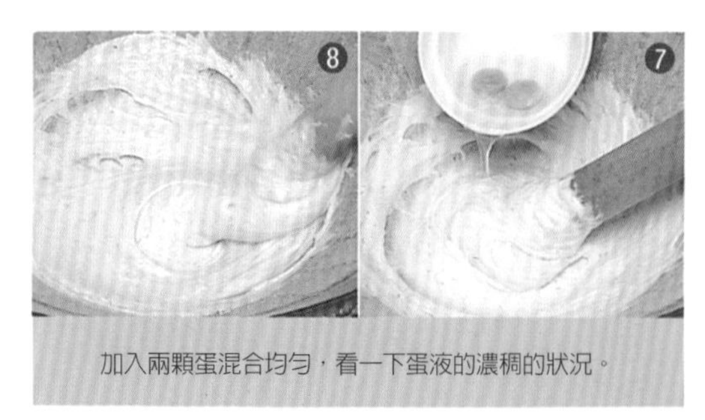

加入兩顆蛋混合均匀，看一下蛋液的濃稠的狀況。

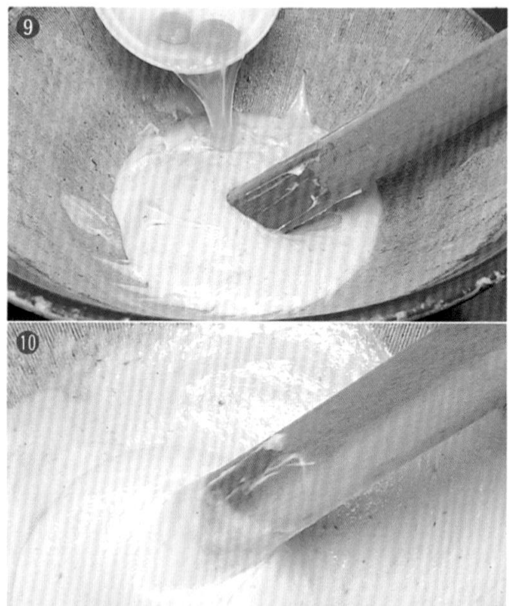

如果發黏就再加顆蛋。總共要放七顆。

將烤玉子燒的器具（鍋子）預熱，抹油。

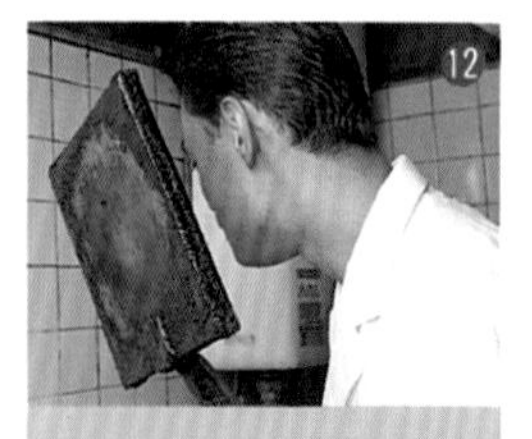

將鍋子靠近臉頰，測試溫度。鍋子不可過熱。

將蛋液倒進鍋裡。搖動鍋子將蛋液攤平，小心不要讓空氣進入產生氣泡。

倒入蛋液至不會從鍋緣溢出來的程度，使用微火。

二十分鐘後會開始鼓起。這時用鐵籤沿著鍋緣插入，繞鍋緣一圈。

三十分鐘後用兩根長筷子插入玉子燒和鍋子中間。

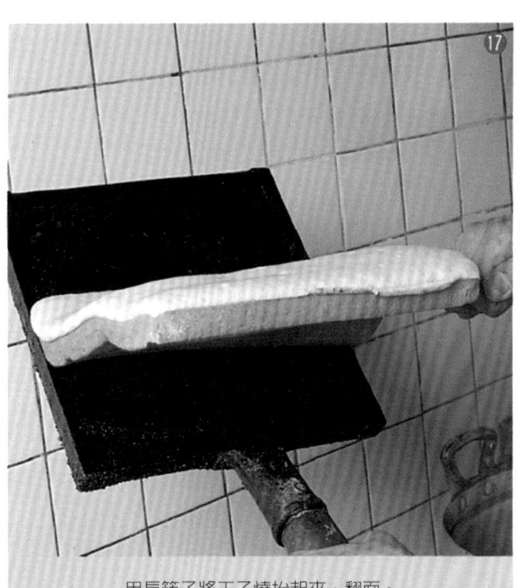

用長筷子將玉子燒抬起來，翻面。

把在鍋裡翻好面的玉子燒再放回爐上烤，把火稍微轉強些。

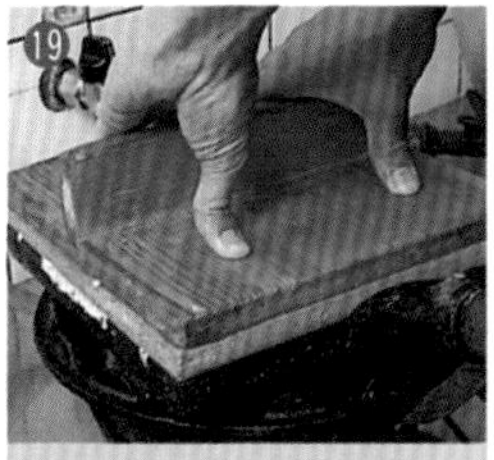

蓋上木蓋，施力往下壓，把空氣擠出來。

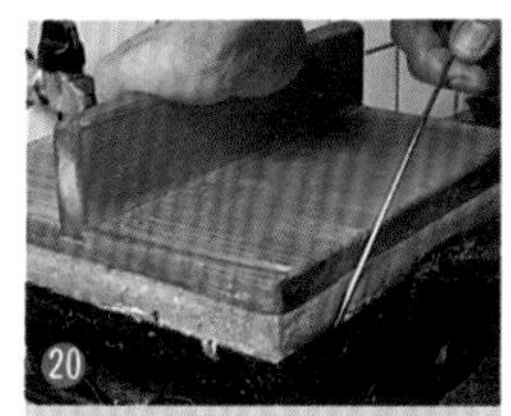

如果玉子燒變得膨脹的話、沿著邊緣用金屬棒收為壓邊。

把鍋子上下顛倒倒扣，用木蓋托住玉子燒。

用指壓壓看，確認是否熟透。

將玉子燒放在竹篩上冷卻。

這樣玉子燒就完成囉。先烤的那一面為正面。

醬汁

1 將煮穴子的湯汁過濾。

2 在鍋中放入滿滿的水，加入白粗糖。

3 加熱沸騰後把泡沫撈掉，試試味道，轉成小火。

4 不蓋蓋子，用文火從早煮到晚，熬到湯汁剩下原本的一半。

5 隔天早上換成較小的鍋，添加味醂再用文火繼續熬煮。

6 仔細撈掉泡沫慢慢熬煮。十二小時後湯汁剩 1/4，再熬煮十七小時後湯汁剩下原本的 1/8。

7 熬煮完成後的醬汁放涼，裝入罐子放進冰箱裡。

壽司醬油

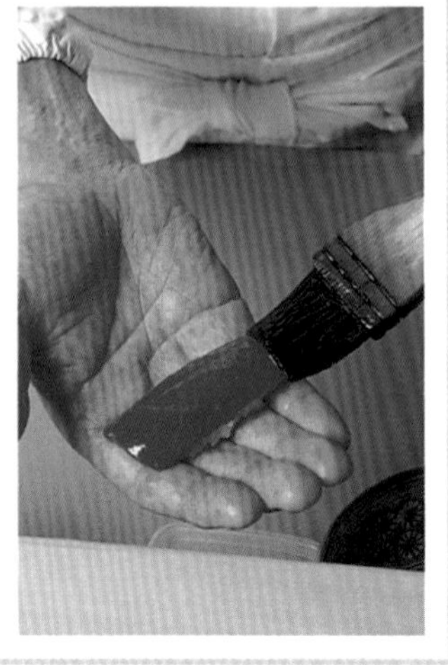

1 在鍋子裡倒入酒、醬油、少許的味醂，然後開火煮至沸騰。

2 沸騰後繼續煮至酒精揮發。

3 關火冷卻後就完成了。

4 倒到小碟子中，就能用來沾壽司食用。

第四章 海苔捲・玉子燒的做法

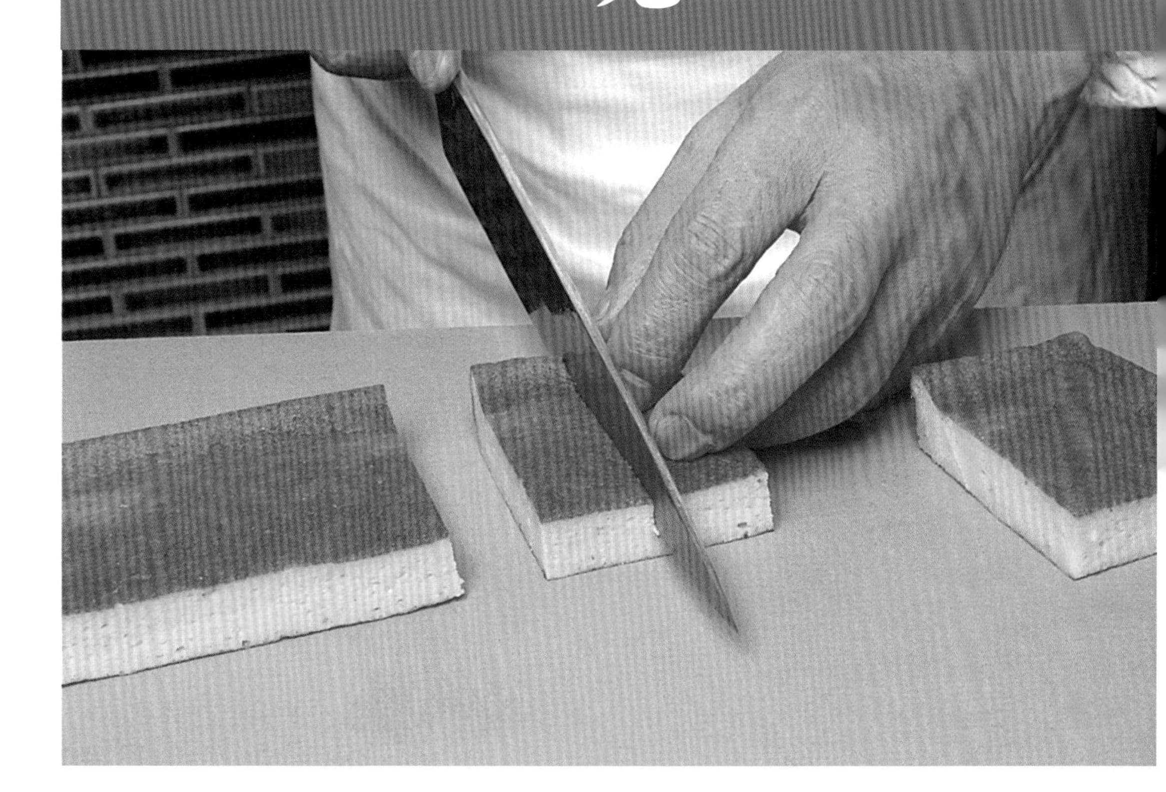

次郎壽司記事 4

海苔捲・玉子燒的做法

事實上，
我是「手捲始祖」的不肖的弟子！

小野二郎在烘烤海苔。在品質很好的備長炭上已幾乎垂直的角度
快速地用手拿著海苔對火烘烤。這是非常難的技術。

昭和五年出版了一本很有名的書，書名叫做「壽司通」。那位名叫永瀨牙之輔、真實身份不明的作者，自費嚐遍了所有的江戶前握壽司，他一定是位富貴閒人。

「海苔若和鰻魚一樣用備長碳烘烤得當，就能留住香氣和美味，可惜現在沒有任何一家壽司店這樣做了。」在平成年代的今時今日，小野二郎正在這麼做。

海苔

味道取決於烘烤的方法

海苔是很重要的食材，它可以左右客人對這家壽司店的印象。大多數的客人都是吃完握壽司後再點個海苔捲做結尾。這個時候如果海苔腥味很重，或是沾了濕氣很難咬斷，之前享用握壽司所得到的滿足感就完全一筆勾銷了。

所以我們店裡的海苔都是在當天早上用紀州的備長炭烤好當天要用的量。

為什麼要用備長炭呢？因為一般的木炭燃燒的火苗較高，會把海苔烤焦。會讓水份流失的瓦斯或是火力較小的電烤爐也不能用。用電烤爐烘烤我們店裡一天用量的海苔要花上一個小時。可是用備長炭的話十五分鐘就可以搞定。而且用備長炭烘烤的海苔到了晚上口感依舊酥脆，入口即化。

如同大家都知道備長炭的火力是很強的，儘管看不見火苗，一旦稍不留神就會瞬間燃燒起來。所以，我特別交待最近開始負責這項工作的小夥子要仔細留意：

「烤的時候好像在用海苔拍打烤網似的，不可以將海苔整片掃過。」

要用幾乎接近垂直的角度瞬間放到火上，接著即刻快速翻面──若不這樣做無法烤出美味的海苔。如果像用掃帚掃地那樣平平掃過烤網，海苔的受熱一定不均，一定有哪裡會燒焦。不過，這工夫對初學者來講似乎有些難度。我從進入「京橋」當學徒到現在已有四十多年的時間，對於我這個每天早上都烤海苔的人來說，這不過是習慣的問題罷了。只要習慣了就好，並沒有什麼大不了的。

總而言之，海苔的味道就取決於烘烤的方法。絕對不可以烤到全熟。想烤全熟的最後結果就是燒焦，所以目標是烤到九成五，讓四個角落都有受熱即可。這樣的做法可以讓烤出來的海苔顏色鮮豔無比，並且散發出一股難以言喻的海味。

海苔的季節是冬天。以前的東京灣每到十二月就可以採到顏色豔麗、有如漆繪般的新鮮海苔。但是現在這種海苔連想都不敢想。

為什麼呢？因為以前和現在的海苔從一開始的育苗方式就已經不一樣了。在昭和三十七年東京灣漁夫歸還漁權之前，東京灣一帶都用竹子或木條做成「海苔架」豎立在淺水的沙灘中育苗。這樣一來，海苔芽在漲朝時就會沒入水面下生長。一旦退潮後，海苔芽又會離開水面接收陽光照射，將水份曬乾。然後又漲潮，接著又退潮，在如此不斷反覆的過程中培育出上等的海苔芽。

採收的季節一到，成熟的海苔芽就被依序採下製成海苔，放在陽光下曝曬。於是，有如豐厚波斯絨毯般柔軟飄香而且入口即化的烤海苔就完成了。

不過，近年來都是在鄰近外海、較深海域的海面上結網育苗。採用這樣的育苗方法，海苔芽一整年都會浸在海水裡，可以加快成長的速度。長成後再使用類似吸塵器的機器進行採收，無論厚薄一律放在輸送帶上，用電熱器統一烘乾。因為是採用這樣的製作方法，所以做出來的海苔扁扁的，烘烤的火候也不穩定，放進嘴裡也不會化開。

然而身為一個壽司店老闆，我不能只是一個勁兒地緬懷過去。用現在能夠想到的最佳方法製作海苔捲，才是壽司店該做的事。要找回舊時海苔的香氣、甘甜和口感，除了用備長炭烤到酥脆之外，就沒有其他辦法了。

海苔的挑選，我交給專家中的專家——販賣海苔的商家，不過他們挑選的海苔大多都是產自佐賀的有明海。事實上就在兩、三天以前，才有一位熟客稱讚我們家的海苔：「你們家用的其實都是很好的海苔呢！」這位客人是一間著名的海苔批發商社長。我們的海苔可是經過業界權威認證的。

軍艦壽司／鮭魚卵

一整年都有美味的鮭魚卵可用

因為東京一帶的需求增加，所以現在有抱卵的鮭魚都直接在銚子港卸貨。和經由北海道再運往築地的時代比起來，現在的鮭魚鮮度更棒了。

不過近年來因為所謂秋鮭溯游而上的時期提早了，所以鮭魚卵的產季也就漸漸跟著提前了。在不久之前，要到十一月才能吃到美味的生鮭魚卵，但平成八年這一年鮭魚卵的產季從九月上旬就開始了，到了十月中旬的時候，鮭魚卵的顆粒就已經變硬了。

在平成七年以前，九月時鮭魚肚子裡的魚卵都還沒成熟呢。

可是平成九年的八月，才剛過了于蘭盆節，小顆的鮭魚卵就開始出現在市面上，到了八月底味道就很濃郁了。照著這樣的程度進行下去，到了十月初，魚卵顆粒差不多就已經變硬了。

鮭魚卵要顆粒軟嫩才有價值。一放進嘴裡一下子就迸開、化掉的鮭魚卵，只有在外海捕撈的鮭魚才有。為了回到同伴們出生成長的河川產卵，鮭魚會回游、逆流而上，所以越接近河口的鮭魚，它肚子裡的魚卵就越會變得像乒乓球一樣硬。因此，只有在外海捕撈的鮭魚才有好吃的鮭魚卵。

在岸邊採買鮭魚卵的時機也很重要。因為曝露在空氣中的鮭魚卵經過長時間日曬表皮會變硬，所以一定要算準時間，在店家早上七點剖腹取卵的時候前往。

其實軟硬程度用手也可以摸得出來。可是為了慎重起見，如果有看起來不錯的，我都會剝一顆下來含在嘴裡確認。一副魚卵的軟硬程度幾乎都是一樣的，所以試一兩粒就能一清二楚。

鮭魚卵是我們店裡年資最淺的壽司配料。會開始備鮭魚卵，是因為老顧客說了一句讓我覺得心裡有愧的話。

那是十五、六年前的事了，他當時帶著用保鮮盒裝好的鮭魚卵來店裡找我，說了這一番話。

「我才剛從札幌出差回來，那裡的生鮭魚卵真是好吃得不得了。不知道是不是加了醬油和味醂調味的關係，它沒有東京賣的鹹鮭魚卵那股腥味。只要把它淋在溫熱的白米飯上，我可以吃下好幾碗白飯。我相信你，所以來拜託你，你可不可以做出比這個更好吃的鮭魚卵？我想帶回家當做晚飯的配菜吃。」

我曾聽說在札幌二條市場裡賣的生鮭魚卵會當場用醬油醃漬，很受旅客們喜愛，但親眼見到實物卻還是第一次。試吃了一下，果然，完全沒有腥味。懂吃的他會這麼為之顛倒也是情有可原的事。很遺憾這位客人如今已經不在人世了，他是對我處處關愛有加的恩人。這樣的一個人，我不能違逆他的心願。抱著這樣的心情，我立刻開始努力研究鮭魚卵的作法。豈能不發奮？豈能不用功？

不久後，味道合乎要求的鮭魚卵完成了，我製作的鮭魚卵擺上桌後他高興極了。

所以說我們店裡的醬漬鮭魚卵一開始是為了做給老顧客吃的，並不是用來捏握壽司的。

不過那一天我想了一下。如果連那樣懂得吃的人都喜歡，那應該也能受到其他顧客的歡迎才對。於是我把鮭魚卵裝在小缽裡供給客人當下酒菜，結果反應出乎意料地好。有了這樣的激勵，我開始捏軍艦壽司。在當時的東京，有賣生鮭魚卵的壽司店是鳳毛鱗角。或許只有我們一家也不一定。

不過生鮭魚卵有個缺點。它只有秋天的兩個半月可以用。這樣的供應期間也未免太短了。

在為此傷腦筋的時候，我突然想到了一個辦法。沒錯，把它冷凍起來。如果用冷凍的方式保存起來，不就一整年都能吃到美味的鮭魚卵配飯了？

於是，我立刻將整塊的生鮭魚卵放入當時最先進的負十度冷凍庫裡冷凍起來測試，但結果卻是失敗收場。在解凍的過程中外皮破了，裡面的汁液全流了出來，根本不能使用。之後我用一粒粒剝好的鮭魚卵放入冷凍庫再試一次。可是結果還是無法順利解凍。

接著，我跑去在築地專門處理乾貨的南北貨店詢問店家。

「我如此如此地試了幾次，但都失敗了，到底要怎麼做才好呢？」

大師是這麼回答的。

「不易冷凍保存的不只有生鮭魚卵。像曬乾的青魚子一經冷凍顆粒就會變皺，時間一久就變得七零八落。不過如果先調味就沒問題了。我們冷凍庫裡的鹹鮭魚卵，就算放一年品質也一樣完好如初。」

原來關鍵在於鹽分啊。我回店裡後再試著將鮭魚卵用醬油醃好、放進冷凍庫裡冷凍，結果試吃後發現冰過的和生的味道完全沒有兩樣。

不過，負十度的冷凍庫有個問題。冰了一個月左右的鮭魚卵一經解凍後顆粒會散掉。這是為什麼呢？我實在想不出原因。人家冷凍鮪魚不是放好幾年都不會變色嗎？那鮪魚都是怎麼冷凍的呢？這次我又跑去問了賣鮪魚的店家，得到的答案是他們用當時最先進的負五十度超低溫冷凍庫來冷凍鮪魚。

我不論如何都想要讓鮭魚卵一年到頭保有同樣的鮮味，所以聽到這條線索後，我立刻去買了一台負五十度的冷凍庫。果不其然，用超低溫冷凍庫冰凍的鮭魚卵就像鮪魚店老闆說的一樣，不論經過幾個月都一樣完好如初。

可是到了要解凍的時候，鮭魚卵又有其他狀況出現了。於是我一直不斷地試驗，從錯誤中找答案，當終於找到最恰當的解凍方法時一年已經過去，產季又要開始了。

我的做法如下。

要解凍的時候先將放在負五十度超低溫冷凍庫的鮭魚卵移到負十度的冷凍庫裡。然後放一段時間後再移到冰箱裡，這樣就可以完全回復成原本生鮮的狀態了。這麼做，一年到頭就都有美味的鮭魚卵可用了。

當然，看到原木食材盒裡隨時都擺有鮭魚卵，有些客人或許會有這樣的想法。

「認真負責的壽司店就應該要使用當令的新鮮食材才對，用冷凍的東西，實在太不像話了。」

這話的確說得沒錯，可是在我當時前後經歷兩個年頭才讓鮭魚卵成功保

為了讓鮭魚卵保有鮮味，我買了一台負五十度的冷凍庫。

鮮的這段期間，我腦袋裡的唯一想法就是怎樣讓鮭魚卵一整年都有得用，什麼當令不當令的根本想都沒想過。所以那個時候我不知吃下了多少的鮭魚卵。在決定章魚或鮑魚的味道之前，有相當多的量都進了我的肚子裡，至於鮭魚卵，我想我吃進去的量應該有好幾十副才對。

看見有這麼多的人都點鮭魚卵，大多數的客人就會覺得：「好吃的東西就是好吃。」我就能夠得到客人的支持了。我是這麼想的。

不過，特地為老顧客做的醬油醃鮭魚卵因為要淋在飯上所以口味較重，如果要做成軍艦壽司的話鹹度就要有所控制。因為下面的醋飯已經有用鹽調味了。此外，雖然醬油和鹽同樣都是鹹味，但是鹽的鹹味對舌頭的刺激比較強烈，所以我們鮭魚卵的鹹味主要還是來自於醬油。

軍艦壽司／海膽

擺在市場賣的極品海膽都是壽司店買走的

很多人都說「海膽的產季是夏天」，可是在東京地區，真正美味的是冬天裡的海膽。

就出產海膽的北海道地區而言，靠日本海沿岸的海膽產季是夏天，而靠太平洋沿岸的海膽產季是在冬天。所以，幾乎一整年都可以採集到好吃的海膽，不過，我用的「白海膽」（北紫海膽）並不耐熱，尤其是夏天融化得很快。明明是用噴射機空運來的，可是放到晚上還是會有流汁的情況發生。

在夏天我也會使用「赤海膽」（蝦夷馬糞海膽）。這種海膽是產量極少的高級品，不過因為顆粒較硬，並不適合捏成我們店裡的握壽司。這是經過試吃比較的結果，所以我們都盡可能使用「白海膽」。

因為白海膽有的就像成人拇指般大小，第一眼見到就讓人驚豔，何況它優雅的香甜和色澤和我們的醋飯更是相得益彰。

在築地賣的生海膽全都來自於北方。日本西部的紫海膽不太常見。其實它不是不好吃。其中，山口縣出產的海膽更被譽為「日本第一的海膽」，是當地居民唯一的驕傲。不過它採集的量還不夠運到東京，而且，可能也因為保存不易吧。會從日本西部運來的是用酒和鹽醃漬的顆粒海膽（日文稱之為粒雲丹）。

說起來，之前有一位住在山口的朋友送了我一盒下松（瀨戶內海）的生海膽，不過一吃發現海膽上全都沾附了木盒的臭味。那個味道非常嗆鼻，而且很難消除。難得收到這麼珍貴的海膽，真是可惜。

說到這點，北海道走得比較前面，用的是沒有味道的木盒。在這之前，是墊一層防臭紙。真是細心周到。

總而言之，北海道和築地間的海膽交易已經往來許久了。現在是用噴射機運送，而在昭和四十四年以前靠的都是夜班火車。一早來到港邊，就會看到許多男子背上都揹著滿滿的盒裝海膽。

「這是哪裡的？」一問之下，

「是北海道的。」

當時運海膽的人全都是退休的國有鐵路員工。現在怎樣就不知道了，不過當時國有鐵路的退休員都有免費通行証可以坐著火車到處去。

在那個時候，從北海道到東京要花上一整夜的時間。在沒有保麗龍保冰盒的年代，一不小心就失了鮮度。儘管如此，賣家還是費盡心思努力保鮮，讓顧客滿意，想方設法地將海膽包好。

防臭紙和無味木盒就是北國海膽店家的努力成果。

所以，我用的海膽全部都是函館的「ＨＡＤＡＴＥ」這個牌子，它產自沒有濫採情況的北方四島附近，而且非常地肥厚飽滿。木盒側面用不同顏色的標籤區隔，分成「金」、「綠」、「藍」、「深藍」四個級別，全部是都稱得上特級品的好貨。

在築地販售的海膽，包含進口的在內，全部有幾十種等級。順便一提，我曾經問了一下某天的批發價格，結果區間落在一箱三百日圓到一箱一萬五千日圓之間。品質的差異從「最高級」到「最低級」的都有，不用說，「ＨＡＤＡＴＥ」的品質自然是「最高等級」。

那麼「最高級」是高級在哪裡呢？一顆海膽可以取五瓣精巢或卵巢（海膽可以食用的部分是相當於雄海膽精巢、雌海膽卵巢的生殖腺）。用食鹽水之類的洗掉髒污，將殼屑剔乾淨，待緊縮成形後就可以裝盒販售，不過如果做這些作業的人不是熟手，那麼整瓣海膽的形狀往往會被破壞，出現缺角。

有缺角的就要挑掉，還要嚴格揀選體型大又顏色鮮豔的，最後只有極少數符合標準的海膽才能裝進「金」和「綠」的木盒裡。

所以「金」盒海膽是極為貴重的。所謂美味海膽的三大要件包括黏稠的綿密程度、表示鮮度的筋脈膨脹程度，以及沒有半絲暗沈的鮮黃色澤，如果不是這三大要件齊備的滿分稀品，是無法擁有「金色印記」的。

要揀選出如此高品質的海膽，至少要五百箱才能挑得出一箱，就算是我這種每天都買海膽的人，一整個產季也只遇到過四、五次而已。平成八年和九年這兩年我連一次都沒看過。如果有遇到的話我當然一定會買，有吃到的人真的是運氣好。因此，我們店裡平常使用的「綠」盒海膽可以算是市場裡等級最高的。「金」盒海膽和「綠」盒海膽只有些微差異，事實上連我也不太能夠清清楚楚地辨別出來。

海膽壽司都捲成軍艦的樣子。軍艦壽司以形得名，不過它不是現在才有的產物，早在我入行的昭和二十年當時，在「京橋」就已經有在賣了。我對鮭魚卵沒什麼印象，不過像海膽或是小貝柱，在當時都是用來做成軍艦壽司的。以當時的交通運輸來看，海膽不可能從北海道運來，所以當時使用的海膽大概都來自附近海域吧？因為以前葉山（相模灣）的海膽就非常聞名。雖然數量稀少，但東京灣或相模灣出產的海膽還是採得到的。有一種狹隘的定義說：

「要用捏的才是握壽司。軍艦壽司不是握壽司。」

但軍艦壽司的醋飯就是用手捏的。如果不用手捏，醋飯不就無法成形了嗎？所以，說「軍艦壽司不是握壽司」，這個論調實在有點難以理解。

不過它確實有它的問題。軍艦壽司完成後，有些客人並不會馬上吃。如果一直擱在壽司檯上不去碰它，只顧著自己聊天講話，我們的醋飯是處於肌膚溫度狀態的，這樣下去不久海膽就會融化，更嚴重的，連醋飯都會變塌。海苔也會沾了濕氣不易咬斷。

雖然不論哪種壽司都要現吃才好，但軍艦壽司和海苔捲更是如此，一定要一端上來就立刻食用才行。因此，有人「最討厭軍艦壽司」也是可以理解的。不過海膽和海苔的味道真的很搭，「一上桌就吃掉，一上桌就吃掉」的壽司愛好者就能了解箇中美味。如果配上我們店裡每天早上用備長炭烘烤的海苔，就算捲成軍艦也會完全溶在口中。

「不要不要，就算你這麼說，我還是不要軍艦壽司，你幫我捏成握壽司。」

也有熟客會這樣要求。

「為什麼呢？」

試著詢問原因後，得到了這樣的回答。

「海膽是壽司配料裡質地最軟的吧？所以如果做成軍艦不管怎樣一定是較硬的海苔比較搶戲。

就算是用備長炭烤的，海苔的纖維還是會留在嘴裡。如果捏成握壽司只有配料和醋飯，就不會感覺有東西留在口中了。」

客人既然都這麼說了，我只好默默地捏成握壽司了。

海膽當然可以捏成握壽司。把醋飯捏好、形狀整好，放上配料海膽之後再重新捏好就可以了。如果品質不夠好，海膽會散開來無法成瓣，但「HADATE」的海膽結構緊實，完全沒有這種問題。

濃郁細緻的味道和口感大概很對味吧？有不少熟客也會點生海膽當配酒的小菜。只吃生海膽還不夠過癮，

「幫我把軟絲切絲和生海膽一起裝在小缽裡，再淋一點山葵醬油。」

有老顧客也會點這種複雜的單。

「清甜的軟絲和香濃的海膽，然後再配上刺激的山葵，美味增加三倍。和日本酒超搭。」他是這麼說的。

鯛魚和比目魚在料理店裡都吃得到，但如果想吃好吃的海膽，就要變成優良壽司店的熟客。因為當天擺在市場上販售的最高等級海膽，都是壽司店買走的。

就算進貨的價格三級跳，我也想用好的海膽。和近海黑鮪一樣，海膽一定要用最好的，這是壽司師傅的堅持。

海苔捲

用竹簾捲或做成手捲會依照客人的喜好決定

「不過是瓠瓜捲。雖然是瓠瓜捲。」海苔捲（瓠瓜捲）的意境就是這樣地高深莫測。因為它一開始是家庭主婦做的東西，所以如果專家做的與一般人做的沒有太大差異的話，它不會成為壽司店的招牌。瓠瓜條是必須用心處理的壽司配料之一。

所以，我們店裡煮瓠瓜條會比別人多費一番甚至是兩番工夫。一捆兩公斤的瓠瓜條切成五等份，每一次煮四百克分四次煮，這麼切是因為要配合海苔捲的長度。用水浸泡一夜、泡軟，然後灑上鹽巴仔細搓揉去除澀味。接下來是川燙。川燙完成後就開始挑揀。這個階段要仔細檢查，一發現比較硬的就要毫不遲疑地立刻挑掉。如果發現比較寬的部份就要修掉，再來就是最後的熬煮入味。

因此，沒什麼大不了的瓠瓜條，單單處理到好就要花費整整兩天的時間。

要做出美味的瓠瓜條最要緊的就是挑揀。吃進嘴裡時如果咬起來嘎吱嘎吱地壞了口感就不好了。所以全部的瓠瓜條都一定要一樣柔軟才行。否則它就稱不上「捲壽司的天王」了。

不能端給客人吃的硬瓠瓜條也不會浪費掉，我們另外把它們煮軟切成細絲，當成散壽司裡的配料做成員工的伙食。和章魚腳等等的配料混在一起就很美味。

也許近來的年輕人不懂瓠瓜捲的醍醐味吧？大家好像都喜歡鮪魚蔥捲、納豆捲或是酪梨捲之類的，就我來看，這些東西一點都不好吃。如果客人進了我的「數寄屋橋次郎」點捲壽司，我第一個先送的一定是海苔捲（瓠瓜捲），再不然就是穴子捲，至於黃瓜捲就看當時的情況而定。而且我會在穴子捲的切口處塗一點甜味的醬汁再端給客人。有時候也有客人會要求：「要放山葵」，不過，和挾山葵沾調味醬油的作法比起來，我們家的穴子比較適合搭配醬汁。

本來知道穴子也可以做成海苔捲的客人就不多，我自己也不想「好吃、好吃！」地刻意宣傳。

事實上，如果點穴子捲的客人變多的話，就不會有切剩下的邊角多出來了。可是這麼一來，就換成我們店裡的小夥子們不高興了。因為自從穴子變成店裡的招牌後，他們都把剩下的穴子拿來捲海苔捲或捏握壽司吃。這不是剝奪大家享受美食的福利嗎？

還有一個比較不為人知的捲壽司就是蝦鬆捲，它一直有自己一票死忠的粉絲。我們店裡的蝦鬆是用青蝦和放在原木食材盒做樣品的車蝦做成的，所以甜味滿分，吃進嘴裡也不會有粗糙的不適感。而且顏色是與生俱來的自然粉色。

喜愛蝦鬆的老顧客說：

「我不太喜歡甜的東西，不過你們家的蝦鬆例外。它淡雅的甜味與滑嫩的口感，搭配你們海苔的香氣和醋飯的調

中午營業時間過後，工作人員會一起吃飯。每天剩下的食材會當作員工食事的食材。今天是蒸剩下來的醋飯，剩下來沒有用完的赤身做成的鐵火丼，醃過的中鮪魚生薑煮。

味真是絕配。」

所以他點的最後一道菜一定是蝦鬆捲。

一般的壽司店都是用白肉魚做成魚鬆。煮好的白肉魚在流動的水裡搓洗，然後曬乾去除油脂，接著再用研缽磨成泥，這樣做成的魚鬆就只會留下纖維。不過每家店的經營策略不同，這樣做也夠了。不要勉強自己硬用青蝦也無妨。

所以對於店裡那些辭職回鄉的年輕師傅們，我都會教他們如何用白肉魚製作魚鬆。如果是白肉魚，就用連著魚骨的肉。把它冰在冷凍庫裡存起來就可以做成魚鬆。

只要客人點單時沒有強調要「手捲」的海苔捲，我都會用竹簾做。這不是什麼「手捲不是握壽司」的固執觀念。只不過我覺得按照以前的方式用竹簾捲，瓠瓜捲切成四段、黃瓜捲、蝦鬆捲還有鐵火捲切成六段，做出來的壽司捲會更加美味。

用手捲的話海苔比較酥脆。所以這種做法會讓海苔的海味更香更濃，可是海苔的味道太強烈了，內餡的味道就嚐不出來了。所以我很了解為什麼有些人堅持不要手捲。

手捲還有一個問題，那就是一直到吃完之前它都必須用手抓著，如果不快點吃掉，海苔會沾附濕氣，變得不好咬。換成是竹簾捲的話，不管中間間隔多少時間，竹簾捲的壽司味道都不會變。

不過，「不管用什麼做、怎麼做，手捲就是不好。」這種斬釘截鐵的主張也是令人不解。實在用不著橫眉豎眼地去攻擊、批評想要品嚐海苔香氣和酥脆口感的人。我自己並不認為這樣有什麼不對，我也不想違逆客人：

「客倌，手捲不是握壽司哦！」

若有客人要求，我就用手捲。因為這純粹只是個人喜好的問題而已。

說起來，有些配料適合手捲，有些就不適合。像醃黃蘿蔔就不適合。瓠瓜條則一定要用竹簾。

穴子也適合竹簾，穴子和小黃瓜搭配的穴子黃瓜捲也適合竹簾；至於蝦鬆，百分之百用竹簾捲比較好吃。若堅持一定要用手捲著吃，大概就屬鐵火捲較合適吧？特別是脂肪豐富的鮪魚大腹就算用手捲也能充分展現原味。

聽說發明手捲的人其實是「京橋」的老師傅。有熟人發現師傅肚子餓的時候都用手捲來吃，想說「我也來試試」，結果大獲好評，於是也這麼做給客人吃。我聽人家是這麼說的。有什麼話都毫不避諱地直說，我真是「手捲始祖」的不肖弟子啊！

玉子燒
青蝦和雞蛋各半，烘烤一個小時

我當學徒時的玉子燒，是從以前傳下來的東京做法。不過我自己做了一些改良，我們店裡的玉子燒比較濕潤。因為青蝦的用量比例提高了許多。當年在「京橋」做的玉子燒一片裡面有二百三十克的青蝦，而我們店裡則放了四百克，雞蛋和青蝦的比例正好一半一半。

聽說以前的壽司店幾乎都用白肉魚的魚漿，可是，不論魚漿的品質有多好，還是免不了腥味。青蝦就沒有這個問題。而且因為它的肉質軟Q，做出來的玉子燒更加軟綿。

近來日本近海的漁獲量持續低迷，如果採買不到足夠的量時，我們就改用小車蝦。這樣一來就沒有青蝦不夠的問題，做出來的玉子燒顏色也夠豔麗，只不過小車蝦的特性是經過加熱後肉質較硬，所以不管怎麼處理玉子燒還是偏硬。這是它的缺點。

哎呀，我不是說小車蝦不好吃啦！它的香氣更勝青蝦。只不過因為是要靠火候烤出綿密與香氣的玉子燒，我還是希望能繼續使用能烤出軟嫩口感的青蝦。這是我的想法。

我們店裡的玉子燒烤一片要花一個小時，也有更快烤好的方法，只不過，玉子燒一定要趁中間還很軟嫩的時候翻面，稍不留神就是失敗收場，所以負責烤玉子燒的小夥子必須要耐著性子慢慢烤，烤到中間也熟透為止。

如果是我來烤的話，就可以烤得比較快了。可是如果什麼都自己來，我的工夫就無法傳承下去了。所以我都不發一語，只是靜靜地在旁邊看著。

每一種壽司配料的調味都要和醋飯搭配得剛剛好才行，玉子燒也一樣。不過最近有九成的客人都不點玉子燒握壽司，而是直接點玉子燒來吃。以前所有的玉子燒下面都是搭配醋飯的。因為如果少了下面的醋味，就顯不出玉子燒本身的味道了。當然，做成壽司捲也很好吃，用捲的也可以吃得出原味。玉子燒和醋飯和海苔搭在一起味道更是相得益彰，美味加倍。

醃薑片和茶
用薑片去味，用茶漱口，這是江戶前的規矩

薑片最好吃的時候是春天嫩薑上市的時候。在四月到五月期間，一開始是高知的嫩薑，然後是和歌山，再來就輪到近江的嫩薑上市。這種嫩薑只要稍稍用醋浸一下就會呈現淡粉紅色，那種清爽滋味會讓人忍不住讚道：「啊！春天真的到了！」此外，因為它沒有那麼辛辣刺激，所以客人的用量也會一下子增加許多。通常進入八月後，粉紅色的薑片就看不見了，但我們店裡還是一直使用嫩薑，而非又硬又辣的老薑。因為農夫會把剛採到的嫩薑埋在山裡挖好的洞穴裡，讓嫩薑維持在一定的低溫狀態，不至於變成老薑，所以我們店裡的薑片一年到頭味道都不會變。最近嫩薑在二、三月就已經上市了。聽說那也是去年採收後存在山洞裡的嫩薑。

醃薑片要使用醋、鹽和白粗糖，當然，我們店裡的全都是自己醃的。為了配合店裡握壽司的口味，我們的薑片會稍微偏酸，市售薑片甜得很奇怪，根本就不能吃，因為糖精是禁止使用的添加物，

在濾網勺裡加入符合人數的茶粉，然後注入熱水。也可以點一壺，要喝的時候就不會太燙。

所以應該不會使用糖精才對，可是那甜又不像是砂糖的甜，真不曉得他們到底用的是哪一種甜味劑。

要享用美味的握壽司，就要利用薑片的辛辣刺激將先前吃下的味道、油脂還有氣味消除，並且用茶粉沖泡的熱茶漱口。這是江戶前的規矩。

的確，用溫水沖泡煎茶香氣較濃也比較好喝，可是微溫的茶只會更加突顯口中的魚腥味。配壽司的茶一定要熱才行。

因此壽司店裡的服務生都會注意客人喝茶的速度，當茶杯快空的時候就立刻重新沖泡。這種時候如果是用一般茶葉就要花時間等了。因為用滾水沖泡價格昂貴的新茶或玉露根本沖不出味道來。是這個原因所以才使用一倒滾水就立刻變成濃茶的茶粉吧？我們店裡用的茶粉都是靜岡川根當地的茶農直接運送過來的。

壽司店的熱茶濃度不易斟酌。太濃或太淡都不行。所以我都緊緊盯著店裡的小夥子們，連負責泡茶的也不放過。

「笨蛋！茶不是有苦就好！」

而且茶粉只能用一次，泡第二次就不好喝了。

所以如果客人來兩位，就放剛好兩人份的茶粉，沖一次就倒掉。這樣客人就能隨時喝到好茶了。

配合人數將份量剛好的茶粉放進濾茶網裡，再倒入相等份量的滾水，用茶壺裝著。連這麼基本的常識都沒有，漫不經心地胡沖亂泡，我當然生氣。

如果替兩位客人上茶時，茶杯都斟滿了卻還剩半壺，這剩下的半壺茶要怎麼辦呢？不還是得重新再泡一壺熱的？

「笨蛋！」

是因為這樣我才罵人的。

自己喝的茶要泡多濃都沒有關係。可是給客人的熱茶不是有苦就行。也不是夠熱就行。小肌的酸、穴子醬汁的甜、鮪魚大腹的油，以及海苔捲的香都要靠它一口一口消掉的。

或許客人裡也有人喜歡苦到臉會皺成一團的苦茶。當這樣的客人要求「我要苦一點的」時，再沖得濃濃的端給客人不就行了嗎？

壽司店不論是熱茶還是所有的一切一切，都必須要有一定的程序，這點很重要。

「如果想要成為最頂尖的專業人士，就一定要照著規矩做。」

這是我的看法。

如果養成習慣，不論客人來兩人也好，五人也好，八人也好，全都用同樣份量的茶粉泡茶的話，這種人在做其他東西時也一定會浪費食材，等獨當一面的時候就只有虧損連連了。如果一開始趁年輕的時候徹底培養他們珍惜他人物品的觀念，等將來自立門戶時，他們就會珍惜自己店裡的東西。

我生氣不是為了心疼那些茶粉，也不是因為捨不得那些錢。只是如果我不這麼做，如果一直讓他們這樣下去，他們就永遠無法獨當一面，就捏不出美味的壽司了。

我從八歲、小學二年級開始就在靜岡二俣町（現今的天龍市）的割烹旅館裡工作，一邊在廚房打雜一邊上學。除了在軍需工廠裡工作，以及被徵召入伍的戰爭期間外，我這輩子一直都與菜刀為伍，一直被教育要惜物愛物。

在我店裡工作的小夥子們不會永遠都是打雜的學徒。他們將來也會自立門戶，或是繼承家裡經營的店。我希望他們能和我一樣，過了七十歲還能繼續精氣十足地捏著壽司，所以對他們嚴加管教也是我的責任。

從今往後，只要是和壽司有關的，不論是多麼雞毛蒜皮的小失誤我都要嚴加叱責。不管同伴們怎麼想我，我都要繼續當個頑固又可怕的壽司店老闆。

最近我也開始會想這些了。

海苔捲・玉子燒

鐵火捲（鮪魚中腹）

五月　佐渡

在「數寄屋橋次郎」裡，中腹的點單頻率很高。一般都是沾醬油吃，但若客人喜歡，也會在切口處塗上醬汁再端給客人。

黃瓜捲

去除表面小疣、口感細緻的網室黃瓜切成兩段包在醋飯中間，塗上山葵捲成海苔捲。

左邊是採買的海苔。用備長炭烘烤過後的右邊海苔香氣更濃，顏色也更鮮豔。

蝦鬆捲

將老顧客最愛的蝦鬆包起來做成海苔捲。很適合當成飯後的甜點吃。

穴子黃瓜捲

將燉煮穴子尾部的肉和小黃瓜做成中間的餡，塗上山葵後捲成中捲。切口處再塗上醬汁。

瓠瓜捲

以前人講到海苔捲，指的就是用瓠瓜條捲成的細捲。花兩天時間悉心處理的瓠瓜條味道層次更加豐富。瓠瓜條切成四截，其他的細捲切成六截是既定的切法。

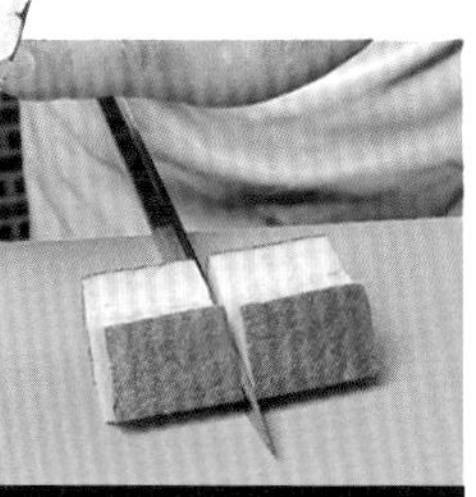

如果客人單點玉子燒，就把握壽司用的配料切得大大地送到壽司檯。

玉子燒

將玉子燒深深劃開一刀，捏成馬鞍座的樣子。和其他握壽司相比，玉子燒的醋飯比較少。

蝦鬆的製作方法

材料：味醂、白粗糖、粗鹽、車蝦、青蝦

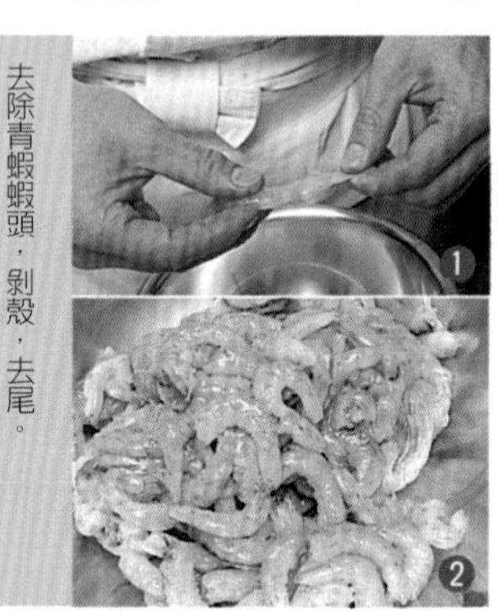

去除青蝦蝦頭，剝殼，去尾。

車蝦也要剝殼。剩下的水煮車蝦也可以使用。

將略淡於海水鹹度的鹽水煮沸，放入車蝦。

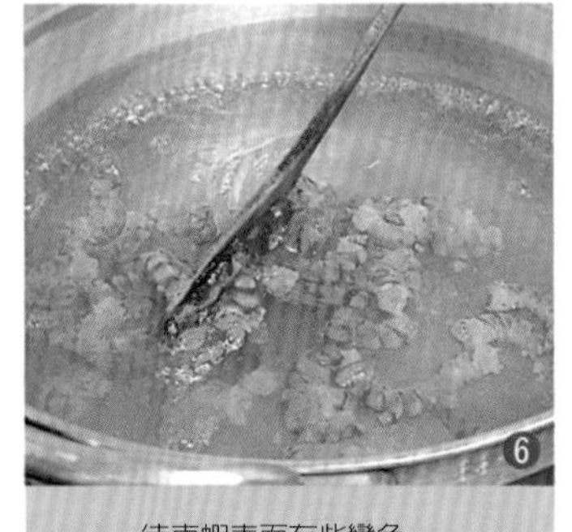

待車蝦表面有些變色。

再放入青蝦。

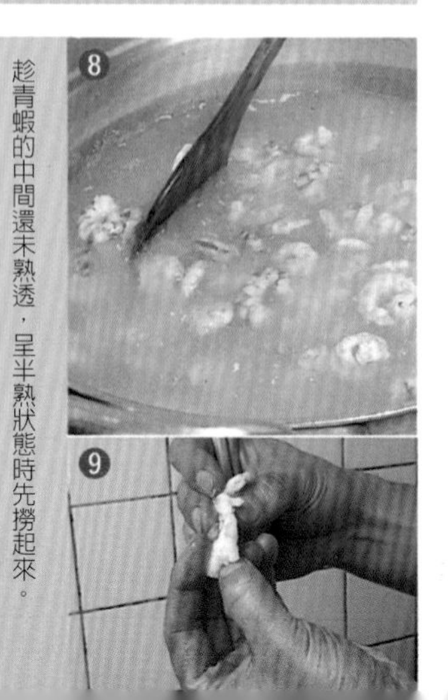

趁青蝦的中間還未熟透，呈半熟狀態時先撈起來。

放在竹篩上將水瀝乾。

將水煮蝦分成三份，每次一份放入果菜調理機裡。

放少量水，用調理機攪拌一下。

讓蝦肉整個變成糊狀的蝦漿。

14 在鍋裡加入味醂加熱。

15 放入少量的白粗糖。

16 輕輕灑入少量粗鹽。

17 把糖和鹽完全煮融。

18 沸騰後轉至小火，倒入蝦漿。

19 用飯勺攪拌、混勻。

20 要注意不能結塊，不能燒焦。

21 用勺子不停地攪拌。

22 冒出水氣的過程中繼續翻煎。

23 煎了四十分鐘之後將鍋子移開火源，一邊用飯勺刮開混勻，一邊散熱。

24 完成。用冰箱冷藏可以保存兩個禮拜。

瓠瓜條的煮法

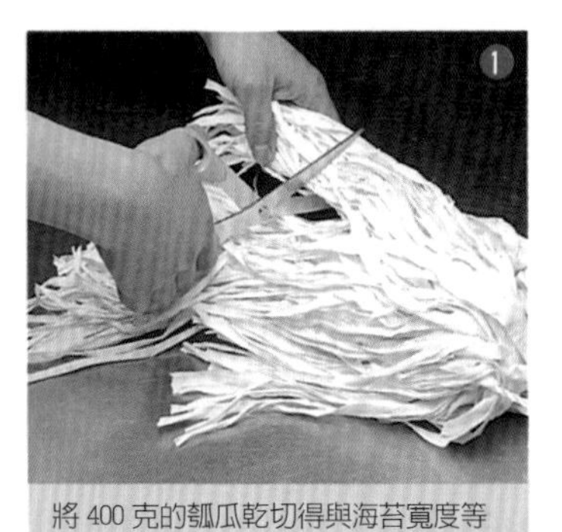

將 400 克的瓠瓜乾切得與海苔寬度等長。

浸在水中泡發。

用水淹漬，放一個晚上。

泡發後的瓠瓜條灑上一撮鹽巴。

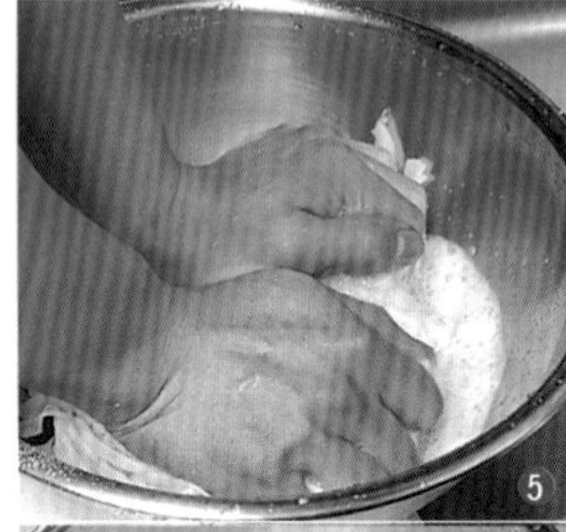

用兩手搓揉。一直搓到變軟為止。

用水清洗。過程中要換好幾次水，把鹽份洗掉。

將瓠瓜條放進鍋裡，在水中展開，開大火水煮。

為了不讓葫蘆絲糾纏在一起，要不停地攪拌。

檢查一下水煮的程度。如果指甲可以掐入瓠瓜條裡就表示煮好了。

將鍋子從爐火上拿下來，用冷水沖洗。

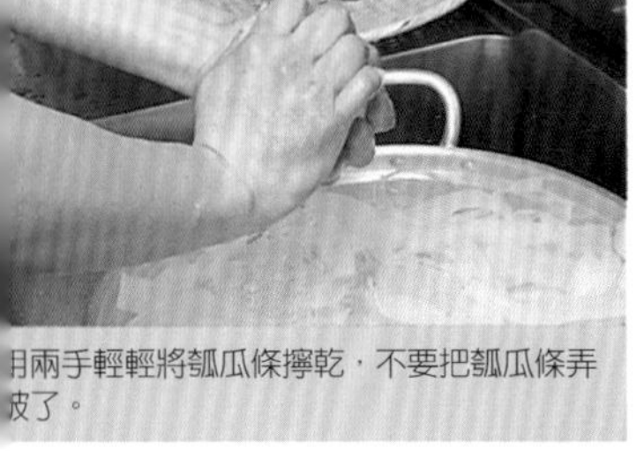

用兩手輕輕將瓠瓜條擰乾，不要把瓠瓜條弄破了。

放在竹篩上瀝乾水份。

將瓠瓜條攤平，切掉硬的部份，用刀修成一樣的寬度。

這就是厚度、長度和寬度都一致的瓠瓜條。

在鍋裡放入水和白粗糖煮沸。

再加入醬油煮勻。

煮至沸騰。

將瓠瓜條展開放入鍋中。

煮至湯汁沸騰。

將瓠瓜條上下翻動。

讓瓠瓜條煮到深淺一致。

兩手端起鍋子搖動，將鍋子的瓠瓜條翻動。不可以用筷子翻面。

一直煮到湯汁入味為止。

煮好後放在竹篩上放涼，不要讓它燜爛了。

細捲的捲法（以瓠瓜捲為例）

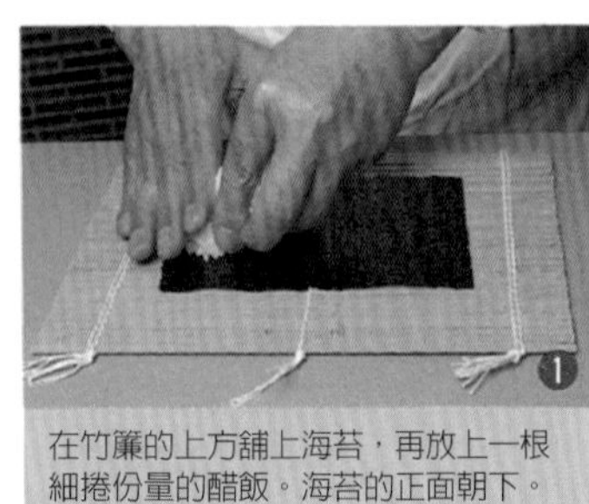

在竹簾的上方鋪上海苔，再放上一根細捲份量的醋飯。海苔的正面朝下。

輕輕推壓，讓醋飯佈滿整片海苔，小心不要把米飯壓破。

兩端醋飯的厚度要與中間一致，讓醋飯平均分佈在海苔上。

再將醋飯鋪往身體這側推壓，鋪平。

海苔靠近身體的這側預留 0.5 公分的空間。

將瓠瓜條放在醋飯的正中央。

用兩隻手的中指壓住瓠瓜條，用拇指將靠近身體這頭的竹簾扶起，一起往外捲。

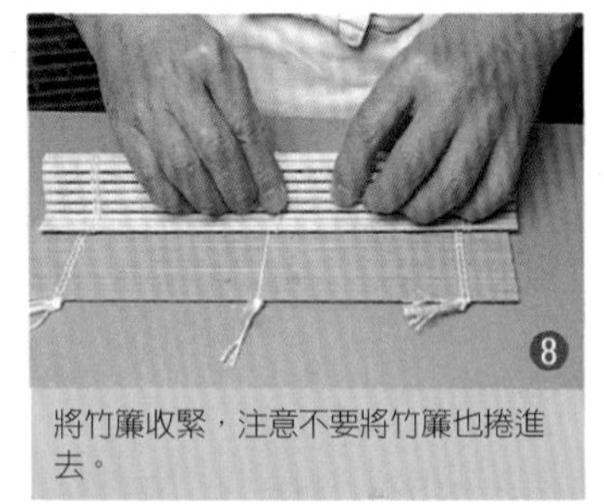

將竹簾收緊，注意不要將竹簾也捲進去。

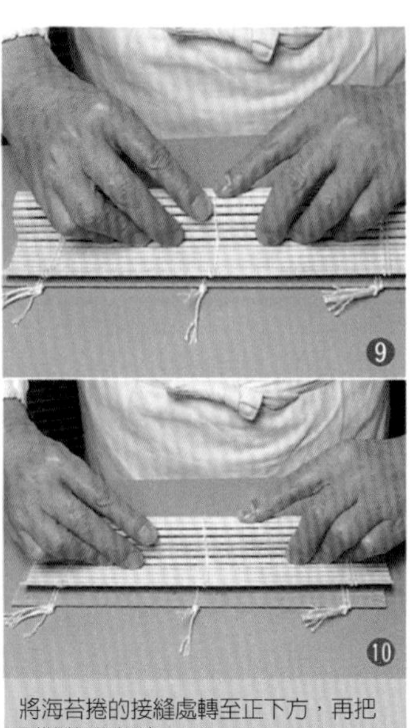

將海苔捲的接縫處轉至正下方，再把形狀整成方形。

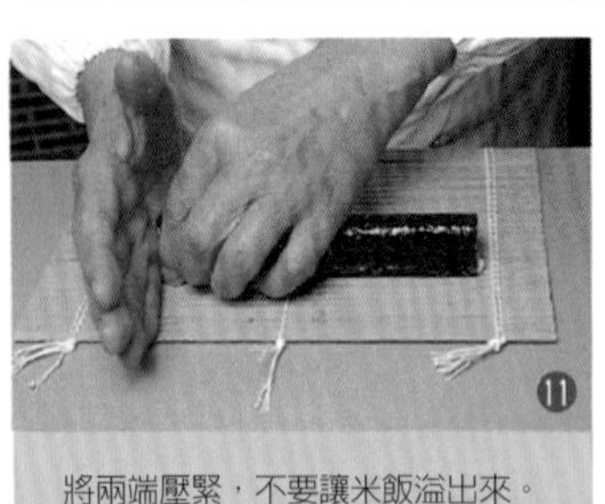

將兩端壓緊，不要讓米飯溢出來。

完成。瓠瓜捲要切成四等份。先對半切成兩段，再把兩段對半切開。

第五章 醋飯講義

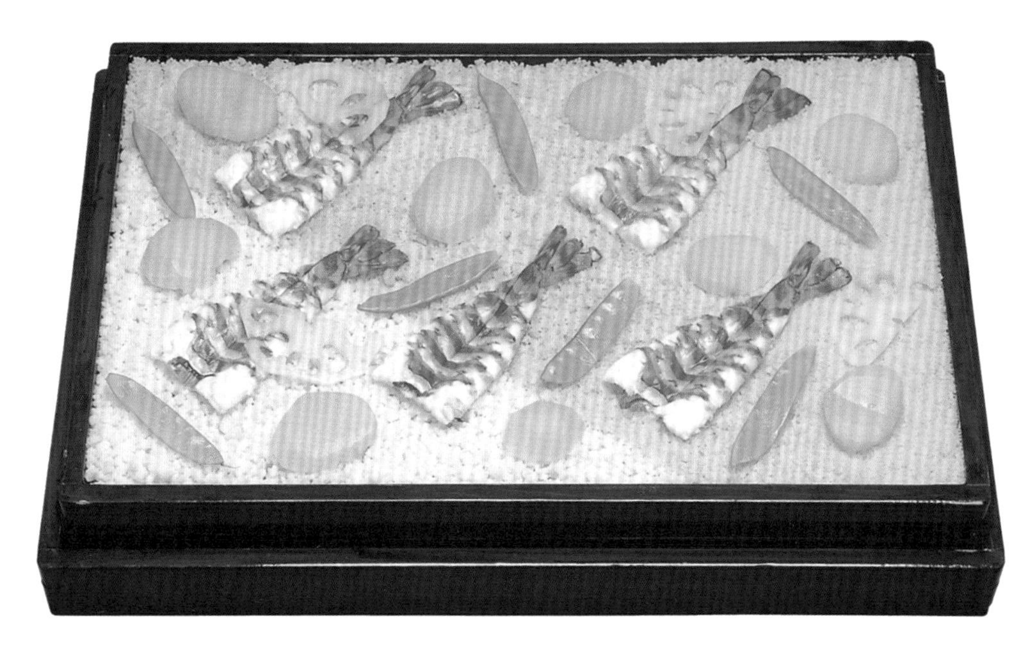

三色散壽司

客人特別訂製的散壽司。所謂的三色指的是蛋黃鬆、白肉魚鬆，以及蝦鬆。

散壽司

平常不做，而且是只限鄰近地區的外帶。從最前面開始依序是竹筴魚（富津）、車蝦（東京灣）、赤貝（ 上）、真鰈（常磐）、軟絲（長崎）、豌豆莢、甜煮栗子、小肌（九州）、鮪魚中腹（佐渡）、椎茸、醋漬蓮藕、玉子燒、珊瑚菜、穴子（野島）、醋飯上加上切細的瓠瓜條、生薑、撕碎的海苔末。

散壽司（六人份）

有時間才接受點單。外帶用的壽司。

三種散壽司

散壽司的做法

在飯台上放入醋飯。

將醋飯舖平。

將瓠瓜條和生薑切成小塊，均勻舖在醋飯上。

灑上海苔末。

將燉到軟爛的椎茸切成絲，均勻舖上。

將切成絲的小肌舖上。

將切成小塊的穴子放上。

將玉子燒切小塊放上。

9 把材料都平均分散。

10 將醋漬蓮藕切薄片，以放射狀排列整齊。

11 將蝦鬆從飯台邊緣開始逐一鋪滿。

12 全部鋪上薄薄的一層。用蝦鬆的量來調整甜味。

13 擺上車蝦裝飾。

14 加上水煮的綠色碗豆莢。

15 完成。配料會隨著季節變化，但生的東西不放。

木盒裝：將竹葉沾濕墊在盒子的底部和邊緣。

醋飯的做法

在2升的羽釜裡放入1升的米。

淘米，注水（用淨水器濾過的水）去除雜質。這個步驟重覆兩次。如果淘米的力道過猛火會破掉，所以要格外小心。

用水清洗三次，直到洗米的水不再混濁為止。

配合米的質地來決定水量要加到手的哪裡為止。

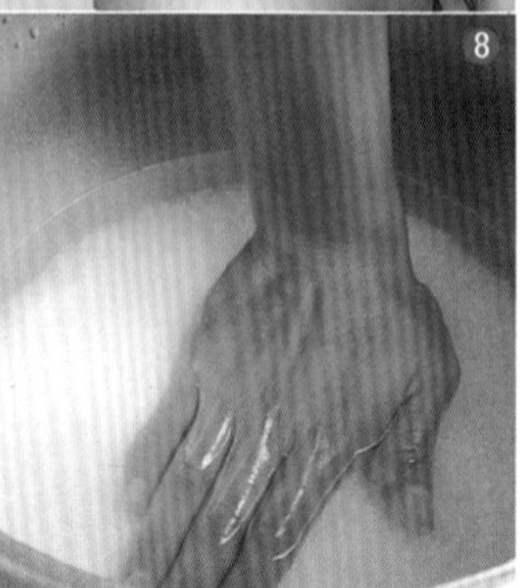

蓋上鐵製鍋蓋。醋飯上。

在鐵蓋上放上木蓋和裝了水的鐵桶，增加重量。

一開始先用大火煮，直到蓋子跟鍋子的縫隙之間有蒸氣跑出後，再轉中火。

用中火煮十分鐘，再轉至小火煮十分鐘。最後的五秒鐘開大火然後關掉。讓米飯燜十五分鐘。

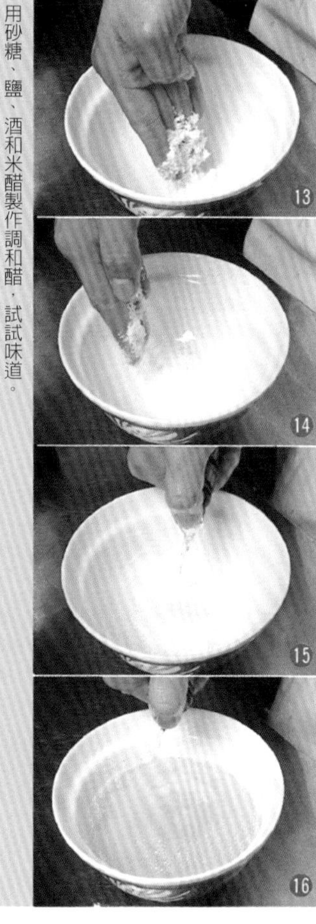

用砂糖、鹽、酒和米醋製作調和醋，試試味道。

將蒸好的米飯移到較淺的木桶裡。木桶要先沾濕。

微焦的部份或較硬的部份就留在鍋裡。

將米飯堆成小山狀，淋上調和醋。

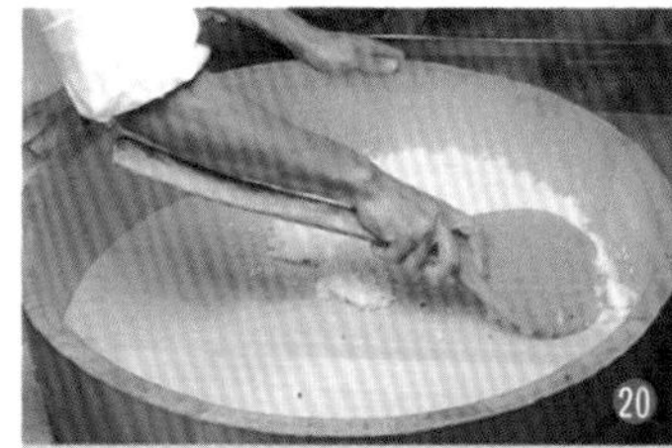

將堆成小山的米飯拌開，再堆成小山，讓醋混合均勻。

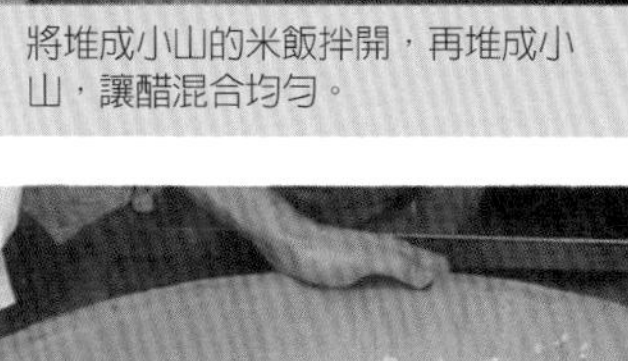

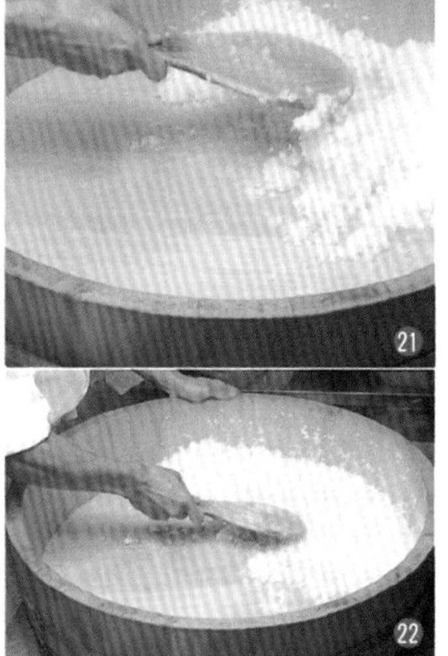

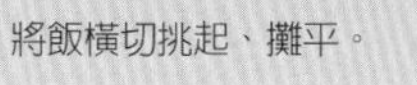

將飯橫切挑起、攤平。

用團扇搧風，將飯搧涼。

將醋飯移到沾濕的壽司桶裡。

微溫的醋飯完成。

三十分鐘後味道即可沉澱、定型。

放入用麥桿編成的桶子裡保溫。

握壽司的捏法
(小野二郎是左撇子)

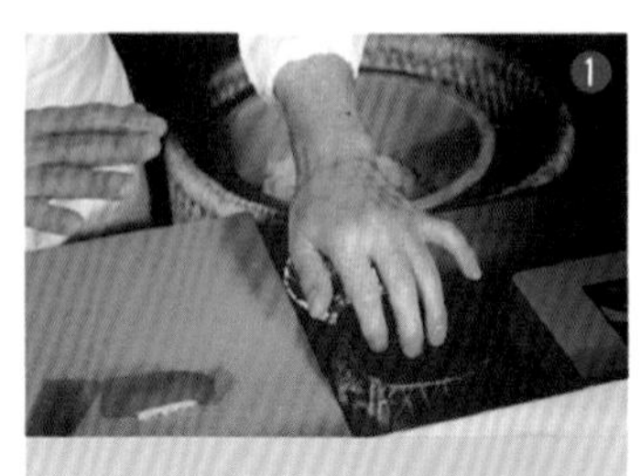

左手手指沾一下用水稀釋過的手醋。

再用沾醋的左手把右手也沾濕。

用左手抓取醋飯。

用右手抓起配料，用拇指緊緊夾住。

用左手食指沾取山葵。

塗在配料的正中央。

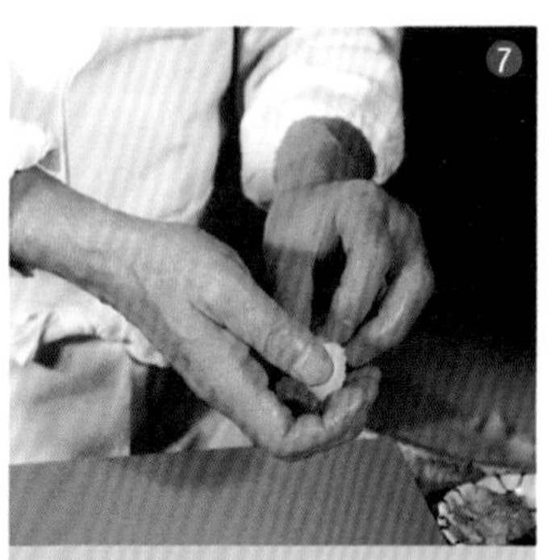

將醋飯放在配料上面。

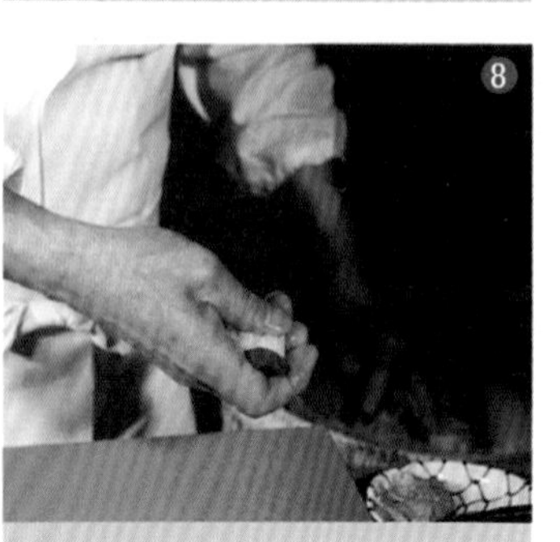

用右手的拇指輕輕按壓醋飯。

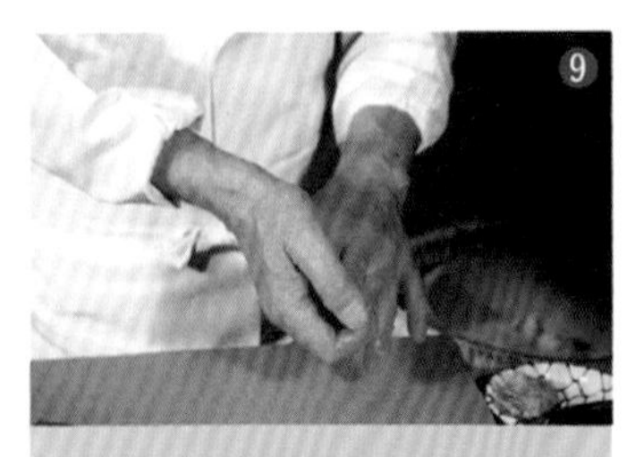

用左手的食指和中指蓋在醋飯上捏住。

將右手的手指打直，將握壽司翻面，變成配料朝上。

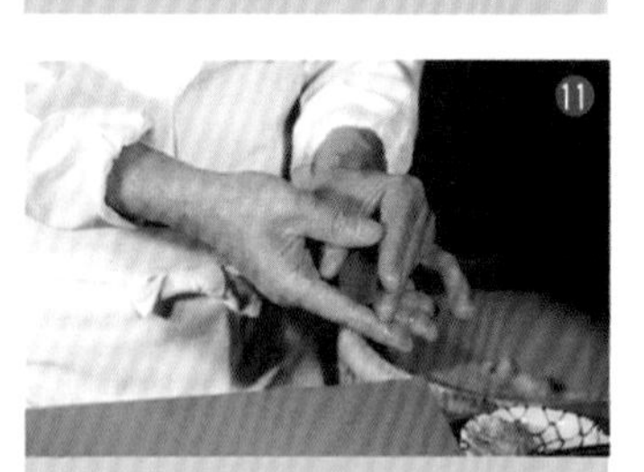

用左手手指挾住握壽司的兩側按壓。

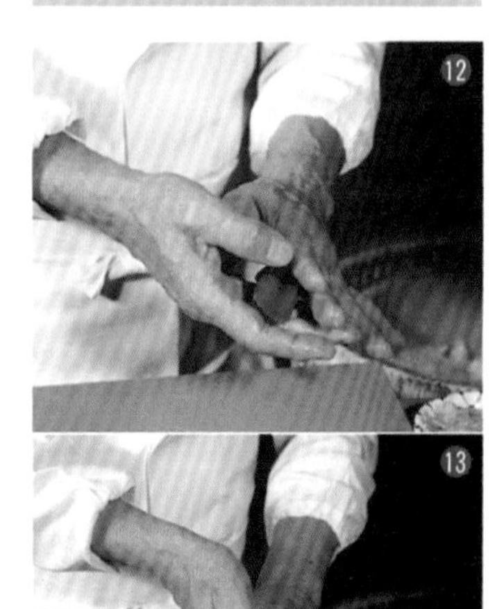

右手手指彎曲托著握壽司，用左手的兩根手指按壓配料。

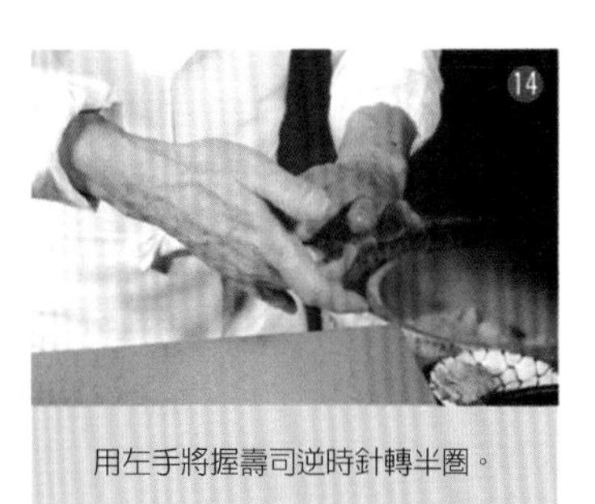

用左手將握壽司逆時針轉半圈。

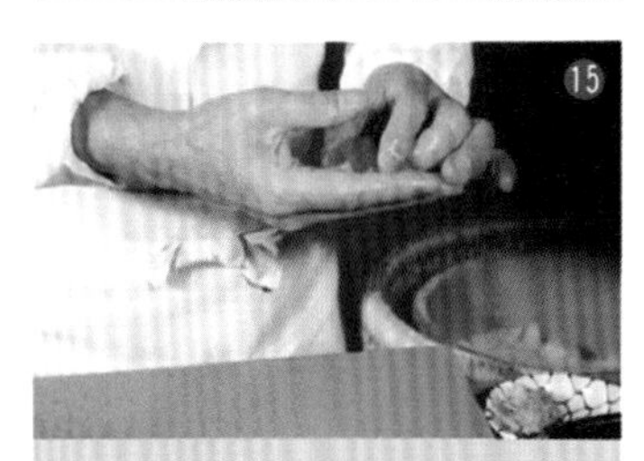

將握壽司放在右手手指的根部。

用右手拇指按壓配料，同時用左手的拇指和食指、中指按壓握壽司的兩側。

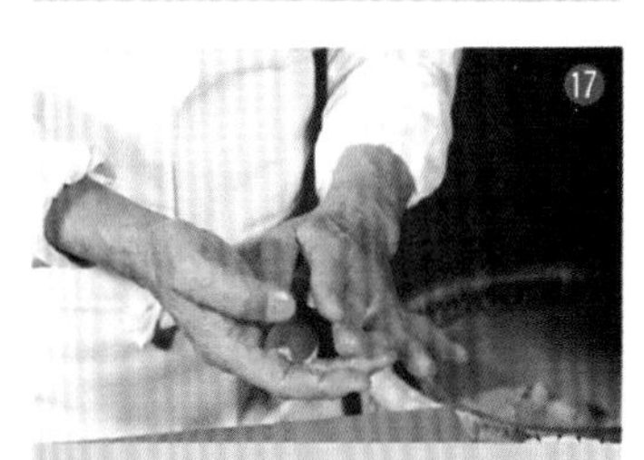

右手手指微微彎曲準備進行下個動作。

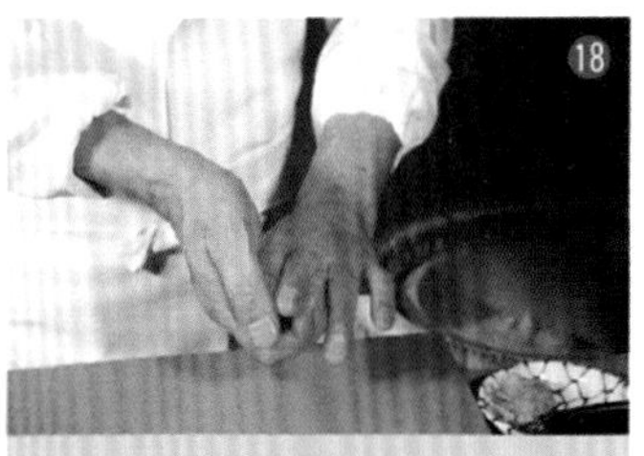

用左手食指和中指按壓配料，同時間用右手拇指壓住握壽司的一端。

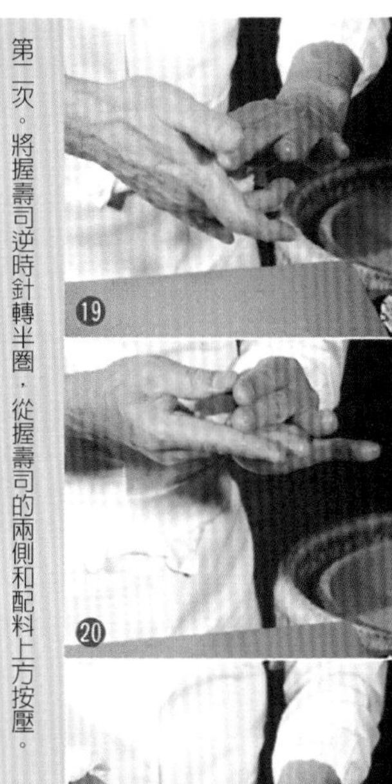

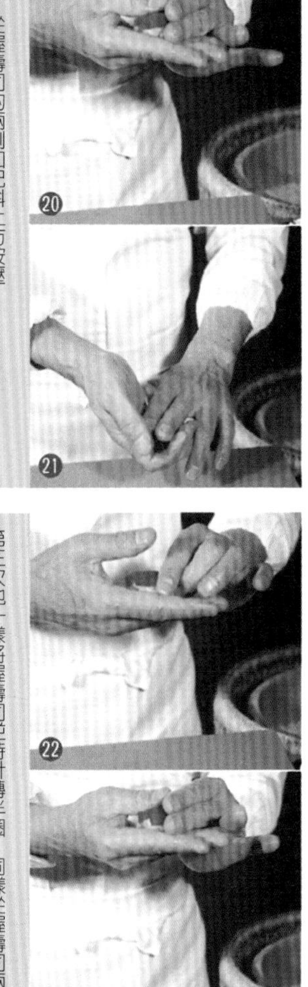

第二次。將握壽司逆時針轉半圈，從握壽司的兩側和配料上方按壓。

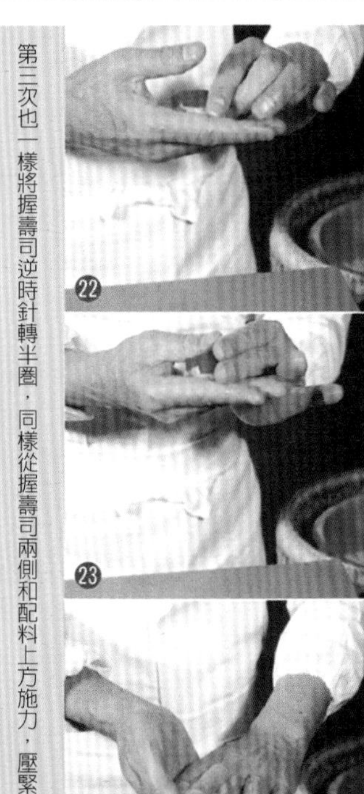

第三次也一樣將握壽司逆時針轉半圈，同樣從握壽司兩側和配料上方施力，壓緊。

第四次也一樣逆時針轉半圈。

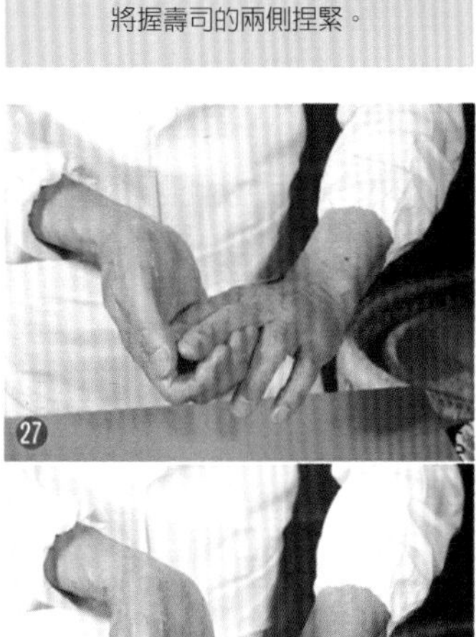

將握壽司的兩側捏緊。

用左手的兩根手指從配料上方施力壓緊，然後好像要把配料拉向自己似地捏緊。

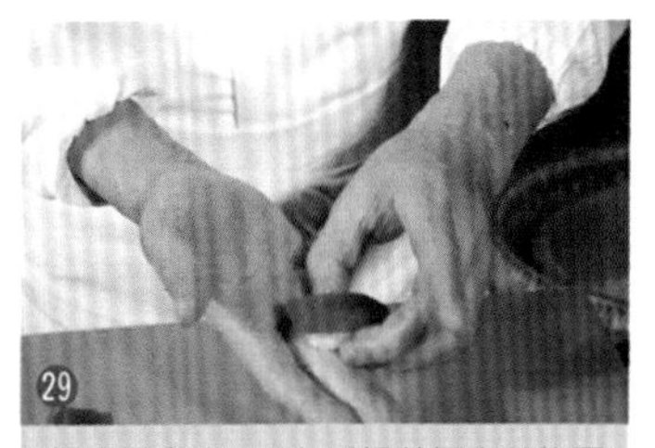

握壽司完成。用左手捏著握壽司的兩側送上壽司檯。

生薑的醃法

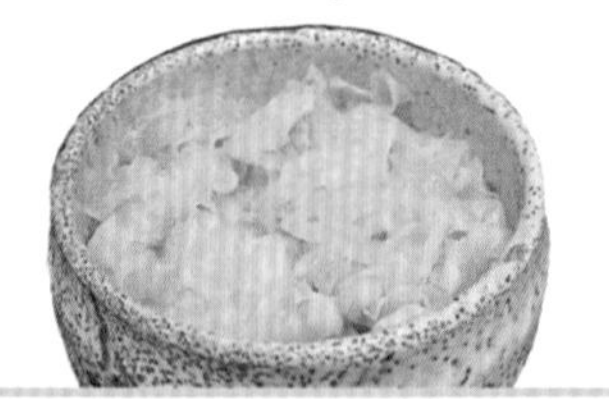

將嫩薑去皮，削成薄片。

用熱水淋在嫩薑片上，緩和辣味。若不是嫩薑，就要將薑泡在熱水裡。

因為溫度較高，所以先在冷水裡將手冷卻後再把薑片擰乾。薑片很薄，小心不要擰碎了。

將白粗糖、醋和鹽混在一起煮沸後放涼製成甜醋，將薑片浸在甜醋裡醃。泡過甜醋後薑片的顏色會立刻泛紅。

顏色會漸漸越來越紅。這就是嫩薑的特徵。

剛醃好的薑片醋味嗆鼻，不過放了半天之後再吃味道剛好。

山葵研磨的方法

將（長了3年）天城產的芥末清洗乾淨，從頭的地方像寫字一樣，將芥末的黏性研磨出來，並一邊將研磨出來的芥末醬放到小碟子中來使用。

次郎壽司記事 5

醋飯講義

不是師傅親手捏的醋飯，是絕對做不出好吃握壽司的

小野二郎的握壽司不論怎麼看都美。外形完美，用筷子夾起來也不會散，一進嘴裡就輕輕地散開來和配料合而為一，然後咕嚕一聲滑過喉嚨。所謂「握壽司的滋味有四分在料，六分在飯」真是至理名言。所以，壽司記事的最後章節就是關於醋飯的二三事。

就握壽司來講最重要的莫過於醋飯。不管是用如何頂極的配料，如果做為基座的醋飯不行，就捏不出美味的握壽司。而且，不是專挑「哪裡哪裡產的名牌稻米」就行，要用顆粒越小越好，而且帶有油脂的硬質米比較合適。

醋飯會煮得有點偏硬。所以如果沒有油脂就會顯得乾巴巴的，可是如果水加多了又會變得黏糊糊的。反正若要煮出鬆軟的米飯，沒有油脂就是不行。

詢問稻米專家中的專家——米店老闆後，聽說最適合做醋飯的米是在山裡栽種的米，山裡的日夜溫差大，白天時從早到晚都有日照，一到晚上卻立刻變涼，這種氣候種出的小粒米最適合做成醋飯。

適合大規模稻作的平地日夜溫差通常都不大。因此，像新瀉平野一帶種植的越光新米質地軟Q，煮好趁熱吃的確美味無比，但就做不出好的醋飯。醋飯就算溫度下降到等同肌膚溫度的微溫，也要保有原本的美味和口感才行。就這一點來說，味道最不容易改變的就是帶有油脂的小粒米。這是專家告訴我的。

他推薦我使用富山山間一帶種植的稻米，這也是我們店裡主要使用的稻米，這種越中米如果煮得好，就算和醋混合也不會黏在一起，一吃進嘴裡就會輕輕地化開來。這就是我們說「粒粒分明」，正因為粒粒分明，所以一入口醋飯瞬間解體，和配料合而為一。像這種時候，如果嘴裡一直都有一丸東西在不是討厭嗎？

用鐵的羽釜炊煮，再放入用麥桿編成的桶子裡保溫

在三小時半（夜間營業時間）的時間裡，我們店裡要煮三次醋飯。

一般的壽司店都是一次煮一鍋。一鍋的量是兩升，但我們一次只煮一升。如果是用量很大的店家就另當別論，否則一次將兩升的醋飯放進盛飯的缽裡，壓在最下面的飯會漸漸變硬，這樣是捏不出美味壽司的。因為這個考量，我一次只煮一升。

用淨水器的水淘米，在鐵製的羽釜（羽釜的「羽」在日文意思為「翅膀」，故名為羽釜。是日本傳統的炊飯器具，鍋的外圍有一圈翅膀。日本人非常推崇羽釜炊飯的工藝。）蓋上厚重的鐵蓋，然後再放上裝滿水的鐵桶，盡量不要讓蒸氣洩掉，增加壓力炊煮。蒸氣不是沒有作用的，那是相當

驚人的力量。因為有它蒸氣火車頭才能呼嘯地急駛在鐵軌上。

因此，當鍋裡的壓力上升的時候，厚重的鐵蓋是會被撐起來的。在上面加上木蓋，蒸氣就不會從隙縫處外洩，鐵蓋就不會被抬起來。如果沒有施加這樣大的壓力，煮出來的飯就不會鬆軟。

接下來，當看到蒸氣冒出時就轉小火，挪一挪蓋子，稍微調整一下。這些說到底都是要靠人的手來移動調節。用壓力鍋是行不通的。

以上就是煮出完美醋飯的秘訣，這是我的想法，我也都是這麼做的。

當然柴薪對火力也是很重要的。可是我的店在大街商業大樓的地下室，不能使用木柴生火，所以我們都使用高熱能的瓦斯爐火煮飯。畢竟現在這個時代連陶器瓷器都不用磚窯，而是用電窯在燒製了。

在米飯快要煮好之前，要開大火催足火力，讓多餘的水份發揮掉。這個動作不論如何一定會讓部份的米飯燒焦。扣掉這些變成員工伙食的鍋巴（燒焦部份）之後，完成的醋飯還不到七、八合。可是如果再多煮，所有的醋飯就無法維持肌膚溫度到最後了。

一般人大多在意配料的美味與否，很少有人會連醋飯的溫度都細心留意，可是，如果醋飯不是處於肌膚溫度之下，捏出來的壽司口味一定無法穩定。如果醋飯忽熱忽冷，壽司味道會有很大的差異。我是因為考量到這點，所以才這麼做的。溫度降到肌膚溫度以下、已經涼掉收縮的醋飯就算吃進肚子裡也吃不出原本的美味，而且難捏到無法使用的地步。

由於無法按照平常的步驟捏出自己預期的感覺，所以會不由得想再加工一下。可是這麼做根本行不通。醋飯越是收縮，捏的時候動作就越要輕柔。這時候如果重新煮過就好了。所謂基本的江戶前醋飯就是要確實捏出側看有如扇面的形狀才行。

這種捏醋飯時的微妙差異，也許就是造成結果天差地遠的原因也不一定。

「那人捏的握壽司好吃。」
「那人捏的握壽司不好吃。」
就有了這樣的差異。
相反地，為了不讓客人等，在溫度還沒降下來之前就急忙捏握壽司也不行，醋飯會黏在手上。這是一定的嘛，因為調合醋還沒完全滲進米飯裡啊。結果醋飯外表黏嗒嗒的，裡面還是硬的。這種醋飯一定不會好吃。
這時要靜置三十分鐘讓醋吸收，讓米飯呈現粒粒分明的最佳狀態後，再輕輕地捏成握壽司。換句話說，我最喜歡捏的肌膚溫度，是捏握壽司最適合的溫度，也是握壽司吃起來最美味的溫度。
為了到最後一刻都保持在肌膚溫度的狀態，醋飯要放進用麥桿編成的桶子裡保溫。這種麥桿編成的桶子在以前是家家戶戶都有的器具，可是現在會做的人就不用講了，連知道的人都越來越少了。我們店裡目前使用的草編桶是在山形和新瀉兩縣交界的山村裡製作的。我們不使用強制保溫的電鍋，而是將木製的壽司桶放進麥桿編成的桶子裡保溫。這種方法只能稍稍減緩醋飯冷卻的速度，因為在捏壽司的時候桶蓋都是掀開的。
不過這種天然方法做出的醋飯是最好吃的。如果不這麼做就捏不出美味的握壽司。我對此深信不疑，所以為了因應不久即將到來的「草編桶滅絕之日」，我已經預先準備了好幾個備品以供替換。

客人都說吃了口不會渴

這幾年稻米持續豐收對壽司店來說並不是件好事。接收充份日照的稻米長得太過飽滿，米粒都裂開了。這種稻米一經炊煮澱粉質就會釋出，不管怎麼捏最後還是會變成一坨。

尤其新米上市的季節更是糟糕。在新米上市的十月到隔年三月為了平衡醋飯的口感，我都會摻入水份較少的舊米。一般來說這樣就可以將米飯調整成最佳的狀態。可是，由於前一年也大豐收的緣故，舊米的澱粉含量也高。因此，就算摻了舊米結果還是一樣。

這是長久以來的經驗。是一整年接觸米粒的心得。「啊，這個不行。」當手伸入壽司桶裡的瞬間就知道了。就算可以靠捏壽司的技巧矇混過客人的舌頭，也騙不了自己的手，所以只能趕快開始煮下一鍋。

我的握壽司只有外側捏緊而已。雖然中央沒有捏得那麼硬，可是如果澱粉含量一多，就顯現不出這種外緊內鬆的捏壽司技巧了。可能輕輕一捏形狀就塌了，或是一施力中間就變硬了。嚴重的時候七、八合醋飯裡只有三合可用。也就是說有將近四合都會變成一坨。

尤其午餐時間沒人喝酒，來的都是用餐的客人。一個人平均的食量是十四、十五貫。三到四合的醋飯還捏不到五、六十貫的量。醋飯從煮好到降至肌膚溫度就要等上一個小時，這樣一來即使一鍋接著一鍋不間斷地煮也來不及。

不是啦。不是沒有白飯。當然有呀。而且就在客人眼前。所以就算會變成一坨，在下一鍋醋飯抬出來之前也還是得捏。

「好奇怪，和平常的不一樣。」

若有客人在納悶，就只能解釋原因。

「哎呀，你知道嗎？最近的米澱粉含量比較多，會結成一坨。」

可是這不干客人的事。

「管他稻米的品質是好是壞，靠著工夫捏出美味壽司是壽司店老闆的義務不是嗎？」

雖然嘴裡沒說，但客人心裡一定是這麼想的。因為就算醋飯的狀態不佳，壽司的價錢也沒打折呀，收的錢還是和平常一樣嘛！

所以我像個神經病一樣，對稻米專家提了一項難題，要他幫忙到處尋找不會結成一坨的米。結果專家找到的米和我現在用的一樣，也是豐收年的稻米，所以差別不大，可是一試煮後，煮出的白飯卻比之前的好吃許多。

我問米店老闆：「這是為什麼呢？」原來雖然澱粉含量沒有改變，但之前的米是用電力烘乾的，而這次的米是種田的農家留著自己要吃、用太陽曬乾的。僅僅如此而已，利用陽光曬乾的米就是美味。

在過去，就是昭和六十二年以前，賣米的老婆婆從龍之崎（茨城）一帶運來的米說有多好吃就有多好吃。不知為何，那裡的米就是特別好吃。儘管是收成不好的荒年也不會像最近這樣味道差這麼多。

客人常說我們的醋飯吃了口不會渴。這種時候我是這麼回答的：「口不會渴是因為我們不用只有鹹味的精鹽，我們店裡從以前到現在一直都用含有鹽滷的鹽田粗鹽。是鹽的品質不一樣的關係吧？」使用鹽田的粗鹽當然也有關係，不過我想應該還是由於我們店裡的醋飯調味較淡的緣故。

聽「京橋」的老師傅說，以前的醋飯醋味更重。調合醋用的只有鹽和醋，完全不加砂糖。話說以前的醋都是用木桶裝著的，經過一年之後，一斗的醋會減到只剩八升。單單這麼放著醋就會變濃，而且顏色會偏紅，甜味也會出來。一加鹽後那甘甜的味道就更明顯了。這就和夏天橘子沾鹽吃，酸味會變不見的道理一樣吧。

可是這種醋在現代已經看不見了。也許是因為裝醋的容器不同了，現在的醋味道雖然不差，但放個一年也是絲毫不減。所以我們會在客人不至於察覺的情況下放一點點的砂糖提味。這麼做醋飯會更顯色，也可以調和酸味和鹹味，讓味道更圓融。

砂糖只能放一點點是因為如果放得越甜，能吃下的量就越少。

肚子非常餓的時候吃個三到四貫都還會覺得甜的好吃，因為酸味在口裡還是比較突出。可是好吃的感覺就到此為止了。如果吃了十貫就不會想再吃了。

如果不那麼甜，口味比較清淡的話，十五貫甚至十六貫都吃得下，如果真的非常餓，連二十貫也不是問題。走出店外還會想著：「啊，好想再吃一些哦！」

只有清淡的口味能讓客人帶著這樣的心情離開。這是我的想法。

握壽司的尺寸是戰後才變小的

關於握壽司的尺寸大小，我是這樣想的。主要是以剛好入口的大小為準。一口吃進嘴裡是最美味的。如果只有醋飯的味道就不是握壽司了，所以比這小也不行。

雖然沒有實際測量過，不過我捏的握壽司一合的醋飯應該差不多是十六、十七貫的量吧？從開始開店當老闆以來，我就一直是捏這樣的大小。

不過在明治到昭和初年期間，握壽司的大小是「一口半」。聽說大到無法一口吃下。因為是我捏的三倍大，所以最多也就只能吃個五、六貫吧。握壽司的尺寸是戰後才變小的。

近年來一人份的外帶或是綜合拼盤，好像有「包含壽司捲在內十貫一盒」的不成文規定，這是有原因的。

戰爭剛一結束就開始了可怕的糧荒。當時的環境不容許捏握壽司，如果用黑市的米捏握壽司，就會遭到逮捕。這時有位聰明的壽司店老闆想到一個方法。客人帶著配給的米到店裡來，捏好的壽司就用客人的米做交換。壽司店收配料和代工的錢。換句話說，就是握壽司的「代工廠」。這樣的話就不會觸犯禁止販售糧食的法律了。

依據昭和二十二年（西元一九四七年）當時的協議，連捲壽司都算在內，一合米要捏十貫壽司。

因為這是一人份的，所以握壽司的尺寸就小了許多。

說起來，記得我進「京橋」當學徒的時候，就有看到店裡的角落堆了許多各色各樣的小袋子。因為當時距離日本戰敗已經過了六年的時間，所以就算沒有特地帶米來店裡也可以捏握壽司給客人了。不過要是遇到警察來店裡搜查，還是得出示委託加工的證據才行。那些袋子就是客人拿來寄在店裡，準備給警察檢查的米袋。不過，如果全部的袋子都是同一樣式，作弊的事就露餡了，所以那些袋子有的是木棉做的，有的是紙做的，五花八門什麼都有。

配料和醋飯的協調從古至今皆然。有的店家配料切得超大塊，也有店家把醋飯捏得超小。然而，若是配料過大或醋飯過小，上面的配料會太過搶戲，就吃不出醋飯的美味了。這樣就不是握壽司了。所以我認為自己捏的比例是最完美的。

不過我會視客人的狀況分別捏出不一樣的壽司，像年長者我就會捏得小一些。如果是綜合拼盤，一人份的就捏得稍微大些讓客人吃得飽，用筷子夾著吃就捏得緊實一些。如果不這麼做，在動筷子的時候醋飯可能就散開來了。結果就變得手忙腳亂的了！

此外，如果是從國外來的客人，我會捏得特別硬。因為他們大部份都不用配料，而是用醋飯去沾醬油。我會捏硬是為了不讓醋飯沾滿醬油後整塊崩塌散落。那樣子的硬度，如果換做是日本客人大概會覺得「這種東西能吃嗎？」

還有一種情況。就是兩個人結伴一起來店裡點同樣數量的壽司。這種時候女士吃的壽司就會捏得稍微小些。雖然減少的量在一般人眼裡根本看不出來，但我還是這麼做。因為每貫都少一點，吃到最後就會有一貫到兩貫的差異了。

「我今天吃得和你一樣多耶！」

客人的女伴會開心得不得了。

年過七十還是要活到老、學到老

然而，決定握壽司好吃與否的關鍵不是只有醋飯和配料而已。身為媒介的山葵和調味醬油以及醬汁也很重要。尤其山葵更是串連全場的幕後英雄。我用的山葵產自伊豆天城，種植三年。天城的山葵不論香氣、顏色、辛辣、甜味樣樣都是滿分。

此外決定山葵的用量也是一門技巧。山葵味道太重會搶了配料的風采，可是如果放得太少顯不出味道，又覺得少了什麼。

「這握壽司真好吃，就連山葵的香氣也吃得到。」

要這樣地適量才行。

有趣的是，山葵的刺激感是強是弱會因為配料的不同而變得不一樣。脂肪豐厚的鮪魚大腹和海膽如果沒有使用一定份量的山葵就嚐不出味道來。相反地，味道清淡的小肌、烏賊、白肉魚以及紅肉魚只要放大腹用量的三分之一就已經很辣了。

特別是烏賊，絕不可以加入過多的山葵。一旦放得太多，唯一感受到的就是辛味嗆鼻、眼淚直流，根本吃不出味道就吞下肚了。山葵不是嗆鼻就好。

生的魚貝、亮皮魚還有鮑魚端上桌前要塗上調味醬油，而穴子或文蛤則是塗上醬汁。調味醬油只用醬油和酒熬煮，用目測來看醬油與酒的比例大約是七比三。七分加三分加起來就是十分了。將它們混合煮沸後再熬到剩下七分的量。這樣做可以讓酒完全融入醬油裡，讓味道產生變化。因為討厭太過甜膩，所以我只放一點點味醂提味。當然也不會放任何化學調味料。我們的醬汁也是比較偏淡的口味，這樣才能與我們店裡的穴子和文蛤搭配。醬油的牌子我們有試用過御坊（和歌山）的、輕井澤的，以及金澤的，只要有好的醬油上市，我們會不斷更換。現在用的是金澤的。醬油不是價格昂貴就好。因為這世上還是有那種明明賣得很貴，卻一樣使用精鹽的醬油製造商。

握壽司上已經塗了調味醬油，卻還附上醬油碟子，這麼做的用意是因為鐵火捲和黃瓜捲什麼醬料都沒塗，客人在享用這兩種壽司捲的時候可以自己沾著醬油吃。如果我塗在握壽司上的調味醬油份量不夠，客人想再沾點醬油也是沒有關係的。

不過，那些我希望客人能不沾醬直接吃的瓠瓜捲和玉子燒，以及已經塗好調味醬油的穴子和文蛤，還是有客人拿去沾得滿是醬油。要是以前，我一看到這種客人就一肚子火，可是現在我都七十好幾了，已經不生氣了，因為對心臟不好啦。

說起來，我有一位客人這麼問過。

「你的醋飯不論是搭配白肉魚、亮皮魚還是穴子，甚至是玉子燒和捲壽司都很合，換句話說，它和任何配料搭在一起都很協調，這到底是為什麼呢？」

我們的醋飯和小肌很搭，和海苔捲很搭，這我是知道的。不過老實說，我還沒有精算到這麼離譜的地步，試圖把醋飯的味道調到和全部配料都能搭。

因為被他這麼一說，我自己就試著想了一下。

不論哪一家壽司店的醋飯都難免會有醋味重了點，或是鹹味重了點的傾向，我們店裡的醋飯口味是不是出乎意料地淡啊？我察覺到了這點。正因為出乎意料地淡，所以才會和所有的配料都能搭。沒錯，那位客人不就這麼說了嗎？

醋味和鹹味如果有一方味道太強就無法和甜味的穴子取得平衡，也和微酸的小肌不合，這是食材的特性。可是，微甜的穴子和微酸的小肌和我們店裡的醋飯配在一起，不論是鹹味或酸味都不強烈。說起來就是整體味道完全合而為一，就好像京都一帶的醋飯一樣，甜味不會那麼突出。

於是我又重新再仔細想了一下。

雖然那位客人說我們的醋飯不論是搭配小肌還是穴子都很協調，可是配料的味道明明各有不同，為什麼只要醋飯的鹹淡和溫度穩定，味道就不會出錯呢？這不是很奇怪嗎？因為上面的配料味道全都不一樣呀。有酸的，有甜的，還有只有魚肉原味的。這箇中的原故，我怎麼也想不清楚。

雖然已經年過七十了，但還是得活到老、學到老。

後記

壽司店老闆和老顧客的對話

「有沒有簡單又容易上手的吃壽司秘訣呢？」「有的喲！」

小野二郎vs.里見真三

我（里見）光顧「數寄屋橋次郎」已經有二十年了。小野二郎捏壽司的節奏輕快流暢，已經達到了「與壽司合而為一」的境界。只要不是一個勁兒地專點昂貴食材，看到帳單時也不至於臉色發白。我利用寫書的難得機會，擺出老主顧的派頭，單刀直入質問壽司店老闆的真正想法，誰知一問竟然⋯⋯⋯⋯

為什麼「一人份套餐」是優惠品

里見　這麼問好像一開始就在打禪語，不過，江戶前握壽司的魅力是什麼呢？

小野　只要不給身邊的人帶來困擾，吃什麼都沒關係。吃多少也沒關係。用手用筷子也都可以。我覺得這是它最大的魅力所在。因為現在採買的配料都變得很昂貴，才會給人握壽司是高級品的感覺。師傅把它當高級品在捏，客人自然也覺得它是高級品。可是，握壽司本來是庶民料理的，不是嗎？因為它一開始是從路邊攤開始的呀。

里見　一流的店家不會標明價錢，以致客人不知自己該點多少。因為這個緣故，常常有人嚇得不敢來吃。從你老闆兼大廚的角度是怎麼看的呢？

小野　或許很多人第一次會張皇失措吧？不過呢，我想到最後還是會吃的。如果毫不設限、只要喜歡的都點來吃，不管在哪家店都一樣貴。所以呀，一開始要點「一人份套餐」啦。比如說我們店裡就有四千日圓和五千日圓兩種

在桌位使用的「一人份」五千日圓綜合拼盤。握壽司八貫，細捲一條。當天的搭配是軟絲、車蝦、小肌、穴子、鮪魚中腹、真鰈、赤身、黃瓜捲、玉子燒。每天都會更換不同菜色，是比在吧台座便宜兩成以上的優惠套餐。

套餐。吃了這個之後應該就能大略知道「數寄屋橋次郎」的味道和價錢了。先點一套配好的「一人份套餐」來試吃，如果覺得很滿意，下次再預約吧台座，點自己喜歡的吃就行了。

里見　一人份十貫四千日圓，一貫平均是四百日圓。可是如果依自己的喜好單點的話價格就貴了，這是為什麼呢？這個疑問大家都會有吧？

小野　「一人份套餐」是端給坐在桌位客人的優惠品，而且要捏什麼壽司都由壽司店老闆決定。如果若是依個人喜好點單，當客人要求「我要蒸鮑魚握壽司」時，不管怎樣材料的量一定會減少，而且就算知道待會有愛吃鮑魚的熟客來，也一定要先捏給眼前的客人吃。捏「一人份套餐」時，就沒有必要非用這種配料不可了。

里見　原來是這樣呀！

小野　有些客人搞不清楚狀況向壽司店老闆胡亂點單：「我愛吃海膽」、「我愛吃赤貝」、「我愛吃鮪魚大腹」，結果吃完：「好，算帳！」「一共三萬五千日圓。」「什麼？怎麼這麼貴？」氣得跳腳，這種客人也太不了解壽司的配料和價格了。也許這樣講聽起來有點自私自利，可是既然要去這樣的店裡用餐，就應該要先做一下功課，有一點這方面的常識不是嗎？

里見 我都跟年輕的同伴說：「你們現在還不到吃A、I、U、E、O的年紀」。就是鮑魚（AWABI）赤貝（AKAGAI）、鮭魚（IKURA）、海膽（UNI）、蝦子（EBI）、鮪魚大腹（OTORO）這幾樣。就連其他「次郎」店裡才有的活海鮮也不便宜。像這種高檔壽司等有了年紀之後再吃就好了。說起來，那種驕生慣養、不懂行情卻大搖大擺點了「A、I、U、E、O」狼吞虎嚥的年輕人，你看了不會有氣嗎？

小野 哈哈哈。

里見 在晚上的營業時間內，是不是有很多客人都先點白肉魚之類當小菜下酒，喝完了之後才吃握壽司呢？

小野 大概幾乎都是如此。

里見 壽司通都說：「江戶前握壽司只能配茶」，不過「次郎」沒有這樣的規定。

小野 沒錯。這種規定或許對不愛喝酒的人還行得通，可是對於一些愛喝酒的客人來說，他們一到晚上腦袋也跟著「下班」了，這種時候，自然會想先喝一杯再吃壽司呀。

里見 因為在東京備有上等魚獲的店家就是壽司店嘛。在一般餐廳就只有鯛魚、黑鮪稚魚、烏賊和貝類這些。

小野 沒錯。

為什麼鮪魚大腹會忘了算錢

里見 可是有這麼多客人要應付，壽司師傅要怎麼算帳呢？

小野 當然是用背的呀。在「送單」（遞帳單）的時候，我們不會當場計算。我都是在後頭看著今天進貨的傳票，一邊核對「這個有捏，這個沒有，這個沒有，這個有捏」，一邊記帳的。所以如果當天付現的客人多，就麻煩了。不管來的有兩組、三組還是四組，都要全部記在心裡才行。

里見 我聽說有師傅會用米粒來做記號。

小野 那種方法呀，如果都是自己動手的話就可以記清楚，不過要從米飯像小山一樣的壽司桶裡每次取一粒米出來排好，可能用背的還比較快。這麼麻煩的方法，如果一忙起來也做不來。

里見　哈哈哈。原來呀！是這樣子的啊。

小野　我不會有老年癡呆，就是一年到頭都在用腦的關係。這是一個熟客說的。

里見　這樣問好像有點失禮，那你算的都對嗎？

小野　當然都對呀。我敢對著神明說，我沒有一次是算錯、多收錢的。不過，倒是偶爾會有少算的情況啦。一不留神就疏忽掉了嘛。

里見　這又是怎麼一回事呢？

小野　就自己有捏過卻忘記了啊。如果是忘記進貨價格比較便宜的小肌還是沙丁魚之類的也還好，可是我卻專門忘記海膽或是赤貝這種昂貴的配料。

里見　呵呵。

小野　你覺得我忘最多次的是什麼？

里見　是什麼？

小野　是鮪魚大腹。

里見　咦？大腹一貫的價格差不多是小肌的五倍吧？那很多錢耶！如果你常常忘記的話不就損失大了？可是來「次郎」的客人一定都會點小肌和穴子來吃吧？反倒是大腹不是那麼必點的配料呀。

小野　客人大多都點中腹啦。如果中腹算十貫的話，赤身有四到五貫，大腹大概就三貫吧。

里見　那為什麼會忘了大腹呢？如果不是那麼常捏的配料，應該更有印象才對呀。大腹比較貴，很多客人就算愛吃也會忍住不點。難道是這些日積月累的怨念讓你忘了不成？

小野　哈哈哈。簡單來說好了。其他的配料就只有一種而已。可是鮪魚有大腹、中腹和赤身三種。而且大多數的客人都是先點了中腹，然後再吃些什麼，接著赤身，再來才輪到大腹。這個時候，我腦袋裡只清楚記得有中腹和赤身而已，反而是最後的大腹忘得一乾二淨，人類大腦的運作就是這麼不可思議。哎呀，說起來這也是歪理啦，不過總而言之，我就是把大腹給忘了。不過，我想會忘的人恐怕不是只有我一個而已。

里見　如果是思考很負面的師傅，一定那一整天都很鬱卒吧！

小野　在收錢的時候當然不會發現不對呀。當查覺「啊？！那個付現的客人有兩盤大腹沒有記到！」的時候，很不幸的，通常都是在打烊之後。如果當場發現的話，就算是用跑的也要去追回來呀！

里見　如果是受人僱用的老闆可就糟了。這種事絕對不能讓幕後出資的金主知道。

小野　我也曾經有過假裝沒發現的時期。

里見　二郎先生當師傅有三十多年了。如果推估一下忘記的金額……。

小野　很多哦。我想應該是很大的一筆錢哦。

里見　應該不只百萬吧？

小野　不只啦。最慘的就是四個客人那次。那組客人一開始每個人各點了四片大腹當下酒菜，我全忘光光了。那次真是虧大了。因為一次四個人呀。一個人一萬，四個人就四萬了。雖然當時大腹的進貨價格大概是六、七千日圓，但其他配料也相對便宜呀。一個人六千圓，全部不就要兩萬四了？給了這麼大的優待，我還在想他們會不會覺得「真是令人肅然起敬的良心店家啊！」而經常來店裡光顧呢，結果這四人組卻再也沒有出現過。

里見　大概是良心過意不去吧！

小野　他們知道是店家漏算了。

里見　他們大概心想「竟有這種好事！」一出店門口就一溜煙跑掉了吧！

小野　那件事發生到現在有十年了，可我到現在都還記得那四個人的臉。把一整批下酒的大腹全部都忘了的事，希望這是第一次也是最後的一次。

里見　不過在收錢的時候，你會連客人吃的順序都全部記得一清二楚嗎？

小野　如果不連順序都背起來，中間會亂成一團，這樣最後就不知道要收多少錢了。

里見　這就好像棋士在與人對弈後會流暢地排出棋譜一樣呢。

小野　沒錯。這是修練附帶的成果。

「希望再度光臨的客人」和「希望不要再來的客人」

里見　有兩組女性客人，一組是兩位美女，另一組是兩位容貌普通的女士，這兩組客人點同樣的壽司依同樣的順序用餐，結果結帳時的金額卻不一樣。我以前曾經在電視節目上看過這樣的實驗。這種事實際上真的有嗎？

小野　也有啊。講句不怕被人誤會的話，就我們做買賣的人來說客人有兩種，一種是希望他再光臨的，一種是希望他不要再來的。有些客人想怎樣就怎樣，在店裡大聲喧嘩，好像全世界沒人比他更了不起似地拼命自吹自擂，一直賴在店裡不肯走，像這種人收的錢就比較貴。如果他向我抱怨：「為什麼這麼貴？」我會回他說：「你占著位子這麼久的時間，難道不該多收錢嗎？」壽司店老闆也只能這樣抗議而已。

里見　付錢的是客人。而你是生意人。雖然有時候廚師和顧客也會有避諱這種買賣關係的微妙心態，但客人對師傅講話目中無人的情況也不少見哦！特別是在被視為高級場所的壽司店。

小野　比方說有兩位客人在店裡喝酒的時間一樣長。但有人是「真討厭，這種客人最好別再來」，另一人則是「這個人感覺還不錯」，來用餐的客人可以清楚地分成來喝酒的或是來講話的兩種。所以呀，電視節目裡的那兩組客人如果真的是照同樣的順序、步調和速度用餐，同時間吃完走人的話，收的錢應該都會一樣才對。否則，收費會天差地遠我想也是理所當然的事。

里見　這真是非常辛辣的言論，不過我想每家壽司店的老闆心裡都是這麼想的吧！只因為他們是沒有底氣的生意人所以不能說真心話。

小野　有一個女星在電視上大發雷霆說：「才吃了八貫壽司，店家卻索價八萬圓。」當時我就在想：「這女的是在店裡待多久啊？」如果純粹就價錢來看，一貫一萬圓任誰都會覺得很誇張，可是如果她在店裡喋喋不休地嘮叨了三個小時，這種情況收八萬圓算便宜的了。三個小時如果是生意很旺的店家都可以換兩到三輪的客人了。但店家卻因為她占著位子而賺不到這些錢。只提到價錢「八貫八萬」的這種做法是在誇大其辭。也不知道那女的「從幾點到幾點待了多久，對店家造成了怎樣的困擾」。所以，在說價錢貴時，一定要向當時在場的公正第三者問個清楚才行。

里見　真的。

小野　而且這種客人賴在店裡不走不是只有店家困擾而已。坐他旁邊的客人也是受害者。因為他們會一邊喝酒一邊對沒見過又不認識的人講個不停。「哎呀，要不要來一杯啊？」之類的，想喝就點，喝一大堆。我最討厭這種人。明明沒見過又不認識卻對著人家喋喋不休，這種少根筋的人真的很討厭。所以算帳時我都算得很貴，讓他不想再來。如果多算他錢他還是照來我就沒轍了。如果「再貴我也沒關係」，還是常常上門的話，就真的傷腦筋了。

里見　這種人很遲純，一定還會再來的。

小野　可能哦。

里見　我們現在這番對話搞不好可能會讓讀者產生誤解，為了慎重起見我還是問一下，這種沒常識的客人……

小野　十年還遇不到一次啦。

里見　聽你這樣說我就放心了。「數寄屋橋次郎」不是間可怕的店，收費也不會因為不順師傅的意就像計程車里程表一樣一直往上加啦。

小野　沒錯。抱著平常心來店裡用餐就好了，「次郎」是因為有客人捧場才存在的呀，會說這麼膽大妄為的話是因為我沒什麼好顧忌的。昭和二十六年三月我提著一只皮箱隻身從鄉下來到東京。說是皮箱，其實在當時就是一只癟癟的紙箱而已，那是我全部的財產。能失去的也唯有它而已，所以我很硬氣，我一點都不怕得罪人。

里見　為了撰寫此書，我前前後後貼身採訪了五年，我了解到真正厲害的壽司師傅每天都是憑真本事的。所以也不會特別去迎合客人什麼，這種態度我們做客人的自己要先有認知才是。

小野　聽你這麼說我真開心。

里見　「這位客人，我想捏好吃的給他吃。」怎樣的客人會讓師傅產生這樣的心情和動力呢？

小野　我們只要客人點單就會馬上動手捏。所以也欣賞一捏好不耽擱，馬上品嚐的客人，因為這樣吃最好吃。捏好後一直擱著，只顧著講話，握壽司的美味都跑掉了。除此之外就沒有什麼特別在意的了。我常常說：「炸物店和壽司店和電車都要趁早。」如果拖拖拉拉的，電車就關門開走了。

里見　最近好像有人很講究吃握壽司的順序呢！在關於壽司的美食指南裡這是必備的內容。

小野　從什麼開始吃、以什麼做結束不是都可以嗎？大部份的客人都是從自己喜歡的開始吃吧。如果客人交待「由師傅作主」的話，我的順序是不要一連串全都重口味的，我會穿插幾個口味比較清爽的，但如果客人喜歡的話，我就「請隨意自由點單」。我剛剛不是也說了嗎？壽司是庶民料理嘛。

里見　才不是呢，現在已經不是庶民料理了。

小野　是啦，價錢變得貴得離譜，這是事實。現在如果全由師傅做主，要吃得飽的話，一個人沒有二萬五千日圓是辦不到的。不便宜啊！懷石料理的話，一萬五千日圓就可以吃得起來了。不過，這全是材料價格上漲的關係，也沒辦法。

里見　從營利的角度來看，所謂大眾化的普通壽司店利潤要好太多了。客人的流動速度快，又可以外賣。

小野　是呀。規模越做越大的就只有大眾化的壽司店而已，高級壽司店是一天天在萎縮了。

好的壽司店會教育客人

里見　在某次談話中你好像有說過：「我不捏鯛魚。」因為築地賣的鯛魚遠遠不及明石的鯛魚。可是現在物流業這麼發達，只要想買都可以用郵購的啊，就算從明石也辦得到嘛。

小野　是這樣沒錯啦，可是我不知道寄來的鯛魚是不是我想要的呀。

里見　因為你沒有親眼確認過？

小野　沒錯沒錯。在築地，冬天的比目魚、夏天的鰈魚或鱸魚我確實都是親自挑的。而且明石的鯛魚與青森的比目魚或常磐的真鰈相比，味道絕對不會有多大的差距。

里見　就壽司配料而言啦。

小野　對呀。如果店家是打著關西料理的招牌，那用京都一帶的魚貝類做料理是最棒的，所以明石鯛魚就會是必備食材，片成生魚片、沾醬油、紅燒魚頭，店家必須要選用最適合做這些料理的鯛魚，可是壽司店就不然了。要捏白肉魚的握壽司，不一定非要用鯛魚不可。而且在築地採買，如果買錯了還可以換貨。如果用郵購的，送來的貨就算「什麼嘛！這還能用嗎？」也不能退了，只有想辦法把它用掉。如果不能捏成壽司，我就得全部自己吃了。

里見　哈哈哈。那就吃力了。

小野　從年底到正月這段期間，二公斤左右、呈現透明米黃色的青森比目魚在早上放血處理好，到晚上捏成壽司吃真的很好吃。比鯛魚什麼的都還美味。我不需要執著非鯛魚不可。

里見　二郎先生是大正十四年出生的，不知您想捏到幾歲呢？

小野　我想早點退休。

里見　老顧客們一定不允許您這麼做吧？

小野　這就是傷腦筋的地方呀。「你再捏個兩、三年也沒問題啦」被一位認識的醫生這麼一慫恿之後，我自己也變得有這種打算了。

里見　在醫界裡不是常有這種事嗎？把事業交給在診所工作的兒子繼承，然後像大醫院一樣設個「總院長先生回診日」……

小野　每週一、三、五三天才出馬，這樣？

里見　在餐廳或是烤鰻魚店因為看不到廚房，所以請別人代替可能也沒什麼影響。可是在壽司店，師傅是要站在壽司檯前「示眾」的招牌呢。

小野　真傷腦筋啊。

里見　常有人說「喜歡吃壽司的人反而容易被壽司店老闆矇騙過去」。也就是說，越是打著一流名號的壽司店，壽司配料的水準……

小野　都是一樣的啦。食材好壞的關鍵在築地的優良盤商身上。因為好的壽司店全都是向他們採買進貨的嘛。

里見　最頂極的黑鮪魚不會只賣給一家壽司店。

小野　就是這個道理。

里見　說起來，像小肌、穴子或瓠瓜條這種需要加工的壽司配料，說得誇張點，它們最能表現壽司店老闆的人品、美學以及哲學素養。會不會變成老顧客也由此決定。因為壽司店就像是把崇拜老闆的粉絲集合在一起的會員制俱樂部一樣。奇怪的客人當然收費較高的道理也是源自於此。

上圖：「數寄屋橋次郎」的分店當家們每年都會與小野團圓一次，開個懇親會。從前排左側起依序是廣岡武（鷲宮店）、小野二郎、河端進（日本橋高島屋店），後排從左側起依序是井龍信夫（濱松店）、佐藤大三郎（豐洲店）、義浦之夫（原・習志野店）、水谷八郎（橫濱店）

下圖：「數寄屋橋次郎」的員工。從左側起依序是高橋青空、小野禎一（二郎的長男）、小野二郎、小野隆士（二郎的次男）、中澤大祐、長屋政宏。其他包括負責打掃、清洗的員工一共八人。

小野　是啊，也許有一半的客人都是沖著老闆的名號來的。比如說我如果找一個技巧高超的新師傅來店裡，和我捏一樣的握壽司，客人們應該會覺得「那傢伙的功力還不到火候。」越是光顧了二、三十年的老顧客，一定越會認定「還是二郎的手藝好。」

里見　換老闆可是件大事呢！對客人來說。

小野　預約來店的客人除了要吃握壽司，也是順便慕老闆的名號而來，所以，「我請一起站在壽司檯前的師傅（二郎的長男禎一）捏，您看如何？他可以捏就不一定要我捏吧？」這樣的話我實在講不出來。我只有自己忙個不停，又要捏給這位吃，又要捏給那位吃，不論何時都像陀螺一樣來來回回跑來跑去。坐在我面前的客人心裡都認定既然去了「次郎」就要由那個老闆捏，可我卻只是坐在櫃台裡出一張嘴：「歡迎光臨」、「謝謝光臨」的，這樣感覺很失禮耶。

里見　第二代很辛苦吧！如果老爸的手藝普通也還好，可偏偏你是這樣，他現在一定要超越你，朝更精進的目標邁進才行。

小野　這也是個問題。我認為自己失敗的地方，就是讓兩個兒子繼承我的衣缽，和我同在一行。若是完全不一樣的行業，我的小孩就可以像個孩子一樣從零開始了。從第一步開始「預備，起！」可是因為是同行，他們無法像別人一樣「預備，起！」

里見　因為是父親又是大師嘛。這好像相撲界的二子山大師和若乃花及貴乃花兩兄弟一樣。

小野　所以在店裡的時候，我那兩個兒子都是戰戰兢兢的。回家後我們就只是單純的父子，可是在店裡，他們怕得連我身邊都不敢靠近。不過，我想這畢竟都是為了客人。因為如果客人不願意吃他們兩兄弟捏的壽司，我們生意就不用做了。為了這個緣故，就算是自己的兒子也絕對不能寵。我罵他們甚至罵得比店裡的學徒還厲害。

里見　可是，沒有從零開始也是一種幸福呀。

小野　我也是這麼想的。就算我退休了，店裡也不用重新找人了。熟客一堆，還有大兒子和老二（隆士）都已經經過長期的修業，可以獨當一面了。這些的確是優點，不過，要是他們可以做別行的話，我會更高興。如果這樣的話我現在已經退休了。找一個手藝好、人品好的徒弟繼承這塊招牌，我就當個顧問收顧問費就好。會這麼考量是因為如果把店收了，可能以後就租不到這個店面了。找個徒弟繼承這家店，我可以把每個禮拜的一、三、五晚上定為「總院長先生回診日」，小捏一下當作消遣。

里見　這樣每個禮拜的一、三、五店裡會很擁擠哦。

小野　當天總院長就說：「好，您坐這裡。」之類的親自指揮客人。反正很多人都說：「次郎這家店真沒禮貌。連坐的位置都要規定。」

里見　偶爾也會有人這樣講啦。

小野　那是因為他們不懂我真正的用意。

里見　話雖如此，不過好的壽司店其實很懂得教育客人。像「數寄屋橋次郎」的客人不用交待，只要打烊前十分鐘，晚上八點二十分一到，所有人就會一同起身離開。

小野　說起來，從我開業到現在還沒有留過客人呢！

里見　不了解的人可能會覺得：「這家壽司店真沒人情味」，但它本來就是一家應該稱之為會員制的壽司店嘛。主人和客人彼此都是互相尊重的。因為「次郎」老闆隔天還要起個大早去築地進貨呢。

小野　早早回家的客人真是佛心來的。

小野二郎的世界

壽司之神終極手藝與精神

(原書名：壽司之神))

作　　者／里見真三
編集協力／大関百合子
譯　　者／婁愛蓮

社　　長／陳純純
總 編 輯／鄭 潔
副總編輯／張愛玲
封面設計／陳姿妤
整合行銷經理／陳彥吟
北區業務負責人／何慶輝 (mail：pollyho@elitebook.tw)

出版發行／出色文化
電　　話／02-8914-6405
傳　　真／02-2910-7127
劃撥帳號／50197591
劃撥戶名／好優文化出版有限公司
E-Mail／good@elitebook.tw
出色文化臉書／http://www.facebook.com/goodpublish
地　　址／台灣新北市新店區寶興路45巷6弄5號6樓

法律顧問／六合法律事務所 李佩昌律師
印　　製／龍岡數位文化股份有限公司

書　號／好食光 39
ISBN／978-626-7065-13-6
初版一刷／2022年3月
定價／新台幣450元

小野二郎的世界/里見真三作；婁愛蓮譯. -- 初版.
-- 新北市：出色文化, 2022.03
面；　公分. -- (好食光；39)
譯自：すきやばし次郎旬を握る
ISBN 978-626-7065-13-6(平裝)
1.CST: 食譜 2.CST: 日本

427.131　　111000239